ベーシック
Basic Instrumental Methods in Analytical Chemistry
機器分析化学

日本分析化学会近畿支部編

化学同人

執筆者一覧

池上　亨 （京都工芸繊維大学大学院工芸科学研究科）	第Ⅰ部2章
市村　彰男* （大阪市立大学名誉教授）	
大堺　利行 （神戸大学大学院理学研究科）	第Ⅲ部0章, 1章
大崎　秀介 （和歌山県工業技術センター）	第Ⅲ部2章
大塚　浩二 （京都大学大学院工学研究科）	第Ⅰ部3章
河合　潤* （京都大学大学院工学研究科）	第Ⅱ部4章
木村　恵一 （和歌山大学名誉教授）	第Ⅲ部2章
紀本　岳志* 〔紀本電子工業(株)〕	序章
久保　拓也 （京都大学工学研究科）	第Ⅰ部0章
角井　伸次 （大阪大学環境安全研究管理センター）	第Ⅰ部1章, 4章
中口　譲* （近畿大学理工学部）	第Ⅱ部2章
中原　武利 （大阪府立大学名誉教授）	第Ⅱ部5章
藤原　学 （龍谷大学理工学部）	第Ⅱ部3章
細矢　憲 （京都府立大学大学院生命環境科学研究科）	第Ⅰ部0章
前田　初男 （兵庫医療大学薬学部）	第Ⅱ部1章
松村　竹子 〔(有)ミネルバライトラボ〕	第Ⅱ部5章
丸尾　雅啓 （滋賀県立大学環境科学部）	第Ⅰ部2章
文珠四郎 秀昭* （高エネルギー加速器研究機構　放射線科学センター／環境安全管理室）	第Ⅱ部0章
横井　邦彦 （大阪教育大学教育学部）	付録
渡部　悦幸 〔(株)島津製作所分析計測事業部〕	第Ⅰ部0章

(五十音順．＊は編者)

まえがき

　1956年3月，発足間もない日本分析化学会近畿支部から一冊の本が出版された．その名は『機器分析実験法』．これは，支部発足当初(1954年)より現在まで続けられている"機器分析講習会"のテキストを基に編纂されたものであるが，当時を振り返ってみれば，戦後，欧米で華々しく登場した機器分析法を日本に紹介し，普及させる黎明期ともいえる時代であり，その社会の要求に応え，時代に先駆けて上梓されたものであった．

　当時の近畿支部長　石橋雅義は，序に次のように記している．「機器分析法は，躍進する現代分析化学の寵児である．機器分析法を除外して現代の分析化学に生きることは不可能にちかいのであるが，その実験指導書を求めようとすれば，殆ど皆無に等しいことに気付かざるを得ないであろう．（後略）」

　以来，『機器分析実験法』は，機器分析法の急速な発展と相まって，1960年代に5回にわたる改訂を重ね，最終的には上下2巻全830ページに及ぶ定本となり，本書における分類が，以降の機器分析法の基盤となったといえるほどの成功をおさめた．それ以降，機器分析法は，センサー，材料，機械工作，電子技術，コンピュータなどの発展を取り入れ，工学，農学，医・薬学，地学，生物学，環境学など社会のあらゆる分野での"はかる"ための必需品として広く浸透していった．その結果，このような一冊の本では各分野での最新の内容を収めることが困難となり，やがてその役割は，それぞれの分析法における個別の教科書へと移行していった．

　しかしながら，そのような専門分化が進んだ結果，初学者にとって必要不可欠である，全般を鳥瞰し枠組みを理解するという基本がおろそかになってきているような気がする．

　もちろん，機器分析は，自然現象を物質で観測するための方法であり，その意味からも，実際に測定機器を用いて"はかってみる"という経験が最も大切であることに違いない．しかし，同じ現象を観測するにしても多岐の方法が考えられるし，新たなる発見にたどり着くためには，新しい分析法を創意工夫し，また，いろいろな分析方法を駆使して測定し，その結果を比較検証することが何より重要である．

　そこで，一つの分析手法の専門書を片手にユーザーとして装置を動かす前に，今一度，初心に返って分析化学としての機器分析の本質に思いをはせる，機器分析化学の入門書として全体像が浮き彫りになるようなテキストを手にする機会があってもいいのではないだろうか，と考えるようになった．

　そのような議論(スコレー・シュンポジオン)から，"平成版の機器分析実験法"について近畿支部で企画することとなり，2007年度の機器分析講習会(委員長，河合　潤)の元に

編集委員会を発足させ，各委員・執筆者の皆様のご努力により，今回『ベーシック機器分析化学』として，化学同人より出版していただけることとなった．

　以上のような観点から，本書では，従来の機器分析の教科書の章立てを改めてまとめ直し，それぞれの分野において各論に入る前に"ゼロ(序)章"を設け，基本事項の正確な理解を手助けすることとした．合わせて，最新の知識を含み，実際の短期の講習会などでのテキストとしても用いられるような実例（Topics）を取り入れ，各分野の専門書との橋渡しができるような構成を心がけた．

　本書を刊行するにあたり，お世話いただいた化学同人の皆様に感謝するとともに，本書が読者の皆様の測定の場においてお役に立つことができれば，執筆者一同このうえない喜びである．

2008年5月　硫酸塩霞たなびく街で

紀本　岳志
（2007年度日本分析化学会近畿支部長）

contents

序章　機器分析を始める前に　　1

- はじめに ……………………………………… 1
- 化学における発見と分析科学 ……………… 2
  - 化学の起源　2
  - 自然科学の発明　2
  - 物質科学への道のり　3
  - 重量分析法の発明と物質不滅の法則の発見　4
  - 原子から分子へ　5
  - 周期律の発見　7
- ものを"つくる"ことと"はかる"こと ……… 8
- 機器分析法——発明の歴史 ………………… 8
  - 分光器の発明と応用　8
  - 電池の発明と応用　11
  - 電磁波と物質の相互作用　14
  - 生物試料の分離精製分析法の発明　14
- 機器分析法の未来 …………………………… 16

第Ⅰ部　濃縮・抽出・分離を用いた機器分析法

0章　濃縮・抽出・分離を用いた機器分析法の基礎　　18

- クロマトグラフィーとは ……………………… 19
- はじめに分離ありき …………………………… 20
- 分離機構の基本的考察 ………………………… 21
- 分離の定量的評価 ……………………………… 22
  - 章末問題　27

1章　ガスクロマトグラフィー(GC)　　28

- 1.1　ガスクロマトグラフィーの装置の構成 … 28
  - 1.1.1　カラム　29
  - 1.1.2　注入口(インジェクター)　30
  - 1.1.3　検出器　31
- 1.2　成分の同定と定量 ……………………… 32
  - 1.2.1　成分の同定　32
  - 1.2.2　成分の定量　32
- 1.3　試料の前処理 …………………………… 34
  - 1.3.1　気体試料　34
  - 1.3.2　液体試料　34
  - 1.3.3　固体試料　35
  - 1.3.4　誘導体化　36
  - 章末問題　37

2章　液体クロマトグラフィー(LC)　　39

- 2.1　液体クロマトグラフィーの原理と特徴 … 39
- 2.2　高速液体クロマトグラフィー使用上の注意 … 43
  - 2.2.1　移動相　43
  - 2.2.2　送液ポンプ　43
  - 2.2.3　インジェクター　44
  - 2.2.4　カラム　44
  - 2.2.5　検出器　44
- 2.3　液体クロマトグラフィーの分離モード … 44
  - 2.3.1　逆相液体クロマトグラフィー　44
  - 2.3.2　イオン交換液体クロマトグラフィー　45

contents

- 2.3.3 順相液体クロマトグラフィー（親水性相互作用クロマトグラフィー） 46
- 2.3.4 サイズ排除クロマトグラフィー 46
- 2.3.5 光学分割クロマトグラフィー 47
- 2.4 イオンクロマトグラフィー 47
  - 2.4.1 分析法の原理と特徴 47
  - 2.4.2 分析方法と注意点 48
  - 2.4.3 分析例 50
  - 章末問題 50

3章 キャピラリー電気泳動（CE） 51

- 3.1 キャピラリー電気泳動とは 51
  - 3.1.1 キャピラリー電気泳動（CE）の特徴 51
  - 3.1.2 CEの装置 52
- 3.2 キャピラリー電気泳動の分離原理 53
  - 3.2.1 電気浸透流（EOF） 53
  - 3.2.2 CEの基礎理論 54
- 3.3 キャピラリー電気泳動の応用 55
  - 3.3.1 動電クロマトグラフィー（EKC） 55
  - 3.3.2 マイクロチップ電気泳動（MCE） 56
  - 3.3.3 オンライン試料濃縮 58
- 3.4 キャピラリー電気泳動の検出法 59
  - 3.4.1 質量分析法による検出 59
  - 3.4.2 熱レンズ顕微鏡による検出 59
- 3.5 CE/MCEによる光学異性体分離 60
  - 3.5.1 CZE 60
  - 3.5.2 EKC 60
  - 3.5.3 CGE 61
  - 3.5.4 キャピラリー電気クロマトグラフィー（CEC） 61
  - 章末問題 61

4章 ガスクロマトグラフィー質量分析法（GC-MS） 62

- 4.1 GC-MSの構成 62
  - 4.1.1 GC 63
  - 4.1.2 インターフェース（接続部） 63
  - 4.1.3 質量分析計 63
- 4.2 GC-MSを用いた定性分析 65
  - 4.2.1 マススペクトル 65
  - 4.2.2 ライブラリーサーチ 65
  - 4.2.3 マススペクトル解析手順 66
  - 4.2.4 フラグメンテーションの一般的な法則 69
  - 4.2.5 化学イオン化（CI） 70
- 4.3 GC-MSを用いた定量分析 72
  - 4.3.1 GC-MSを定量に用いる利点 72
  - 4.3.2 SCAN（全走査）法とSIM（選択イオン検出）法 73
  - 4.3.3 SIM法による定量の流れ 74
  - 章末問題 75

第II部　電磁波を用いた機器分析法

0章 電磁波を用いた機器分析法の基礎 78

- 電磁波とは 78
- 原子・分子のエネルギー状態 79
- 電磁波と物質の相互作用モード 80
- 電磁波を利用する分析法の原理 81
- 試料濃度と電磁波の吸収の関係 81
- 試料濃度と蛍光強度の関係 82
- 章末問題 83

contents

1章 分光分析用試薬──測定できないものを測定する　85

- 1.1 金属イオンの分析 ……………… 85
- 1.2 生体高分子の分析 ……………… 88
- 1.3 酵素的分析および酵素活性測定法 …… 89
- 1.4 HPLC 分析 …………………… 91
- 1.5 活性酸素種の分析 ……………… 93
- 章末問題　95

2章 原子スペクトル分析法　96

- 2.1 原子スペクトル分析法 ………… 96
- 2.2 原子吸光分析法（AAS）………… 98
- 2.3 原子吸光分析装置 ……………… 99
- 2.4 誘導結合プラズマ発光分析（ICPAES）・102
- 2.5 ICPAES 分析装置 ……………… 102
- 2.6 誘導結合プラズマ質量分析法（ICPMS）…… 103
- 2.7 誘導結合プラズマ質量分析装置 …… 104
- 2.8 原子吸光分析法，ICP 発光分析法，ICP 質量分析法の問題点 …………… 105
- 2.9 試料の測定方法（検量線法，内標準法，標準添加法）……………………… 107
- 2.10 環境試料の測定 ……………… 108
- 章末問題　110

3章 磁気共鳴（NMR・ESR）　111

- 3.1 核磁気共鳴（NMR）法 ………… 111
  - 3.1.1 原理〔核スピン（I）と核磁気共鳴〕 111
  - 3.1.2 化学シフト（δ） 113
  - 3.1.3 スピン-スピン相互作用（カップリング） 114
  - 3.1.4 飽和と緩和 116
  - 3.1.5 装置と測定 117
  - 3.1.6 ^{1}H NMR スペクトル 119
  - 3.1.7 ^{13}C NMR スペクトル 119
  - 3.1.8 そのほかの測定法 121
- 3.2 電子スピン共鳴（ESR）法 ……… 123
  - 3.2.1 原理（不対電子，超微細構造，微細構造） 123
  - 3.2.2 装置と測定 124
  - 3.2.3 そのほかの測定法 126
- 章末問題　127

4章 X線または電子線をプローブとする分析法　128

- 4.1 分析法の原理と実際上の特徴 …… 128
- 4.2 XRF ……………………………… 131
  - 4.2.1 装　置 131
  - 4.2.2 分析例 131
  - 4.2.3 卓上・ポータブル蛍光装置 133
  - 4.2.4 X線回折装置 135
- 章末問題　137

5章 マイクロ波を用いた機器分析　138

- 5.1 電波と物質の相互作用 ………… 138
- 5.2 発光試薬のマイクロ波合成 …… 140
  - 5.2.1 蛍光試薬のマイクロ波合成と発光 フルオレセインとルミノール 140
  - 5.2.2 蛍光錯体を短時間で合成 143
- 5.3 マイクロ波誘導プラズマ（MIP）発光分光分析 …… 144
  - 5.3.1 Beenakker キャビティー 145
  - 5.3.2 Okamoto キャビティー 146
  - 5.3.3 水素化物生成-MIP 発光分光分析 147
- 章末問題　148

contents

第III部　電気を用いた機器分析法

0章　電気化学反応の基礎　150

- 電極に電圧をかけると何が起こる？ …… 150
- 電気二重層が形成されると…？ …… 151
- 電極電位を変えたら何が変わる？ …… 152
- 電極反応 …… 153
- 物質移動過程 …… 154
- 電荷移動過程 …… 155
- 電極反応系の可逆性 …… 155
- 章末問題　156

1章　ボルタンメトリー　157

- 1.1　電気化学測定法の分類 …… 157
- 1.2　装置 …… 157
- 1.3　電極 …… 159
- 1.4　ポテンシャルステップ・クロノアンペロメトリー …… 160
- 1.5　サイクリックボルタンメトリー（CV）…… 161
- 章末問題　165

2章　イオン選択性電極　166

- 2.1　分析法の原理・特徴 …… 166
- 2.2　分析方法および注意点 …… 169
- 2.3　分析例 …… 171
- 章末問題　173

付録　これだけは知っておきたいデータの見方，取り扱い方　175

- 参考文献 …… 185
- ビギナーズ用語解説 …… 188
- 索引 …… 195

序章 機器分析を始める前に

はじめに

　機器分析は20世紀初頭に登場し，大きな飛躍を遂げ，現在でも進化し続けている分析化学の方法である．したがって，その取り扱う方法は多岐にわたっており，分光化学分析，原子スペクトル分析，X線分析，核磁気共鳴，電気化学分析，クロマトグラフィー，質量分析，放射化学分析などの方法に加え，最近では遺伝子・タンパク解析をはじめとして，酵素反応や免疫反応などの生化学反応を利用したものも実用化されている．

　当初，機器分析は，化学分析に対して物理分析と呼ばれていた時期があった．これは，化学分析(重量分析，容量分析)がおもに物質どうしの化学反応を利用して濃度を求めるのに対し，機器分析ではおもに物質自身の構造や性質に根ざした物理的特性を利用するものであったからである．分析法をその特徴で名づけるとすれば，機器分析というよりは，物理分析という言葉のほうがわかりやすいかもしれない．

　とはいえ，現代科学において物理学や化学，さらには生物学の学問的境界はほとんど明確ではなくなってきており，また，化学自身も"物質に関する科学"として，物質の構造や性質の探求，ないしはその反応過程を取り扱うことで，分子から細胞，地球，宇宙に至るまで，あらゆる科学の対象に広く浸透している．

　また，重量分析や容量分析といった旧来の化学分析法も，その原理を応用し，機器を用いて自動化することで，現代では環境分析などのより広い用途に利用されており，これも機器分析(instrumental analysis)技術の一分野として位置づけるべきではないかと思われる．翻っていえば，機器を用いない分析法は，今日ではほとんどないといってもよい．

　さらには，マスコミなどでも機器分析による測定データが報道されない日

はないといってよいほど幅広く社会に浸透しており，心理学や法学などの人文・社会学の領域へもその応用範囲を広げている．

このように分析化学（analytical chemistry）が分析科学（analytical science）に移行しつつある今日の状況においては，機器分析（instrumental analysis）も21世紀における新たなる定義を必要としているのかもしれない．

そこで本章では，機器分析の実際的な原理と応用について述べる前に，いま一度その歩みを振り返り俯瞰することで，将来への展望を探りたいと思う．

化学における発見と分析科学

化学の起源

語源*からも窺えるように，化学は人類が石器時代より抱いている素朴な疑問，すなわち"もの（物質）"が何でできているのか，ものの変化がなぜ起こるのか，という問いかけから発した"暇な考え（Scholé）"である．

かつて古代ギリシャの人々は，地球上の自然が固体（土），液体（水），気体（空気）と燃えるもの（火）の4元素の"変わらないもの"から構成されているとし，ものが変化する理由を，もののなかに含まれる"変わらないもの"が混合したり分解したりすることで起こると考えた．

以来，化学における人々の関心は，人間の手で物質の混合と分解を工夫し繰り返すことで，"ものをつくりだす"ことになった（錬金術の誕生）．

自然科学の発明

この錬金術の時代も，やがて終わりを告げるときが来る．そのきっかけとなったのは，16世紀の後半に千年ぶりに訪れた異常気象，今でいう"小氷期"であった．ヨーロッパでは飢饉が頻発し，一揆や反乱が勃発する"危機の17世紀"と呼ばれる時代に突入した．当時の学問は"スコラ主義"と呼ばれ，宗教的な教義に基づいた自然哲学であったが，当然，この自然の脅威の前には何の役にも立たなかった．人々はより実用的な学問を必要とした．

このような気風のなか，飢餓と疫病で苦しむロンドンの街にフランシス・ベイコン（Francis Bacon，イギリス，1561～1626年）が生まれた．法学者で政治家，また随筆（エッセイ）の祖としても知られるベイコンは，人間が自然について考えるときに必ず陥る先入観（イドラ）が，旧来の自然哲学の方法の根本的な間違いであることに気づき，新しい"科学（サイエンス）"の方法論をあみだそうと試みた．

彼は先人たちの自然の探求の結果（自然誌，自然哲学）のなかには「正当な方法で探求されたもの，検証されたもの，数えられ測定されたものは一つもない（『ノヴム・オルガヌム』，1620年刊）」と断言し，客観的な思索のより

* 化学（chemistry）の語源は古代エジプト語の"Khemi"（変質の意）に由来するものといわれている．この言葉にアラビア語の冠詞 "al" をつけた言葉として "alchemia" となった．

ベイコン

どころは，「予断なく"はかられた"結果から類推し，それをあらゆる角度から検証することにある」と説いた．自然を知るためには，正確に"はかる"ことこそが重要であり，その一点で"主観"と"客観"を切り離すことが可能であるという結論に達したわけである．

いっさいの先入観を入れずに観測された結果からどのような法則が成り立っているかを類推し，それを再び観測によって検証していくという，現代科学の基盤となっている"帰納法"による自然探求の方法が生まれたわけである．

この思想は，当時の貴族階級に広く影響を与えることとなった．その一人，イギリス王立協会の設立メンバーでもあったボイル（Robert Boyle，イギリス，1627～1691年）は，『懐疑的な化学者（1661年刊）』を著し，古代ギリシャで考えだされた物質観を支持する"化学派"は，学説を証明するために都合のよい分析実験のみをやっており，しかも，その結果を学説に都合のよいように解釈していると痛烈に批判した．そして，合理的で先入観のない実験を行うことで物質を構成するものの姿が明らかになると述べた．しかし，実際にそういった分析実験が可能になるまでには，あと100年以上の歳月を要することになる．

ボイル

● **物質科学への道のり**

ボイルによる古典的元素論の否定を契機として，"物質は何でできているのか？"という問いかけを解くためのさまざまな"分析実験（ボイルの命名）"が試みられた．

たとえば，ボイル自身も，当時の王立協会で助手をしていたフック（Robert Hooke，イギリス，1635～1793年）とともに，彼の開発した真空ポンプ（空気ポンプ）を用いて，燃焼についての実験を繰り返していた．そのなかで彼は，

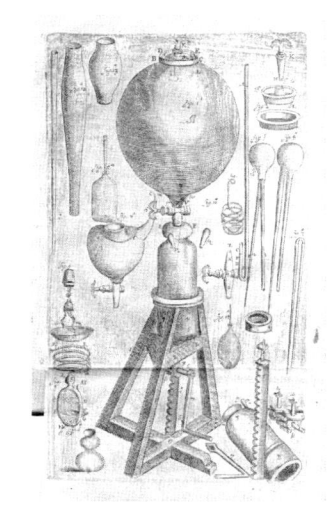

図1　ボイルの使用した空気ポンプ
ボイルの助手であったフックは，ゲーリケのつくったポンプを改良し，シリンダーとピストンをストップコックでつないだ左図のようなポンプを開発した（出典：Edgar Fahs Smith Collection, University of Pennsylvania Library）.

真空中では炭も硫黄も燃えないこと，それに硝石（NaNO₃）を加えると燃えることから，燃えるための成分が空気や硝石に含まれること（今の酸素）を見いだしていたが，彼は状態変化の観察にとどまったため，酸素の発見までには至らなかった．

一方，当時のドイツでは，ベッヒャー（Johann Joachim Becher, ドイツ, 1635〜1681年）やシュタール（Georg Ernst Stahl, ドイツ, 1660〜1734年）によって，燃焼の化学に対する新しい説が生まれた．これは"フロギストン説"と呼ばれ，ものが燃えるときに"フロギストン"が失われるというもので，わかりやすく，現象的には現在の酸化還元反応をうまく説明するように見えた．実際には，ものが燃えると重さが増すという，この説では説明できない重大な矛盾を含んでいた．重量を正確にはかる実験がなされていなかったため，以来，100年近くにわたりフロギストン説は支持されることとなった．この燃焼実験を単なる現象の比較観察ではなく，天秤による重量測定を用いて解明しようとしたのが，フランスの化学者ラヴォアジェ（Antoine-Laurent de Lavoisier, フランス, 1743〜1794年）であった．

● **重量分析法の発明と物質不滅の法則の発見**

ラヴォアジェは，当時イギリスに比べ遅れていた実験器具の製作に大金を投じてそれを奨励し，非常に精巧な温度計，気圧計，天秤，ガスメーター，ガラス器具などの製作技術を発展させた（図2参照）．これらの実験装置を駆使し，また，ガラス器具と精密天秤により化学反応の前後での重量変化を

ベッヒャー

シュタール

ラヴォアジェ

精密天秤　　実験室の大型天秤

図2　ラヴォアジェが用いた各種の実験道具
出典：Courtesy of Marco Beretta/Panopticon Lavoisier/(http://moro.imss.fi.it/lavoisier/)

精確に測定することにより，化学反応前後での重量に変わりがないことを発見し，"質量保存の法則(物質不滅の法則)"を導きだした．また，燃焼過程での重量増加からフロギストン説の誤りを主張し，空気が酸素と窒素で成り立っていることを示した．

このラヴォアジェによる"重量分析法"の発明により，ボイルが唱えた"分析実験"は，100年の時を経てはじめての成果を収めたのである．物質科学の誕生の瞬間であった．

● 原子から分子へ

ラヴォアジェの発明した"重量分析法"は，またたく間に広まり，今まで知られている化学反応を重量分析法で検証することが始まった．なかでも，プルースト(Joseph Louis Proust，フランス，1754～1826年)は，いろいろな化学反応を用いてつくった炭酸銅とクジャク石として知られている岩石から得られたものを加熱して，その際に生成した水や二酸化炭素や酸化銅の重量分析を行い，天然のものでも人工のものでも，一つの化合物を構成する組成はまったく同じであることを発見した（定比例の法則：1799年）．またドルトン(John Dalton，イギリス，1766～1844年)は，2種類の元素が反応して化合物をつくるとき，化合物を構成する元素比は整数になるという"倍数比例の法則"を導きだし，原子説を提唱した(1802年)．さらに同じころ，ゲイ・リュサック(Joseph-Louis Gay-Lussac，フランス，1778～1850年)は，気体の反応において，その反応の前後での気体の体積には，簡単な整数比の関係があるという"気体反応の法則"を見いだした(1805年)．また彼は，自ら考案したビュレットによる多くの酸塩基滴定，銀の沈殿滴定，亜ヒ酸に

ドルトン

ゲイ・リュサック

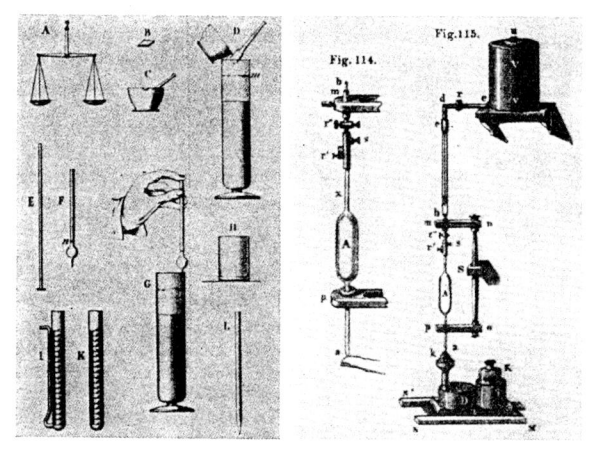

図3　ゲイ・リュサックの滴定器具とピペット充填器
出典：F. Szabadvary, *History of analytical chemistry*, Pergamon Press, Oxford (1966)／『分析化学の歴史——化学の起源・多様な化学者・諸分析法の展開』，F. サバドバリー著，阪上正信ほか訳，内田老鶴圃(1988)，図 8-6．

デービー 　　　　　ベルセリウス 　　　　アヴォガドロ 　　　　カニッツァーロ

＊ 水の電気分解はニコルソンとカーライルによるものといわれているが，電気分解により水素と酸素の比が2：1であることを示したのは，後述するリッターが最初らしい．

よる酸化還元滴定などによる容量分析法の実用化に先鞭をつけた．

　ちょうど1800年，のちの科学技術に革命的な影響を与える"ヴォルタの電池"が発明されたことに触発されたイギリス人化学者，ニコルソン（William Nicholson, 1753～1815年）とカーライル（Anthony Carlisle, 1768～1840年）は，水の電気分解により水素と酸素を発生させた＊．また，デービー（Humphry Davy，イギリス，1778～1829年）は溶融塩の電気分解を思いつき，炭酸塩から金属ナトリウムとカリウムの単離に成功した（1807年）．さらに，同様の方法でアルカリ土類金属も単離した（Mg, Ca, Sr, Ba）．これらの結果は，現代の元素記号を考案したベルセリウス（Jöns Jacob Berzelius，スウェーデン，1779～1848年）のたぐい希なる精密な重量分析技術によって追試され，当時知られていた40種以上の元素の原子量が決定された．

　しかし，これらの結果には重大な問題があった．当時のドルトンやベルセリウスの考えは，電気的にプラスの元素とマイナスの元素が化合して化合物を形成するというものであった．これによれば，水は水素原子1に対して酸素原子1が化合したものであるということになる．これでは，ゲイ・リュサックが発見した気体反応の法則を説明することができなかった．

　この矛盾に気づいたアヴォガドロ（Amedeo Carlo Avogadro，イタリア，1776～1856年）は，一定の温度・圧力・体積中に含まれる気体粒子の数は成分によらず同じであり，その気体粒子は原子である必要はなく，原子どうしが化合した分子から構成されていてもかまわないとする"アヴォガドロの仮説"を唱えた（1811年）．そして彼はそれにより，当時知られていた水の電気分解の結果から，どの水分子も水素原子と酸素原子を2対1の割合で含んでおり，その気体の重量比の測定から，酸素分子も水素分子も2個の原子からなり，原子の質量比は1対16であるという結論を導きだした（1811年）．

　この考えはドルトンやベルセリウスから完全に無視され，以降約50年にわたり，分子と原子は混同されたままの状態が続く結果となった．この同種の電荷をもつ原子どうしが結合して分子をつくるという理由は，のちに量子

力学が登場するまでは理解されないもので，当時としてはとうてい受け入れがたいものであった．

しかし，このアヴォガドロの業績は，1860年にドイツのカールスルーエで開催された第1回国際化学者会議において，カニッツァーロ（Stanislao Cannizzaro，イタリア，1826〜1910年）により紹介され，のちの周期律の発見へとつながることとなる．

● 周期律の発見

1859年，ロシアの化学者メンデレーエフ（Dmitrij Ivanovich Mendelejev，ロシア，1834〜1907年）は，政府の命によりドイツのハイデルベルグ大学へ留学していた．このとき知り合ったカニッツアーロから，アヴォガドロが唱えた分子の概念を聞かされ，強い衝撃を受けた．ロシアへもどった彼は，サンクトペテロブルグ工科大学の教授となり，当時知られていた63の元素を，アヴォガドロの考えに基づいて計算した原子量の順番に並べると，その性質が周期的に変化することに気づき，周期表を発表した（1869年）．さらに彼は，当時の原子量を使うと，うまく表に当てはまらない元素があることに気づき，イリジウムとベリリウムの原子量を変えると同時に，当てはまらない場所を空欄にすることで，まだ発見されていない未知の元素の存在を予言した．その後，この予言どおりにガリウム（1871年），スカンジウム（1879年），ゲルマニウム（1886年）が発見され，元素の周期性が裏づけられることとなった．

メンデレーエフ

TABELLE II

REIHEN	GRUPPE I. — R^2O	GRUPPE II. — RO	GRUPPE III. — R^2O^3	GRUPPE IV. RH^4 RO^2	GRUPPE V. RH^3 R^2O^5	GRUPPE VI. RH^2 RO^3	GRUPPE VII. RH R^2O^7	GRUPPE VIII. — RO^4
1	H=1							
2	Li=7	Be=9.4	B=11	C=12	N=14	O=16	F=19	
3	Na=23	Mg=24	Al=27.3	Si=28	P=31	S=32	Cl=35.5	
4	K=39	Ca=40	—=44	Ti=48	V=51	Cr=52	Mn=55	Fe=56, Co=59 Ni=59, Cu=63
5	(Cu=63)	Zn=65	—=68	—=72	As=75	Se=78	Br=80	
6	Rb=85	Sr=87	?Yt=88	Zr=90	Nb=94	Mo=96	—=100	Ru=104, Rh=104 Pd=106, Ag=108
7	(Ag=108)	Cd=112	In=113	Sn=118	Sb=122	Te=125	J=127	
8	Cs=133	Ba=137	?Di=138	?Ce=140	—	—	—	— — — —
9	(—)							
10	—	—	?Er=178	?La=180	Ta=182	W=184		Os=195, Ir=197, Pt=198, Au=199
11	(Au=199)	Hg=200	Tl=204	Pb=207	Bi=208			
12				Th=231	—	U=240		— — — —

図4　メンデレーエフの周期表（1872年版）

まさにラヴォアジェ以来，100年あまりの地道な元素の単離精製と重量分析による原子量決定の積み重ねが，周期律の発見という化学の礎を築くこととなった．

ものを"つくる"ことと"はかる"こと

かくして，20世紀を前にして，人間が抱き続けていた素朴な疑問，"物質が何からできているか"について，われわれは，それが90種類あまり（当時は63種類）の元素の組合せで構成されているという発見にたどり着いた．しかも，元素は状態を変えても不変であり（物質不滅の法則），さらに驚くべきことに元素間にはある周期性が存在するという，あたかも元素内の共通の構造を示唆するかのような結論が導きだされたわけである．

また，一つの法則の発見は，少なからず新たな疑問を生みだす．20世紀に入り，物理学者たちの関心は，この原子の構造の探求へと移ることとなり，単離された元素を用いての研究が開始された．なかでもリュードベリ（Johannes Rydberg，スウェーデン，1854～1919年）による原子スペクトルの測定に始まる原子構造の研究は，のちの量子力学の誕生へとつながっていく．

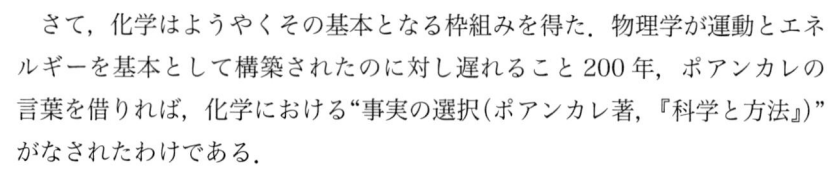

さて，化学はようやくその基本となる枠組みを得た．物理学が運動とエネルギーを基本として構築されたのに対し遅れること200年，ポアンカレの言葉を借りれば，化学における"事実の選択（ポアンカレ著，『科学と方法』）"がなされたわけである．

20世紀に入り，化学は元素を基本として物質の構造と性質を調べ，反応を追跡し，そしてそれらを合成する学問として飛躍的に進歩を遂げていった．化学とは，まさに"もの（substance）を知り，ものをつくる"ことで，20世紀の科学技術の発展の原動力となっていった．そして，20世紀の現代化学の基礎となった数々の発見は，おもに錬金術の時代より築き上げられた分離・精製技術と，それを測定するための重量分析法や容量分析法により見いだされてきたものであった．

機器分析法──発明の歴史

● 分光器の発明と応用

一方，力学の成功で誕生した物理学の分野では，ニュートン（Isaac Newton，イギリス，1642～1727年）以来のもう一つの大きな謎，"光とは何か？ 色はなぜつくのか？"という問題が残っていた．

現代でいう物質と電磁波の相互作用の観点については，ニュートンの有名

リュードベリ

な実験，太陽光の2個のプリズムによる"虹への分離"実験（1666年）により，色は，物質がある特有の色の光を吸収したり発したりすることで生じることが，すでに17世紀には知られていたし，ニュートン環（フック：1665年）や光の回折現象（グリマルディ，1665年：Francesco Maria Grimaldi，イタリア，1618～1663年），透明の方解石単結晶（$CaCO_3$）による複屈折現象も発見されていた（バルトリン，1669年：Erasmus Barthorin，デンマーク，1625～1698年）．

また，17世紀半ばには，すぐれた数学者であり，地図における図法の発明者としても知られるランベルト（Johann Heinrich Lambert，ドイツ，1728～1777年）により，"目で明るさを比べることで光の強度をはかる方法"（光度計：1760年）が考案され，その実験から物質による光の吸収は幾何級数的に増加する（今でいうランベルト・ベールの法則）という結論も見いだされていた．しかし，なぜか科学者の関心はあまりこの問題に向けられず，進展のないまま約1世紀近く忘れられていた．

18世紀に入り，この分野に再び関心が集まるきっかけとなったのが，赤外線の発見であった．これは，天王星の発見で有名な天文学者ハーシェル（John Frederick William Herschel，イギリス，1738～1822年）が，プリズムで分けた太陽光のスペクトルを，当時すでにファーレンハイト（Gabriel Daniel Fahrenheit，オランダ，1686～1736年）により発明（1714年）・生産されていた水銀温度計に当てて観測したところ，赤色の外側の，目では光が確認できない部分でも温度が上昇することを見いだした（1800年）．これは，当時たいへんな話題を呼んだ．この発見に刺激を受け，リッター（Johann Wilhelm Ritter，ドイツ，1776～1810年）が，翌年，光を当てることで黒化する硝酸銀溶液に浸した紙を太陽光スペクトルに当てる実験を行い，今度は，紫の外側にも光が来ていることを発見した．

のちのX線の発見もそうであるが，いつの時代にも，見えないものがある（見えるようになる）というのは，社会にとってたいへんわかりやすく，センセーションを生むようである．

さて1814年，ドイツのガラス職人フラウンフォーファー（Joseph von Fraunhofer，ドイツ，1787～1826年）は，色消しレンズの改良のため屈折率を測定する適当な光源を探していた．

その実験のため，彼は光を平行光線にしてプリズムに導くスリットつきの視準器と，精確に研磨したプリズム，分光された光を覗く接眼レンズとを，角度を精密に調整できる経緯儀の上に取りつけた分光器を製作した．その装置を用いて暗室でロウソクの炎を観察すると，黄色と赤の間に輝線が見え，この光を屈折率の測定に用いようと考えた．そこで，より強い太陽光でもこの輝線があるのではないかと考え同じ装置で観察すると，ロウソクで現れた

ランベルト

ハーシェル

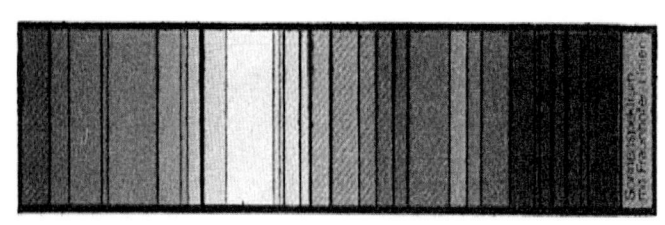

図5 フラウンフォーファーの黒線地図

フラウンフォーファー

輝線の箇所に，今度は逆に黒線が現れた．これにより，以前から太陽光スペクトル中に観察されていた黒線は，プリズムの傷によるものではないと考え，数百本にわたる黒線地図(フラウンフォーファー線)を作成した．

この成果は，のちにキルヒホッフ(分光器の製作：Gustav Robert Kirchhoff，ドイツ，1824 ～ 1887 年) とブンゼン(炎色の発生：Robert Wilhelm Bunsen，ドイツ，1811 ～ 1899 年)によって系統的に研究され，黒線が原子により固有の波長で吸収された結果であること，特定の原子をブンゼンバーナーで加熱することで黒線と同じ波長の光の輻射があることを明らかにした．これにより，その当時確認されていなかったルビジウム，セシウム，インジウム，ガリウムなどの元素が発見された．原子スペクトル分析法の誕生である．

このキルヒホッフ - ブンゼン型炎光分光器は，きわめて感度が高く，1 mg 程度の試料中の各種元素の確認が可能であったといわれている．

しかしこの装置は，光強度を比較調整してはかるというランベルトの方法(光度計)によらなかったため，あくまで濃度に対しては定性的であった．定量的な分光光度計が開発されるには，安定で光量調整が可能な光源と，光強度を定量的に測定する方法が必要であった．

キルヒホッフ

ブンゼン

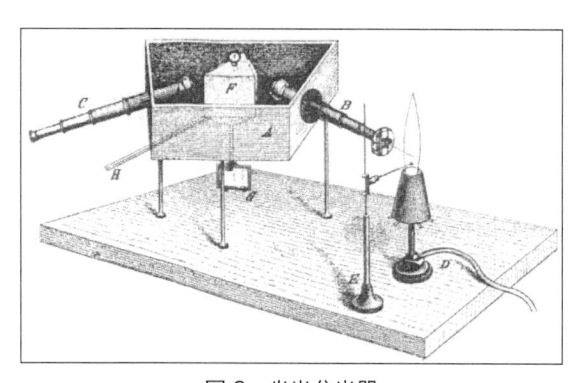

図6 炎光分光器
G. Kirchhoff, R. Bunsen, *Annalen der Physik und der Chemie* (Poggendorff), **110**, 161-189 (1860).

図7　ヴォルタとヴォルタの電池
出典：国立科学博物館(http://www.kahaku.go.jp/special/past/italia/ex2-1.html)

● 電池の発明と応用

　江戸時代と現代の社会を比べて最も大きく違う点は，おそらく"電気"があるかないかであろう．古代より"静電気(electron：古代ギリシャ語でコハクの意味)"の存在はよく知られてはいたが，19世紀までの"電気"は，現代でもテレビの"科学番組"などで行われている"百人おどし"のような見せ物の対象でしかなかった．

　この"電気"にまつわる発明と発見を，近代科学技術400年の歴史のなかで最大の成果に引き上げるきっかけをつくったのは，ヴォルタ(Alessandro Volta，イタリア，1745〜1827年)による異種金属の接合によって生じる電流の発見(1792年)と，それに基づく電池の発明(1800年)であった．

　この電池の発明はまたたく間に広がり，エルステッド(Hans Christian Ørsted，デンマーク，1777〜1851年)の"電流の磁気作用の発見(1820年)"から，ファラデー(Michael Faraday，イギリス，1791〜1867年)の"電磁誘導の法則(1831年)"，マクスウェル(James Clerk Maxwell，イギリス，1831〜1879年)の"方程式(1864年)"に至る電磁気学の確立と，検流計・発電機・モーター・通信機・電灯・無線などの数々の発明の礎を築いた．ま

エルステッド　　　　　ファラデー　　　　　マクスウェル
図8　電磁気学の誕生

図9　無定位検流計
出典：Photo Franca Principe, IMSS - Florence

さに, 過去400年間で"最大の発明"であろう.

化学の分野においては, 先述したように電池の発明からわずか7週間後に水の電気分解が行われ, "異種金属が溶液を介して接触することにより電流が流れる"ことの逆の反応も起こり, "溶液に電流を流すことで物質が分解される"ことも見いだされた. 電気化学の誕生である. これにより, それ以降の化学者たちは, 物質と電気現象の関係について大きな興味を抱くこととなった.

やがて電磁気学上の数々の発見(電磁誘導, オームの法則など)と測定方法の発明(無定位検流計, ホイートストンブリッジなど)により, 19世紀後半にはかなり精密な電気測定が可能となった. また, ネルンスト(Walther Hermann Nernst, ドイツ, 1864〜1941年)による電気化学の熱力学的な研究(ネルンスト式：1889年)の結果, 酸化還元反応と起電力との関係が明らかにされ, 水素電極による電位差の測定(pH：1893年), さらには, ヘイロフスキー(Jaroslav Heyrovský, チェコ, 1890〜1967年)・志方(志方益三, 日本, 1895〜1964年)によるポーラログラフィーの発明(電流電位曲線：1925年)へとつながっていった.

ネルンスト

ヘイロフスキー

志方益三

図10　ポーラログラフィー
出典：Institute of Chemistry (http://chem.ch.huji.ac.il/history/heyrovsky.htm)

一方，"電気とは何でできているのか？"という古くからの"興味"への試行錯誤も続けられていた．"電気は真空中を伝わるのだろうか？"．ファラデーは1830年頃に，両端に電極（ファラデーカップ）を取りつけけたガラス管のなかを，空気ポンプで真空にして電気を流して観察したところ，陰極から陽極へガラス管のなかが光る現象を発見した．残留した空気による，今でいうグロー放電である．

しかし，当時の空気ポンプでは，真空到達度がせいぜい10 Pa（大気圧の1万分の1）程度までしか得られず，"電気の正体"を突き止めるには，より高い真空を得るためのポンプの登場を待たねばならなかった．

1855年，ドイツのガラス職人ガイスラー（Johann Heinrich Wilhelm Geissler，ドイツ，1815～1879年）は，当時知られていた水銀柱による"トリチェリの真空"を応用し，より高真空が得られる"水銀ポンプ"を発明した（1855年）．この水銀ポンプを改良して0.1 Pa程度の高真空を得ることに成功したクルックス（William Crookes，イギリス，1832～1919年）は，このポンプを用いた各種の"電極つき真空ガラス管（クルックス管）"を製作し，"陰極線〔Cathode ray：1876年，Eugen Goldstein（ドイツ）による命名〕"の性質を研究した（1880年）．

これ以降，クルックス管を用いた多くの研究者による数々の実験から，電子の存在が明らかになるとともに，のちのレントゲン（Wilhelm Conrad Röntgen，ドイツ，1845～1923年）による"X線の発見（1895年）"，"光電効果の発見（1895年，Philipp Eduard Anton Lenard，ドイツ）"，"真空管による整流・増幅作用（2極管：1904年，John Ambrose Fleming，イギリス．3極管：1906年，Lee De Forest，アメリカ）"，トムソン（Joseph John Thomson，イギリス，1856～1940年）による"質量分析法"でのネオンの同位体の発見（1912年）へとつながっていった．

ガイスラー

クルックス

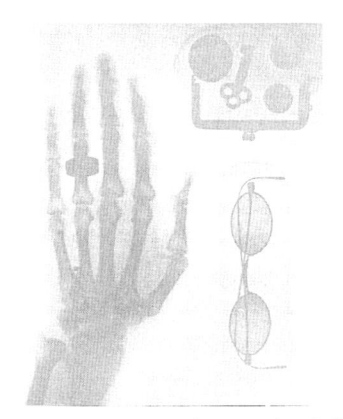

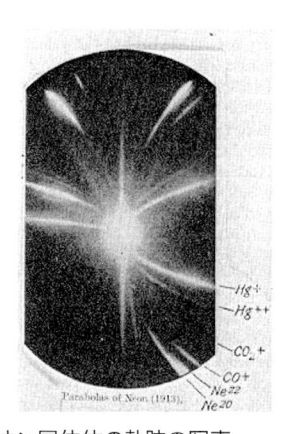

図11　レントゲンと日本で初期に撮られたX線写真
出典：島津創業記念資料館

図12　トムソンとネオン同位体の軌跡の写真

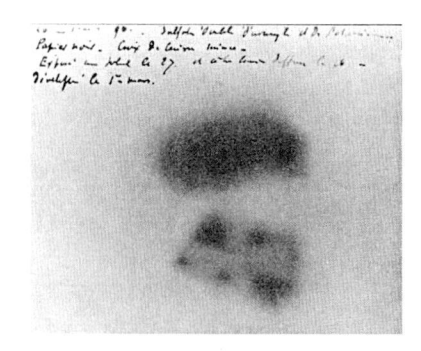

図13　ベックレルとウラン塩が放出した放射線の写真

● 電磁波と物質の相互作用

20世紀に入り，華々しく登場した量子力学の進展により，物質における波と粒子の二重性が明らかにされ，電磁波と物質の相互作用の理解がよりいっそう進んだ．

紫外・可視領域での電磁波の放射吸収は，おもに物質内での電子との相互作用によるものであることは，量子力学の構築に大きく貢献した．また，X線の放射吸収は内殻電子の反応であり，続いて，ベックレル(Antoine-Henri Becquerel，フランス，1852〜1908年) の発見による放射能は原子核内の反応であることが解明され，これらの電磁波の放射・吸収・回折現象を利用した元素分析法や構造解析法が生まれた（X線回折，蛍光X線分析，放射化学分析など）．

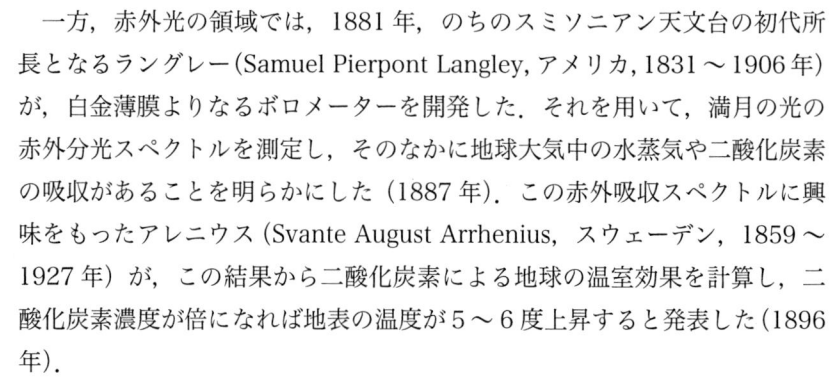

一方，赤外光の領域では，1881年，のちのスミソニアン天文台の初代所長となるラングレー(Samuel Pierpont Langley，アメリカ，1831〜1906年) が，白金薄膜よりなるボロメーターを開発した．それを用いて，満月の光の赤外分光スペクトルを測定し，そのなかに地球大気中の水蒸気や二酸化炭素の吸収があることを明らかにした（1887年）．この赤外吸収スペクトルに興味をもったアレニウス(Svante August Arrhenius，スウェーデン，1859〜1927年) が，この結果から二酸化炭素による地球の温室効果を計算し，二酸化炭素濃度が倍になれば地表の温度が5〜6度上昇すると発表した（1896年）．

また，マイクロ波などの赤外より長波長側の電磁波の放射吸収現象についても，無線通信技術の進歩に伴って研究が進み，なかでも磁場内での原子核のゼーマン効果によるマイクロ波吸収は，核磁気共鳴法開発の基礎となった（1946年）．

ラングレー

アレニウス

● 生物試料の分離精製分析法の発明

さて，科学者のもう一つの大きな関心事，生物のつくりだすきわめて多種

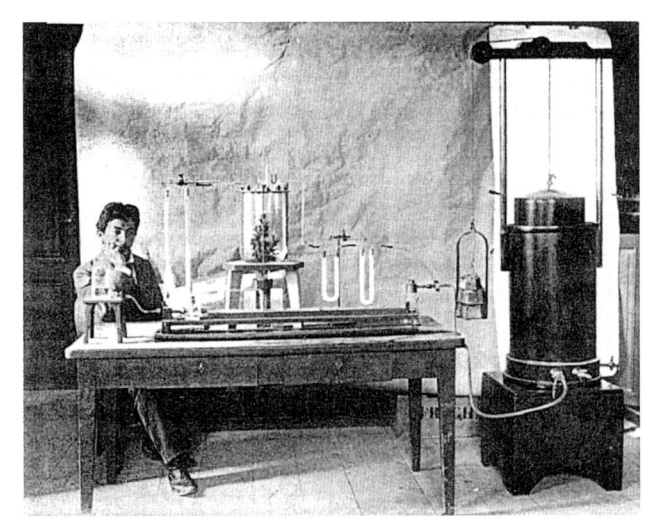

図14 ツヴェットの研究室
松下 至, ぶんせき, **11**, 682 (2003).

多様な成分をどのように研究していくかは，20世紀に入ってもいまだ暗闇のなかであった．当時の研究者たちは，かつての錬金術とさほど変わらない方法で，生物から得た試料の分離抽出を繰り返していた．

この分野において最初に考案された画期的な分析法は，間違いなくクロマトグラフィーであろう．この発明は1903年，ロシア生まれの植物学者，ツヴェット（Michail Tswett，ロシア，1872～1919年）が，炭酸カルシウムを詰めたガラス管（吸着カラム）に石油エーテルに溶かした葉の抽出物を通してクロロフィルなどの色素を分離したことに始まる．さらに1952年には，移動相を気体としたガスクロマトグラフィーが発明された（Archer John Poter Martin，アメリカ）．

また，スウェーデンの生化学者ティセリウス（Arne Wilhelm Kaurin Tiselius，スウェーデン，1902～1971年）は1937年，タンパク質の分離方法として"電気泳動法"を発明した．

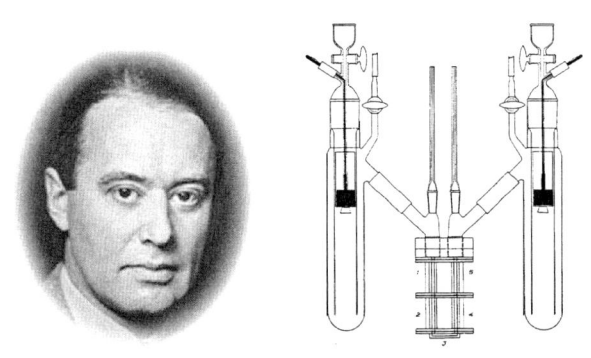

図15 ティセリウスと彼の電気泳動装置
出典：The Nobel Foundation

機器分析法の未来

科学の発見の歴史は，新しい"道具"の発明の歴史であるといっても過言ではない．20世紀後半には，量子力学を基礎とした半導体の発見から始まる電子技術の進歩と，コンピュータの発明による情報処理革命が，分析機器の大幅な革新をもたらした．現在では，いろいろな分析法を組み合わせることで，物質の組成・構造に対してかなりの情報が得られるようになった．

しかし，自然の謎のベールが一枚一枚剥がされるたびに，また再び新しい謎が登場している．基礎科学を見渡してみても，たとえば物理学の分野では，高温超伝導などがあげられるし，生物の分野では，ようやくその構成成分に対してのぼんやりした輪郭が見えはじめただけで，その反応や相互作用については，いまだ謎だらけである．

加えて，応用科学の分野では，人口増加に伴う食料・エネルギー・資源・環境問題，気候変動，がんや後天性免疫不全症候群（AIDS）など社会が直面する問題は山積している．後世の人々は，現代を"危機の21世紀"と名づけるのではないだろうか？ このような難問に対処し，人類が生き延びるためには，物質をはかるための新たな工夫が不可欠のように思われる．

分析化学は，いうまでもなく新しい分析法の開発（発明）と，さまざまな科学技術分野での測定の要求に応え，分析法に改良を加えて応用し，普及させるための技術的展開（応用）の両輪で成り立っている．この両輪を忘れることなく挑戦し続けることが望まれる．

"将来にわたり科学と人間の関係は変わらないように思える．人間は科学に取り組むことで，予想もしないアイデアや発見の機会に巡りあえる．また，それに呼応するように人間は，新たなる技能や道具を創意工夫（発明）し，これからも科学としてのアイデアや発見を追い求めていくだろう．人間は道具をつくる動物であり続ける．そして科学は，人間の遺伝子に組み込まれた創造力を常に刺激し続けるだろう．"

フリーマン・ダイソン「ものづくりとしての科学」より，
Science, **280**, 1014 (1998)（訳筆者）

"人間は知ることを欲する生き物である（アリストテレス）"．そして，知るためには"はかりつづけること"が，何よりも重要なのではないだろうか？．

第Ⅰ部

濃縮・抽出・分離を用いた機器分析法

第 I 部 0 章 濃縮・抽出・分離を用いた機器分析法の基礎

クロマトグラフィーと呼ばれる分離分析の手法は，現在の機器分析において重要な役割を担っていることはいうまでもない．分析の目的としている実試料中の元素や化合物が，複雑な共存成分の存在に影響されることなく，簡単に定性，定量することが可能な分析手法があれば，およそ「分離」というものの必然性は失われる．しかし，実際には共存成分が目的成分の定性，定量を妨害する場合が多く，したがって，目的成分を単離，濃縮する「分離」が必然的に重要な意味をもつことになる．

最も簡単な分離のモデルは，二つの混じりあわない相の間で，物質移動の違いを用いて分離する方法であろう．多くの分離分析法では，このような混じりあわない二相間の物質移動の平衡の違いを利用して分離を達成している．ガスクロマトグラフィーでは気体/液体あるいは気体/固体，高速液体クロマトグラフィーでは液体/固体あるいは液体/液体という二相の組合せである．最も簡単な二相間の物質移動の例としては，目的成分を含む水溶液からクロロホルムなど，水と相溶性のない有機溶媒で抽出する作業がある．この液/液抽出では，この二相を収めた分液ロートを激しく振とうさせることで目的成分の二相への分配平衡状態が得られる．目的成分の脂溶性が大きければ，より多くの目的成分の分子が有機溶媒相に分配されることになり，効率的な分離，濃縮が行われる．この分配は，目的成分の二相に対する平衡分配係数 K で決定される．

$$[A]_o/[A]_{aq} = K \tag{1}$$

$[A]_o$, $[A]_{aq}$ はそれぞれ有機相，水相での目的成分 A の濃度

このことから，目的成分 A の溶けやすい「水と相溶性のない」有機溶媒を選択できれば，一度の抽出操作で高効率に目的成分をそのほかの成分から分離することが可能となる．溶媒の選択がよければ，たとえば，試料 10 体積

に対して1体積程度の抽出溶媒で有効な分離抽出が可能で,そのような場合は抽出操作で分離,濃縮が同時に実現することになる.

しかしながら,現実にはそのような実例はまれで,液/液抽出に際しては平衡分配係数の適当な溶媒の組合せが見つからず,抽出の効率が悪かったり,あるいは目的成分以外の共存成分が同時に抽出され,目的成分を単離するためには,さらに別の組合せの抽出操作を行わなければならないことが大半である.この目的成分以外の共存物質が同時に抽出される問題は,目的成分以外がまったく抽出されない組合せを発見しない限り完全には解決しない.現実的にはもちろんこのような抽出操作が有効であることが多々あるが,目的成分以外の共存成分の分配係数がたとえ目的成分の1/100であったとしても,現実の抽出作業では,この係数比に従って1/100の目的成分以外の化合物が目的成分と同時に抽出されることは自明である.そこで,より高い効率で目的成分を単離するために,この分配係数の違いを別のかたちで利用して考案されたものがクロマトグラフィーといわれる分離手法である.

クロマトグラフィーとは

図1は,1903年にツヴェットがはじめて植物色素を分離したときの実験の模式図である.

複数の植物色素が,ガラス管に充填されたCaCO$_3$中を石油エーテル[†]で展開されていく際の移動速度の違いで色の異なった帯となり,ガラス管の出口で単離されている.クロマトグラフィーという言葉自体が,色を表す「クロモ」からの造語としてツヴェットによってはじめて用いられた.すべてのクロマトグラフィーという分離手法において,この例が示すような分離の原理は同じである.カラム(この場合はガラス管)のなかに充填剤があり,充填剤そ

石油エーテル
石油の低沸点留分であり,ほぼ無色透明の液体.溶剤として用いられ,水に不溶.エーテルとあるが,化学種としてのエーテルは含有していない.揮発性が高く,引火性である.

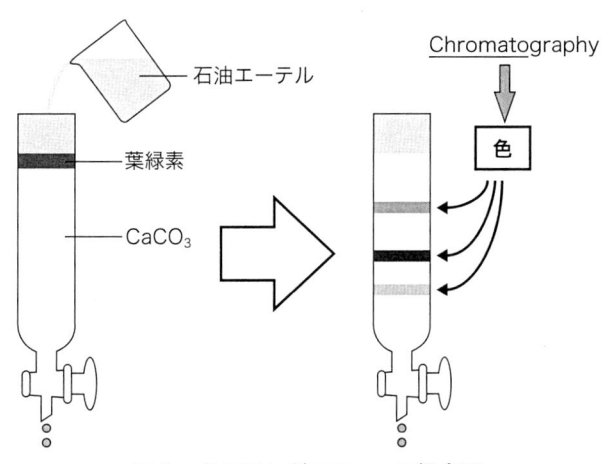

図1 クロマトグラフィーの概念図

のもの，あるいはその表面に化学的に固定された（物理的に塗布された場合もある）官能基を固定相と呼ぶ．そのなかを移動相と呼ばれる流体が移動し，その流れに混合物試料が導入される．複数成分からなる試料は，各成分と固定相，移動相の親和力（分配係数）の違いによって移動速度が異なり*，結果的に各成分が相互に分離される．一般的には移動相が気体の場合はガスクロマトグラフィー，液体の場合は(高速)液体クロマトグラフィーと呼ばれる．

* 固定相への親和力が大きいと移動速度は遅く，親和力が小さいと移動速度は速い．

はじめに分離ありき

試料導入装置，移動相速度制御装置，検出装置などで構成され，分離を支配するカラム充填剤とともに進歩した機器分析法としてのクロマトグラフィーの大きな目的は定量分析である（ちなみにクロマトグラフィーを行う装置という意味ではクロマトグラフという言葉が使われる）．現代では質量分析やNMRを検出法とする定性的な情報をおもな目的とするクロマトグラフィーも多く用いられているが，多くの場合，目的成分の含有量を測定する定量分析がクロマトグラフィーの主たる目的である．では，このクロマトグラフィーにおける定量はどのようにして行われるのだろうか．図2 (a) に示すように，クロマトグラフィーの分離過程では，固定相，移動相の間を移動しながら分離された目的成分を含む帯（バンド）は，カラム長軸方向に沿って見た場合，中心部を最大に，バンド両端でゼロになるような成分の濃度の分布をもつことは容易に想像される．この濃度に応答するような検出器でカラム出口を観察すれば，濃度と観測時間の連続的プロットにより，図2 (b) に示されるような絵（クロマトグラム）が得られる．

この各成分の溶出を表す山形の部分をピークと呼ぶ．検出器の応答が濃度に対して直線的になる検出器であれば，ピークの濃度を時間（移動相の速度が一定なら時間は体積と同じ次元となる）で積分する，つまりピークの面積を読みとると，その数値はただちにカラムに負荷された各成分の総量である

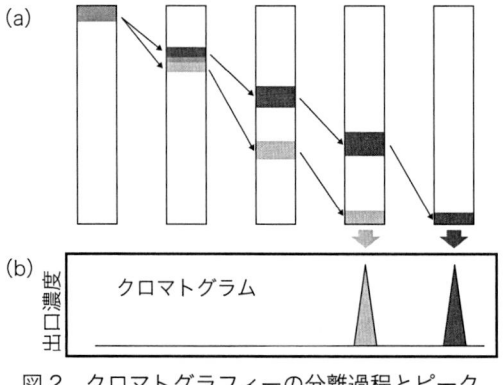

図2 クロマトグラフィーの分離過程とピーク

とわかる．

　したがって，一般的な定量分析の方法はきわめて単純で，あらかじめカラムに負荷して調べておいた既知濃度の目的成分（標準試料）のピーク面積を，移動相速度などまったく同じ条件で負荷した実試料中の標準試料の出現位置（保持時間）に対応するピークの面積と比較することによって行われる．このことから，正確な定量分析を行うためには，目的としている成分が共存成分から完全に分離されている必要があることがわかる．もし，未分離の状態で目的成分が出現した場合は，その面積値を計算する際に，重複部分を何らかの手法で目的成分のピークに割りつけることになり，厳密な意味での正確さは失われてしまう．

　テクノロジーの発展に伴って数々の選択性の大きな検出器，たとえば質量分析計などが開発され，それらの適用によって分離の必要性が小さくなってきている部分もあるが，普遍的，究極的に目的成分のみを検出するような検出器あるいは検出法の出現は，まだ現実のものとはなっていない．したがって，カラム内で行われる分離過程はクロマトグラフィーの最重要部分といっても過言ではない．

分離機構の基本的考察

　次に，クロマトグラフィーの核心部分である分離機構について考察していこう．目的成分はカラムのなかで移動相と固定相の間を移動していく．目的成分が移動相中に存在するときには，カラム出口方向に向かって移動し，固定相中に存在するときには，原則的に移動はしない．したがって，カラム中での目的成分の移動速度は，固定相，移動相での滞在時間の比で決定される．いいかえれば，移動相，固定相の分配比で移動速度は決定される．各成分のピーク頂上が示す時間が保持時間であるということはすでに説明したが，クロマトグラムを実際に即して描いてみた場合，図3のようなパラメータが読み取れる．

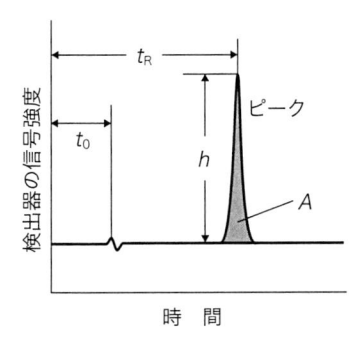

t_R：保持時間
t_0：非保持の時間
A：ピーク面積
h：ピーク高さ

図3　ピークに関する各パラメータ

ここで t_0 は非保持の時間といって,目的成分が固定相とまったく相互作用せず,つまり固定相にはまったく分配さない状態で,カラム導入から溶出までにかかった時間を表す.したがって,固定相に分配されることによって生じたカラム滞在時間は $t_R - t_0$ で表される.このいわば正味の保持時間をさらに t_0 で除した $(t_R - t_0)/t_0$ を k(保持比または保持係数[*1])と表現し,クロマトグラフィーの理論を扱う場合には保持を表す指標にする.

$$k = \frac{t_R - t_0}{t_0} \tag{2}$$

*1 キャパシティーファクター,キャパシター比,容量比と呼ぶこともある.

この比は,クロマトグラフィーの分離機構が固定相,移動相間の分配を基にすると考えた場合,それぞれの相に目的成分が滞在した時間の比を示すことになる.つまり,移動相,固定相の二相への分配比の異なる二つの成分を,時間という新たな次元を加えることによって分離することが可能になる(式1の分配係数 K と k とは同一ではない.前者は濃度の比であるが,後者は絶対量の比となるので,固定相,移動相の体積比が1の場合のみ両者は等しくなる).

分離の定量的評価

ここまでの話のなかで,クロマトグラフィーにおいては複数成分の分離がきわめて重要であることを明らかにしてきた.次に,この分離の程度を単に「よい分離」,「分離不十分」といった表現ではなく,科学的かつ定量的に評価し,分離機構を考察するためには,さらにいくつかのパラメータと数学的手法を導入することが理解の早道である.とはいうものの,限られた紙面のなかで導入するモデルの数学的背景にまで言及することは不可能である.したがって,ア・プリオリ的[*2]に数学的モデルを提示して話を進めていきたい.

*2 「前提となる説明なしに」の意.

クロマトグラフィーでの分離機構を考える際に好適なモデルは,段理論と呼ばれるものである.この考え方は,カラムを長軸方向に細かく分割し,その一つ一つの区画(段)で目的成分が二相に分配され,移動相に分配されたものは一つ先の段に進んで,再度二相間で分配されるという考え方である.これは複数成分からなる混合溶液を,蒸留塔で留分してゆく過程をモデルにしている.このモデルでは,カラムから溶出する目的成分の濃度分布はガウス曲線[†]となり,濃度に直線的に応答する検出器で描かれたクロマトグラム上のピークの形状もガウス曲線となる.段理論そのものは時間経過の要素は入っていないが,その理論から得られた結果を現実に即して数式で表現する際には,時間の要素が組み込まれていることに注目されたい.式3は平均値が t_R(ピーク頂上が t_R)の規格化された(全区間で積分して1になるよう係

ガウス曲線
偶発誤差の分布を表す誤差関数がなす曲線.

数を定められている）ガウス曲線の式である．

$$f(x) = \frac{1}{\sqrt{2\pi}\cdot\sigma} e^{\frac{-(x-t_R)^2}{2\sigma^2}} \tag{3}$$

図3のクロマトグラムに即して考えると，$x = t_R$ で関数値（ピーク高さ）h を与えるので，式4がこのクロマトグラムのピークを表す式となる．

$$f(x) = h e^{\frac{-(x-t_R)^2}{2\sigma^2}} \tag{4}$$

次に，このクロマトグラムを与えるカラムの性能をいかに評価するか，ということを考えてみよう．通常，移動相という流体のなかで移動していく目的成分は，当然拡散の影響を受けて，その存在範囲が広がっていくだろう．その影響は，カラム中に長時間滞在するほど大きくなると考えられる．この分子の拡散が大きくなれば，クロマトグラムに示されたピークは，目的成分の存在範囲（バンド）が大きくなるのでピーク幅が大きくなり，同じ負荷量だとすれば，ピーク幅の増加に伴ってその高さ h は減少する．ピークの検出はピークの応答，すなわちピーク高さを基に行われることから，ピーク高さが減少することは実用的な不利を招く．また，以下に説明する複数ピークの分離を考えても，各ピークの幅が大きくなるということは，ピーク相互の完全分離に不利な条件となる．したがって，より保持の長い目的成分に対して，より幅の小さいピークを与えるカラムは性能のよいカラムといえる．一方，規格化されたガウス曲線において，そのピークの幅は分布の広がりを表す標準偏差で定められる．したがって，カラム性能評価に理論段数（N）と呼ばれる以下のパラメータを導入することは，感覚的にもわかりやすい．

$$N = \left(\frac{t_R}{\sigma}\right)^2 \tag{5}$$

実際には，理論段数を測定する際，ただちにピーク形状から近似的にでも σ を求めることは困難である．そこで，ガウス曲線の性質を利用して上の式5を変形して図5に示すように，長さなど測定しやすいパラメータから，理論段数を計算することができる．

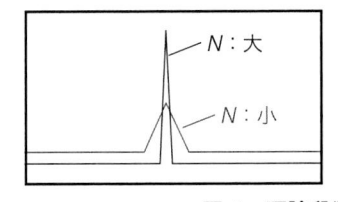

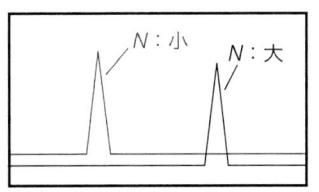

図4　理論段数 N とピーク

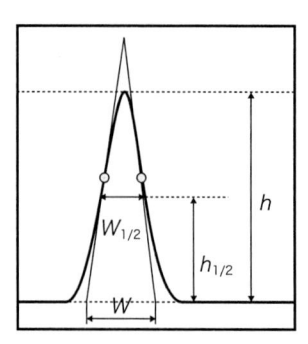

図5 理論段数に関するピークパラメータ

$$N = 16\left(\frac{t_R}{W}\right)^2 \tag{6}$$

$$= 5.54\left(\frac{t_R}{W_{1/2}}\right)^2 \tag{7}$$

$$= 2\pi\left(\frac{t_R \cdot h}{A}\right)^2 \tag{8}$$

なお，これらの式はすべて数学的には等値である．

　t_R：保持時間，W：ピーク変曲点で引いた接線がベースラインと交わる2点の幅，$W_{1/2}$：ピーク高さの半分の位置でのピーク幅（半値幅），A：ピーク面積，h：ピーク高さ

　なお，理論段数はピークの大小によらず，その形（σとt_R）で決定されるので，式3を変形して式6～7が得られるが，ピークの面積，高さを基に計算する式8は，$x = t_R$において，規格化された式3の係数をA（ピーク面積）倍したものが式4の係数hと等しいことからσをAとhで表し，式5に代入して求めることができる．

　これでピークの形状からカラムの性能を定量的に考えるパラメータとして理論段数を導入できたが，前々節で記したように，正確な定量のためには，目的成分がほかの成分から分離されていることが重要である．この分離を評価するためには，単一ピークの形状の優劣を論じているだけでは不十分であ

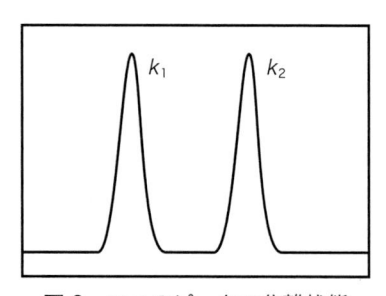

図6 二つのピークの分離状態

り，新たな指標を導入しなくてはいけない．

図6に示したような二つのピークの分離について考えてみよう．一般的には，それぞれの保持時間が離れていれば，良好な分離が得られると考えても問題はなさそうである．そこで，これら二つピークの保持時間の離れ具合を式9に表現する．ここでは保持時間の代わりに式2で表される k を用い，その比が大きいほどピーク頂上の位置は離れていることを示す．

$$\alpha = \frac{k_2}{k_1} \quad (k_2 > k_1) \tag{9}$$

この α は分離係数と呼ばれ，保持の時間的要素にのみ注目して二つのピークの保持時間の違いを表現するパラメータである．

しかし，これだけではピーク頂上が離れていることは示せても，二つのピークの幅が極端に大きな場合には分離が不十分となることが考えられる．つまり，理論段数を導入した際に考えたピークの幅という要素を考慮に入れなければいけない．

そこで，図7に示すような，ピーク幅を考慮したパラメータを考えてみることにする．このパラメータは分離度(R_S)と呼ばれている．

$$R_S = \frac{t_{R_2} - t_{R_1}}{\frac{1}{2}(W_1 + W_2)} \tag{10}$$

$$= 1.18 \times \frac{t_{R_2} - t_{R_1}}{W_{1/2h,1} + W_{1/2h,2}} \tag{11}$$

この式10では，二つのピークの頂上位置の違いが大きく，さらに二つのピークの幅が狭いほど R_S が大きくなるように設定されているので，現実的に二つのピークの分離具合を評価するためには適当な指標と考えられる．式11は，実際に分析で得られたクロマトグラムから測定しやすいように，半値幅を使って式10を変形したものである．また，この式10, 11に対して，

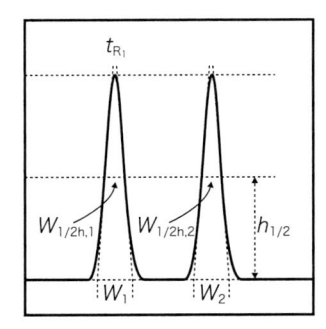

図7　R_S 算出のためのピークパラメータ

1. ピークの理論段数 N が同一であるとする．
2. ピーク幅としては保持が大きく，したがって幅が大きな W_2 を W_1 に代わって用いる．すなわち $W_1 = W_2$ とする．

という条件のもとにピーク幅を σ で置き換え（ピークをガウス曲線とすると $W = 4\sigma$ という関係がある），さらに σ を式5で t_R と N で置き換え，式2を利用して分子を k_1, k_2, t_0 で表し，計算途中にでてくる t_{R_2} を k_2 と t_0 で表し，式10に代入し式9を利用して整理すると以下のようになる．

$$R_S = \frac{t_{R_2} - t_{R_1}}{\frac{1}{2}(W_1 + W_2)}$$
$$= \frac{1}{4}\sqrt{N}\left(\frac{\alpha - 1}{\alpha}\right)\left(\frac{k_2}{k_2 + 1}\right) \tag{12}$$

本来，1および2の仮定は，N の定義から明らかなように両立しない．しかし，近接ピークでは W_1 と W_2 に大きな差はないということから，近似的にでも式12を得ることは，現実の分離に与える N，α，k の影響を観察するうえで意味がある．

この式を眺めると，クロマトグラフィーにおいて二つのピークの分離を改善する，つまり R_S を大きくするためには，カラム性能や，固定相，移動相の組合せで定まる理論段数（N），分離係数（α），保持比（k）を大きくすることが必要であることがわかる．

多くの場合，クロマトグラフィーにおける分析条件の最適化は，この分離の向上を意味する．図8に上記各パラメータを大きくした場合，分離がどのように改善されるのかを模式的に示す．

紙面の関係で数学的に十分な取扱いは行えなかったが，ここでは分離分析に共通する基礎的な項目についてなるべく平易に説明してきた．また，速度

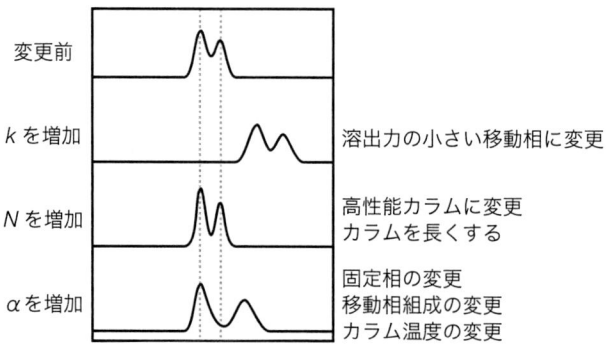

図8 さまざまな条件でのピークの分離度合い

論の考え方から，カラム，固定相の評価を行う際に重要な拡散の取り扱い，理論段数をカラム長さで除した理論段高を用いた拡散の評価などの考え方は説明していない．以降の解説では，さらにそれぞれの機種に特徴的な機構や理論の説明が行われるが，いずれにせよ，分離という現象がその中心にあることは疑いようがない．分析の実務において常にここで述べた話を念頭に置きながら作業することは，ある種の煩雑さを伴うが，分離改善という問題解決の際には必ず立ち返るべき知識として身につけていただきたい内容である．ここでは触れなかったが，常識的には十分な分離が「短時間」に得られることも重要である．実際の分析条件の構築においては時間の要素も十分に検討しなくてはいけない項目である．

　一般論としては未分離のピークを定量する際には

1. 分離を改善する
2. 目的成分に対して選択的な検出を行う
3. 前処理と呼ばれる分析以前の試料処理で共存成分を除く

といったことが考えられる．2の検出法については機種別に特徴的な手法が多いので各機種の説明を参照されたい．また，3の前処理については，総論的な話を手短かに行うことは困難で，どうしても具体的分析に特化した各論になりがちであるため，ここでは触れなかったが，実際の分析においては，この前処理による共存妨害物質の除去が目的成分の分離改善に大きな効果をもつ場合も多いことを付記しておきたい．

■ 章末問題 ■

0.1 式3〜5を用いて式6〜8を導出せよ．ただし，$\ln 2 = 0.693$とする．

0.2 式12において，実際に容易に変更可能なNとkを変化させた場合，分離度に与える影響をそれぞれ図示せよ．その図によれば，実用的にはkはどの程度の範囲にあれば適当と考えられるか．

第I部 1章 ガスクロマトグラフィー (GC)

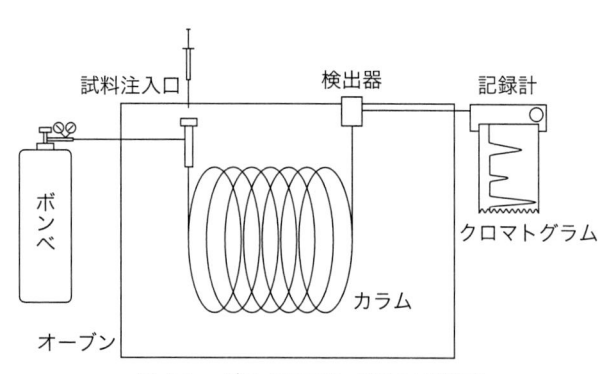

1.1 ガスクロマトグラフィーの装置の構成

ガスクロマトグラフィー（GC）は，1952年Martinにより最初の報告がなされ，その後，キャピラリーガスクロマトグラフィーへと発展してきた．GCは目的に応じて多彩な条件を設定でき，微量成分の測定や，多成分を一度に分析することも可能である．液体クロマトグラフィーより分離性能が高く，短時間で各成分の分析が可能，ランニングコストが安価，優れた検出器が多いなどの長所がある．しかし，移動相に気体を用いるため，揮発性で熱的に安定な物質でなければ分析対象にはならない．

ガスクロマトグラフィーは，試料注入口，オーブン，検出器より構成されている．試料は試料注入口で気化され，カラムに移動し，カラムで分離後，検出器で検出される．移動相には窒素，ヘリウム，アルゴンなどの気体（キャリヤーガス）を用いる．

図1.1 ガスクロマトグラフの構成

図1.2 充填カラムとキャピラリーカラム

1.1.1 カラム

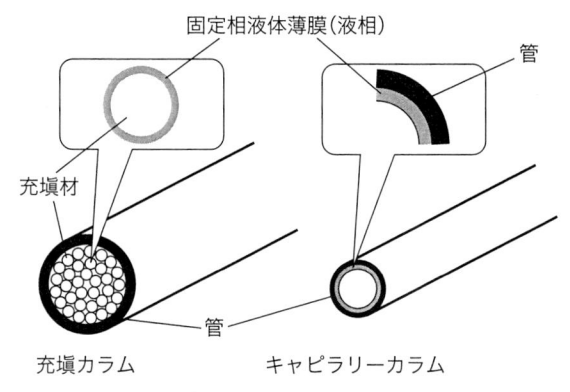

ガスクロマトグラフに使用されるカラムは，オーブン内に設置されており，大きく充填カラムとキャピラリーカラムの二つに分けることができる．

- 充填カラム (packed column)：内径2～4mm，長さ30cmから6m程度のガラス，ステンレススチール製の管に充填剤が詰められたカラムである．充填剤により多くの種類があり，大きく二つに分類される．硅藻土などにシリコンオイル†などの高沸点の液体（液相）を含ませた充填剤と，シリカゲル，活性炭，活性アルミナ，多孔性高分子などの固体の充填剤である．前者のように固定相が液体の場合には，気-液クロマトグラフィー（GLC），後者のように固定相が固体の場合には，気-固クロマトグラフィー（GSC）と呼ぶ．
- キャピラリーカラム(capillary column)：キャピラリーカラムのほとんどは，内壁にシリコンポリマーなどの液相を塗布したタイプ（GLC）のものである．一般に溶融シリカの管（内径が0.1～1mm前後で長さが5～60m）が用いられ，充填カラムに比べて非常に高い分離能をもっている．キャピラリーカラムの液相の種類は，充填カラムに比べて少ない．おもな液相を表1.1に示す．液相はその極性により分けられ，100%ジメチルポリシロキサンが無極性の液相で，そのメチル基がフェニル基に置き換わることにより極性が高くなる．同様にシアノプロピル基が導入され，極性が調節されている．極性の高い液相は，より極性の高い物質

†シリコンオイル
液相の一種．シリコンオイルは，ケイ素（Si）と酸素（O）が交互に結合したシロキサン結合をもっている．このシロキサンの結合エネルギーが大きいため，耐熱性に優れる．キャピラリーカラムの液相も同様のシロキサン骨格をもつ．充填カラムの液相には，このほか非常に多くの種類が市販されており，分析対象に適合する極性と使用温度の液相を選ぶ．

表1.1 キャピラリーカラムの代表的な液相

極性	代表的な液相
無極性	100% ジメチルポリシロキサン
微極性	5% ジフェニル 95% ジメチルポリシロキサン
中極性	50% ジフェニル 50% ジメチルポリシロキサン
高極性	ポリエチレングリコール

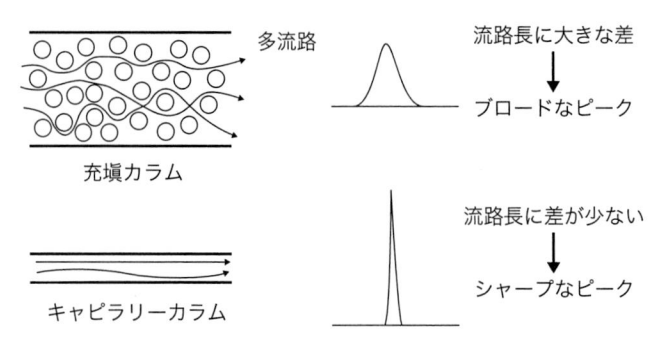

図1.3　流路長がピーク形状に与える影響

を強く保持することができる．これら以外には，光学異性体を分離するためのカラムも市販されている．

GC分析では，カラム温度を昇温させるが，これは低沸点から高沸点の化合物まで効率よく分析するためである．二つのピークの分離が不十分な場合には，カラムの昇温条件や異なる極性のカラムなどを検討する．

キャピラリーカラムは，多流路による拡散が少ないため，充塡カラムに比べ格段にシャープなピークを得ることができる．

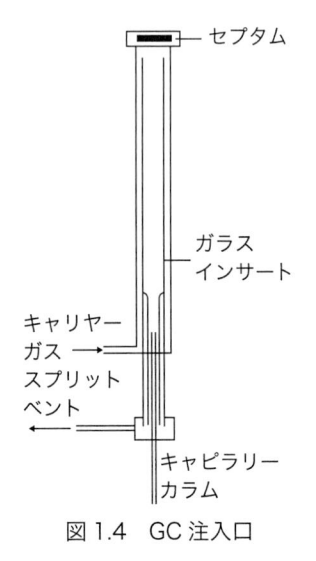

1.1.2　注入口(インジェクター)

試料は，マイクロシリンジでシリコーンセプタムを通して気化室に注入される．以下，キャピラリーカラムを用いた場合について説明する．一般にキャピラリーGCでは，試料の過負荷(オーバーロード)とピークの広がりが問題になる．キャピラリーカラムの試料負荷量は，カラムの内径と液相の膜厚に依存し，数 ng〜数 µg である．

注入方法について以下にまとめた．

- スプリット法：スプリット法では，注入された試料は分割され，一部だけがカラムに導入され，残りはスプリットベントより系外に排出される．キャピラリーカラムでは試料負荷量が少ないため，スプリット法がよく用いられる．またこの方法により，ピークの広がりも解決された．たとえば，スプリット比 50：1 では，カラムに導入される量の 50 倍がスプリットベントより系外に排出される．そのため低濃度の試料には不向きである．
- スプリットレス法：スプリット法では，試料は分割され一部分しかカラムおよび検出器に到達しないため，低濃度の試料では検出が困難になる．この問題を解決するため，スプリットせずに試料を注入する方法が検討された．スプリットレス法では，気化室で気化した試料がほぼ全量カラムに移行したのち，気化室に残存する溶媒などをスプリットベントより

図1.4　GC注入口

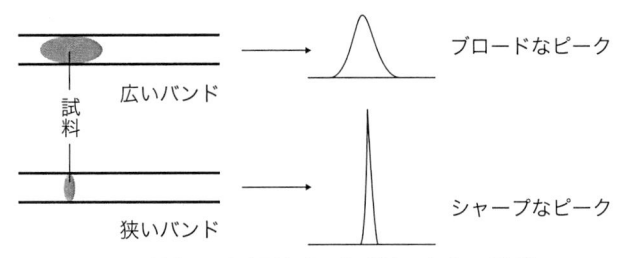

図 1.5 試料バンド幅がピーク形状に与える影響

系外に排出し，分析上問題となるテーリングを除去する方法である．この方法では，目的成分がカラムに移行する過程で試料のバンドが広くなるため，シャープなピークは得られない．

これは，ガラスインサート（ϕ : 2～4 mm）とキャピラリーカラム（ϕ : 0.2～0.3 mm）の内径が大きく異なるので，試料のカラムへの移行に要する比較的長い時間の間に拡散するからである．バンドを狭くするには，カラム温度を溶媒の沸点より 10～20 ℃低く設定し，試料をカラム先端で凝縮させる．

- コールドオンカラム法（クールオンカラム法，オンカラム法）：スプリット法とスプリットレス法は，加熱された気化室に試料を注入し，瞬時に気化させる方法である．これらの方法では，マイクロシリンジの針先での分別蒸留現象による組成変化（ディスクリミネーション）により再現性に問題が生じる．これに対して，コールドオンカラム法では，沸点以下に保ったカラムに試料を注入後，カラムを昇温させる．この方法では，マイクロシリンジ針先でのディスクリミネーションを抑制し，再現性のよい結果を得ることができる．一般に熱に不安定な試料の分析に用いられるが，試料を直接カラムに導入するため，カラムが汚れやすくなる．
- PTV（programmed temperature vaporization）法：プログラム昇温気化法の略である．コールドオンカラム法と同様に，沸点以下に保った気化室に試料を注入後，低温で溶媒を排出させる．その後，気化室温度を急速昇温し，目的成分をカラムに移行させる方法である．この方法では，大容量のサンプルを注入することも可能であるが，夾雑物質[†]も大量に注入されることから，試料のクリーンアップが必要になる．

夾雑物質
あるもののなかに混じっている余計なもの．

1.1.3 検出器

GC の検出器は種類が豊富で，目的に応じて，感度，選択性などを加味して選ぶ．表 1.2 に簡単に整理する．TCD，FID が汎用の検出器であるのに対し，ECD，FPD，TID などの検出器は特定の化合物に対して選択性が高いため，低濃度まで分析できる．

表 1.2　ガスクロマトグラフの検出器

検出器	原理と特徴
熱伝導型検出器(TCD) Thermal conductivity detector	ガスクロマトグラフの初期から広く使用されてきた検出器．熱伝導度の差により検出する．感度はあまり高くないが，キャリヤーガス以外のほとんどの物質は検出可能．
水素炎イオン化検出器(FID) Flame ionization detector	ガスクロマトグラフの検出器として最も広く利用されている．水素炎中に有機物質が導入され燃焼されると，検出器のなかでイオン化され，有機物質の量に応じたイオン電流を測定する．無機ガスなどの燃焼しない成分は検出できない．
電子捕獲型検出器(ECD) Electron capture detector	電子と結合するような特定成分(ハロゲン化合物，ニトロ化合物などの電子吸引基をもつ物質)に対してきわめて高い感度を示す検出器．キャリヤーガスに ^{63}Ni から放射される β 線を照射して生成した電子を親電子化合物が捕獲することにより，電子濃度が低下し，電流値が減少する．農薬やPCBなどの分析に用いられることが多い．非放射線源式 ECD もある．
炎光光度検出器(FPD) Frame photometric detector	硫黄化合物，リン化合物，スズ化合物を水素炎中で燃焼させると，それぞれ 394，526，610 nm 付近に強い発光を示す．この光を分光し測定する．これらの化合物に選択的であるため，特異的に高感度を示す．硫黄化合物では，濃度のほぼ二乗に比例した応答が得られる．
熱イオン化検出器(TID) Thermoionic detector	フレーム熱イオン化検出器(FTD)，(アルカリ)熱イオン化検出器とも呼ばれる．窒素あるいはリン化合物に対して高い応答を示すことから，窒素‐リン検出器(NPD)とも呼ばれる．アルカリ金属塩が加熱により蒸発し，陽イオンを生成する．そこに窒素やリン化合物が存在すると電子を受け取り陰イオンを生成する．その結果，増加するアルカリ金属の熱イオンを測定する．

1.2　成分の同定と定量

1.2.1　成分の同定

GCでは，成分の同定はおもに保持時間 t_R により行われる．同一条件下で測定された同じ成分の t_R は等しいため，t_R が異なれば異なる成分といえる．ただし，t_R が同じでも異なる成分である場合があることに注意すべきである．

1.2.2　成分の定量

GCでは，ピークの面積から物質の量を求めることできる．ただし，ピーク面積から成分の絶対量が求まるのではなく，成分量とピーク面積が比例関係にあることが定量の基礎となっている．定量方法には，絶対検量線法，内標準法，標準添加法などがある．

- 絶対検量線法 (absolute calibration method)：定量成分の絶対量とピーク面積の関係から定量する．一定量を正確に注入する必要がある．
- 内標準法 (internal standard method)：試料中の成分と重ならない物質(内標準物質)を一定量添加し，定量成分と内標準物質の量比とピーク

図 1.6　定量方法

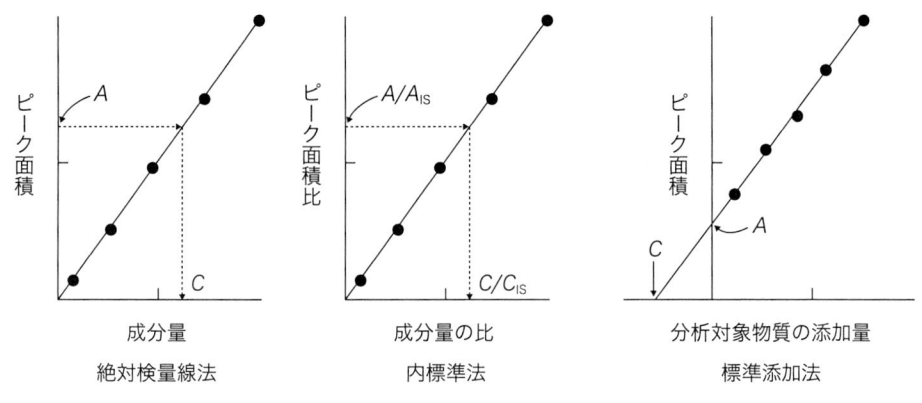

（絶対検量線法：横軸 成分量、縦軸 ピーク面積 A、C）
（内標準法：横軸 成分量の比 C/C$_{IS}$、縦軸 ピーク面積比 A/A$_{IS}$）
（標準添加法：横軸 分析対象物質の添加量、縦軸 ピーク面積 A、C）

A：試料中の目的成分のピーク面積　A_{IS}：試料中の内標準物質のピーク面積
C：試料中の目的成分量　　　　　　C_{IS}：試料中の内標準物質量

面積比の関係から定量する．
・標準添加法 (standard addition method)：試料に定量したい成分を一定量添加し，添加によるピーク面積の増加分が添加量に基づくものとして定量する．

以下に内標準法の手順について示す．

① 濃度が異なり同量の標準試料系列を準備する．
② それぞれに一定量の内標準物質を添加する．
③ それらを分析し，クロマトグラムを得る．
④ 得られたクロマトグラム上のピークから分析対象物質と内標準物質のピークを決定する．
⑤ 同定されたピーク面積と濃度をもとに，内標準物質に対する分析対象物質の面積比と，分析対象物質の濃度との関係を求める．
⑥ 未知試料(標準試料の場合と同量)についても一定量の内標準物質(標準試料の場合と同量)を添加し，分析を行い，得られたクロマトグラムからピーク同定を行う．
⑦ ピーク同定された分析対象物質について，内標準物質に対する分析対象物質の面積比を求める．
⑧ 面積比を検量線にあてはめ，分析対象物質の濃度を求める．

一定量の内標準物質を添加した場合には，検量線のグラフの横軸は分析対象物質濃度でよい．しかし，内標準物質の添加量が異なる場合には濃度比でプロットする．

1.3　試料の前処理

　GC分析では，揮発性で熱的に安定な物質でなければ分析対象にはならない．GC分析における試料の前処理は，主に抽出，感度が不足する場合の濃縮，揮発性をあげるための誘導体化などがある．

1.3.1　気体試料

　気体の濃度が高い場合には，採取した気体をガスタイトシリンジでそのままGCに導入して分析できる．しかし，大気中の環境汚染化学物質の分析などでは，たいていは低濃度のため分析装置の検出下限以下のことが多く，通常は大量の大気から成分を吸着剤(ポーラスポリマー，活性炭など)が充填された捕集管に捕集する．その捕集管は，加熱により成分を脱着し，一度冷却により成分をフォーカシングしてGCカラムに導入できる装置（サーマルデソープションシステム）がある．冷却によるフォーカシングを行わない場合には，吸着剤からの脱着がスムーズに起こらないためバンドが広くなり，ピークがブロード(図1.5参照)になってしまう．

1.3.2　液体試料

　有機溶媒中の物質は，そのままGCに導入して分析できるのに対して，水中の物質の分析では，適切な前処理を施す必要がある．水中の物質の一般的なGC分析方法は大きく二つに分類される．パージ＆トラップあるいはヘッドスペース法により直接GCに導入する方法，および抽出により一度有機相に目的成分を移行させたのちにGCに導入する方法である．抽出では近年，固相抽出が溶媒抽出にとって代わりつつある．一般に，抽出後に濃縮操作も行われるために，検出限界を低くすることができる．

・パージ＆トラップ（P&T）法：液体試料にパージガスを通気し，揮発性成分を追いだして捕集する．捕集した成分は加熱脱着，冷却によるフォーカシングを経てGC分析される．試料中の対象成分がほぼ全量ガスクロマトグラフに導入されるので，最も微量まで分析可能である．そのため装置などの汚れの影響を受けやすく，維持・管理に手間がかかる．また濃度が高い試料は，検出器を汚す恐れがある．一般に揮発性有機化合物の分析に用いられ，高沸点化合物ではパージ効率が低下するため感度が落ちる．

・ヘッドスペース(HS)法：ヘッドスペース(HS)とは容器内の気相部分のことである．HS法では，この気相部分をサンプリングしてGC分析する．試料の1〜10%しかガスクロマトグラフに導入されないので，パージ＆トラップ法に比べ検出感度は落ちる．自動分析装置も市販されている

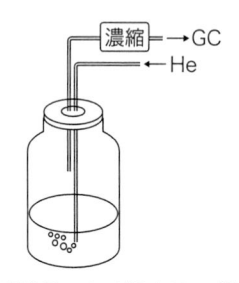

図1.7　パージ＆トラップ法

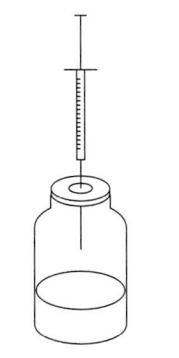

図1.8　ヘッドスペース法

が，マニュアル分析も可能である．しかし，気液平衡を利用しているので，マトリックスの影響を受けやすく，測定値にばらつきが生じる．一般に蒸気圧により分配が異なるため，高沸点化合物ほど感度が低下する．ヘッドスペースを不活性ガスでパージし，吸着剤や冷却により捕集して分析するダイナミックHS法と呼ばれる方法もある．HS法は固体試料にも適用できる．

・溶媒抽出法：操作が容易であり，対象物質により感度の差が少なく，再現性のよい結果が得られる．試料成分の0.02〜0.1%程度しかGCに導入されないので，検出感度が一番劣る．また，大量の溶媒を使用するため，分析時に溶媒からの不純物の影響が見られるほか，溶媒の留去過程が必要であるため，沸点の低い化合物には適用できない．さらに，環境試料などの抽出では，よくエマルションが生成するなどの欠点もある．

・固相抽出(SPE)法：吸着剤を用いて対象成分を吸着し，濃縮する方法で，溶媒抽出にとって代わる方法として近年急速に普及してきている．使用溶媒が少なく，エマルションに煩わされることがないなどの利点がある．中揮発性の化合物に適用される．よく使われるものには，カートリッジタイプとディスクタイプの固相がある．

・固相マイクロ抽出(SPME)法：高分子薄膜を保持したヒューズドシリカファイバーを，試料溶液の入ったサンプル瓶のヘッドスペースまたは溶液中に露出することにより，分析対象物質を抽出する．その後，GC注入口に差し込み，分析対象物質を抽出したヒューズドシリカファイバーを露出して，抽出物を加熱脱着し分析する．

以上のうち，P&T法やHS法の装置はGCとオンラインで接続することができる．また，SPME法についても，オートサンプラーとしてGCと接続し自動化することができる．

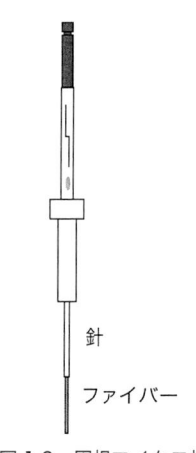

図1.9 固相マイクロ抽出(SPME)用シリンジ

針
ファイバー

1.3.3 固体試料

固体試料中の揮発性成分の分析にはHS法が適しており，ポリマーの臭気や香料のGC分析で使われている．難揮発性成分は，一般に前処理（超音波による抽出やソックスレー抽出）ののちに分析される．ポリマーの定性や組成の分析などには，熱分解ガスクロマトグラフィー（パイロリシスGC）を用いる．これは，試料を瞬間的に熱分解させ，生成する分解生成物をGCで分離検出する．得られるクロマトグラムをパイログラムと呼ぶ．分解生成物の構造から試料の構造を解析するため，一般にMSやFT-IRなどの定性能力の高い装置が用いられる．

1.3.4 誘導体化

GC分析では，試料を気化させる必要があるため，熱的に不安定な物質や揮発性の低い物質は，気化しやすい形に変換（誘導体化）し分析される．また，特定の検出器で高感度に検出するためにも誘導体化がよく行われる．表1.3に，おもなGC分析のための誘導体化をまとめる．

- シリル化：OH，COOH，SH，NH_2基などの誘導体化に使われる．一般にトリメチルシリル（TMS）誘導体化試薬，および生成するTMS誘導体は水分に対して非常に不安定であるため，取扱いには注意を要する．t-ブチルジメチルシリル化は，TMS化に比べやや厳しい反応条件を必要とするが，GC-MS分析でt-ブチル基が解裂したフラグメントイオンを選択的に生成することから高感度に分析対象を定量することができる．またTMS誘導体に比べ，加水分解に対して安定である．
- アシル化：アルコール類やフェノール類などのOH基，アミン類などのNH_2基，メルカプタン類などのSH基を誘導体化するために用いられる．アセチル化やペルフルオロアシル化などがある．フェノール類のアセチル化は，塩基存在下で無水酢酸を用いて水中で容易に進行する．また，ペルフルオロアシル基やペンタフルオロベンゾイル基を導入する

表1.3　おもな誘導体化

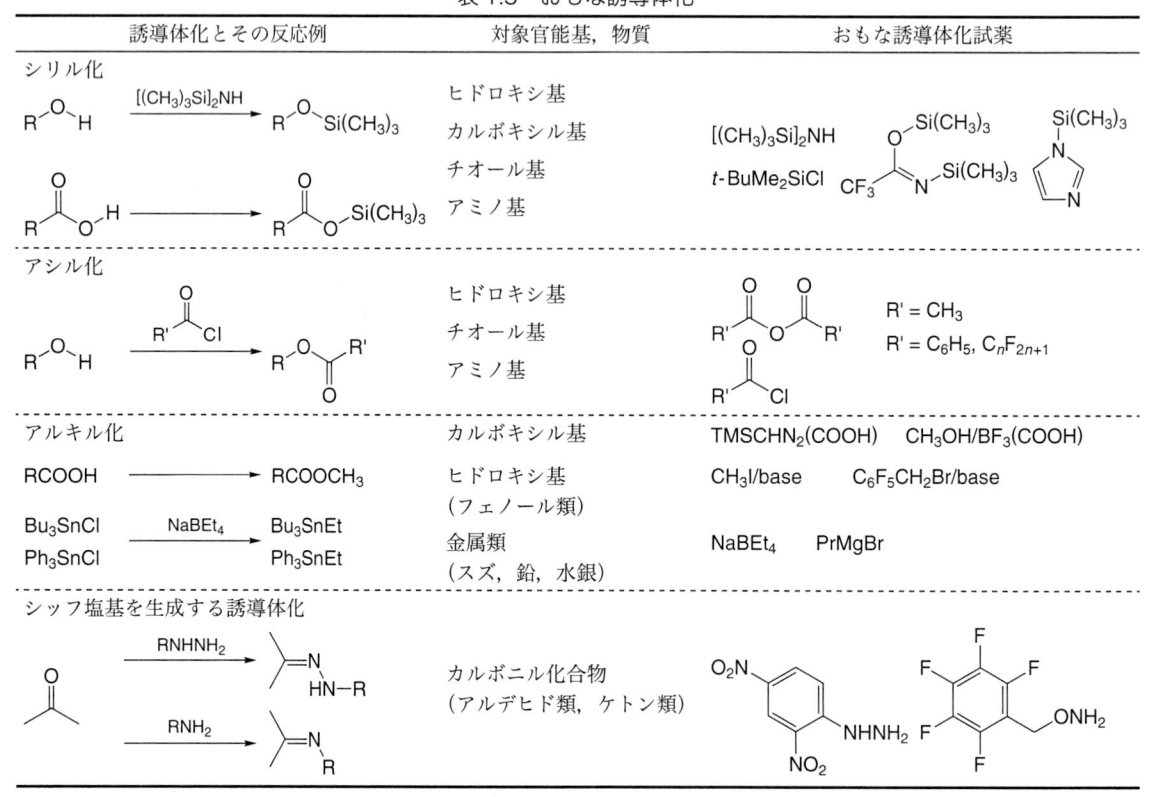

誘導体化とその反応例	対象官能基，物質	おもな誘導体化試薬
シリル化 R–OH → R–O–Si(CH₃)₃ R–COOH → R–COO–Si(CH₃)₃	ヒドロキシ基 カルボキシル基 チオール基 アミノ基	[(CH₃)₃Si]₂NH　　t-BuMe₂SiCl CF₃–C(O–Si(CH₃)₃)=N–Si(CH₃)₃ 1-(トリメチルシリル)イミダゾール
アシル化 R–OH + R'COCl → R–O–CO–R'	ヒドロキシ基 チオール基 アミノ基	(R'CO)₂O　　R'COCl R' = CH₃ R' = C₆H₅, C$_n$F$_{2n+1}$
アルキル化 RCOOH → RCOOCH₃ Bu₃SnCl →(NaBEt₄)→ Bu₃SnEt Ph₃SnCl →(NaBEt₄)→ Ph₃SnEt	カルボキシル基 ヒドロキシ基 （フェノール類） 金属類 （スズ，鉛，水銀）	TMSCHN₂(COOH)　　CH₃OH/BF₃(COOH) CH₃I/base　　C₆F₅CH₂Br/base NaBEt₄　　PrMgBr
シッフ塩基を生成する誘導体化 R₂C=O + RNHNH₂ → R₂C=N–NH–R R₂C=O + RNH₂ → R₂C=N–R	カルボニル化合物 （アルデヒド類，ケトン類）	2,4-ジニトロフェニルヒドラジン ペンタフルオロベンジルオキシアミン (C₆F₅CH₂ONH₂)

と，誘導体は ECD や負イオン化学イオン化（NICI）-MS で非常に高感度に分析できる．
- アルキル化：カルボン酸をエステルに，フェノール性ヒドロキシ基をエーテルに変換する反応である．ジアゾアルカンは，毒性，爆発性があり取扱いに注意を要する．そのため，毒性が低く，爆発性のないトリメチルシリルジアゾメタンが開発された．ハロゲン化アルキルを用いる方法は，アルカリ条件下で第4級アンモニウム塩やクラウンエーテルを相関移動触媒として，二相系で誘導体化を行うことができる．ペンタフルオロベンジルブロミド（催涙性をもつ）を用いると，誘導体は ECD や NICI-MS で非常に高感度に分析できる．テトラエチルホウ酸ナトリウムは金属類（スズ，鉛，水銀）をアルキル化するために用いられる．この誘導体化は水中で行うことができるため，従来法である水分に非常に不安定なグリニャール試薬（RMgX）を用いる誘導体化にとって代わりつつある．これら以外にも，第4級アンモニウム塩を用いて，GC 注入口でフェノール類やカルボン酸類をアルキル誘導体に変換する方法などもある．
- シッフ塩基を生成する誘導体化：第1級アミンとカルボニル化合物が縮合して生成する化合物をシッフ塩基という．この反応は，アルデヒドやケトン類の誘導体化に利用される．よく使用される試薬には，O-（ペンタフルオロベンジル）ヒドロキシルアミン（PFBHA）や 2,4-ジニトロフェニルヒドラジン（DNPH）などがある．大気中のアルデヒドやケトンの捕集のために，シリカゲルに DNPH をコーティングした固相カートリッジが市販されている．誘導体化後は，NPD，ECD，NICI-MS などで検出する．これらの誘導体化で，非対称カルボニル化合物を誘導体化した場合には，二つの異性体（E, Z）が生成するため，それらの和を定量する．

　GC の誘導体化では，揮発性を向上させることはもとより，用いる検出器に対する応答を向上させることができる．さらに分析の効率化の点から，穏和な条件下で迅速に反応することが望ましい．また，通常大過剰の誘導体化試薬を用いるため，余剰の試薬を除去する必要があり，効率よく前処理（抽出，濃縮，精製）と組み合わせ実施することが要求される．なお，これらの試料の前処理は，ガスクロマトグラフ質量分析法（GC-MS）にも適用できる．

■ 章末問題 ■

1.1　ある未知試料中の分析対象 A の濃度を決定するため，B を内標準物質に用い定量する．2〜10 ppm までの5点検量線を作製し，下表のような結果を得た．未知試料中の分析対象 A の濃度を求めよ．

Aの濃度	ピーク面積	
	A	B
2	10202	8181
4	21150	8100
6	32000	7945
8	41845	8009
10	51452	8205
未知試料	18184	8055

1.2　カラム温度を昇温し分析する場合の利点を，定温での分析と比べて二つ示せ．

1.3　GCにおける誘導体化の役割を二つ示せ．

第Ⅰ部 2章 液体クロマトグラフィー (LC)

2.1 液体クロマトグラフィーの原理と特徴

　クロマトグラフィーとは，通常固体からなる固定相と，気体か液体からなる移動相で形成される分離場において，二つの相と物質の間に働く相互作用（分配平衡）の大小に基づいて物質を相互に分離する分離手法である．液体クロマトグラフィーは液体を移動相として使用する分離法であり，分離場である固定相の形態は多くの場合，柱状（キャピラリーも含む）か板状であり，前者をカラムクロマトグラフィー，後者を薄層クロマトグラフィーと呼ぶ．

　通常ガスクロマトグラフィー（GC）では高温で分離・分析を行うため，試料が高温にさらされる，気化可能な化学種しか分離・検出できないなどの制約がある．液体クロマトグラフィー（LC）では，溶液化学に関連する多種類の検出法（紫外可視吸光度検出，フォトダイオードアレイ検出，示差屈折率検出，蛍光検出，電気化学検出など）が利用可能であり，分離・検出の対象が広いという長所がある一方で，GCや電気泳動に比べて分離性能が低いという短所もある．一般的な液体カラムクロマトグラフィーとしては，ガラス管にシリカゲルやアルミナなどの固体（充填剤と呼ばれる）を充填したものに分離される混合物をできるだけ狭い幅になるように（これをバンドと呼ぶ）添加し，さらに移動相を流すことで物質の分離を行う．この方法は，比較的大量の物質を分離する手段としてLCの開発以来現在も多用されており，有機合成化学，製薬化学，農業化学などの分野では最も一般的な物質分離方法の一つである．また，薄層クロマトグラフィーは，ガラス板，アルミ板，プラスチック板などにシリカゲルを塗布したものを固定相に用いる方法であり，最も手軽なLCである．分離対象を点状に塗りつけたのち移動相に浸すと，毛細管現象によって液体が吸い上げられ，分離が達成される．紫外線を照射したり，染色するなどの方法で検出を行う．

機器分析装置として位置づけられる LC は，送液ポンプ，インジェクター（試料を注入する装置），カラム，検出器の順に接続された分離システムであり，1970 年代以降にカラム性能が画期的に改良され，分離性能，分離速度が飛躍的に向上した．この頃から高速液体クロマトグラフィー（HPLC）と呼ばれることが多くなった．この高性能化は，カラムを構成する充填剤の性能向上によるところが大きく，現在では直径 3～5 μm の球状シリカを使用するのが最も一般的になっている．固定相担体としてはシリカ，アルミナ，ジルコニア，架橋ポリマーゲル†なども用いられるが，それぞれに長所と短所があるため目的に応じて使い分ける必要がある．シリカを充填したカラムの種類が最も多い．2000 年以降，直径 1.7～2 μm の球状シリカを充填した高性能カラムも市販されるようになり，いっそうの高性能化が達成された．この分離は超高性能液体クロマトグラフィー（UPLC）と呼ばれる．粒子径を小さくすることは送液圧力の上昇につながる．すなわち，送液圧力は粒子径の 2 乗に反比例する．一般に使用されている HPLC の送液ポンプでは約 40 MPa が上限であり，通常 20 MPa 以下で運転し，UPLC では上限が 100 Mpa 以上のシステムを使用するが，小さい粒子を使って分離性能の向上を図ることには装置上の限界がある．

HPLC の装置を用いて検出器における変化を逐次的に記録したものをクロマトグラムと呼ぶ．クロマトグラフィーの分離性能を評価するパラメータは多数あるが，最も一般的なものとして理論段数（N），保持係数（k），分離係数（α），分離度（R_S）などがあげられる．理論段数 N はプレート理論に基づくカラム内の理論段の数を表し，大きな値になればなるほどよりシャープなピークを与えることを意味する．保持係数 k は固定相と移動相の間の分配係数を表し，この値が大きい溶質ほどカラム内の滞在時間が長い．分離係数 α は隣り合って溶出される溶質の保持係数の比である．隣り合って溶出される溶質のピークの分離度が R_S であり，クロマトグラムから上記の三つのパラメータが相関して得られる．

$$N = \frac{L}{H} = \frac{L^2}{\sigma^2} \tag{2.1}$$

$$k = \frac{t_R - t_0}{t_0} \tag{2.2}$$

$$\alpha = \frac{k_2}{k_1} \tag{2.3}$$

$$R_S = \frac{\sqrt{N}}{4}\left(\frac{\alpha - 1}{\alpha}\right)\left(\frac{k}{1 + k}\right) \tag{2.4}$$

なお，L はカラム長，σ^2 は分散，t_R は溶質の溶出時間，t_0 は保持されな

シリカ
化学修飾が容易だが，アルカリ性条件下では溶解する．修飾したものは，強酸性条件下でもカラムの寿命が短い．

アルミナ
酸性，中性，塩基性の各アルミナがある．もっぱら試料の前処理用分離媒体に用いられる．

ジルコニア
酸・塩基性条件下で安定であるが，化学修飾が困難であるため，実用化の例は少ない．

架橋ポリマーゲル
タンパク質の分離に向く．pH に関係なく使用できるが，カラムベッドの膨潤や収縮による不安定性もある．

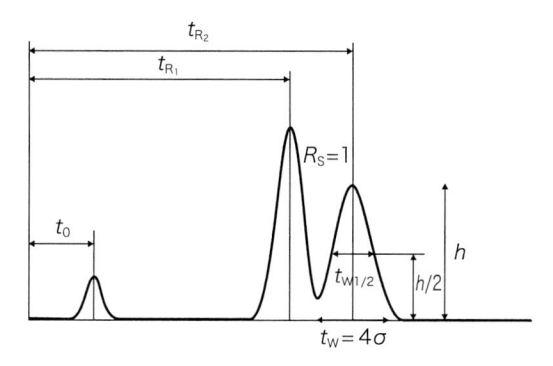

図2.1 クロマトグラムとパラメータ

い物質の溶出時間であり，k_1 と k_2 は隣り合うピークの保持係数である．なお分散の計算の基になっている σ は，ベースラインにおけるピークの幅を 4σ とすることによっている．粒子径 5 μm，内径 4.6 mm，カラム長 150 mm のカラムの場合，N は 10,000 ～ 15,000 程度である．分離と検出にとっては k の値は 2 ～ 5 付近が望ましい．k の値が小さいところではカラム外の拡散効果による分離の低下が起こる．つまり，インジェクター，カラム，検出器間の配管，検出器のセルにおいてバンドが広がるため，分離性能の損失が発生する．

式 2.1 ～ 2.4 で示したパラメータについて，図 2.1 に $R_S = 1$ の場合のクロマトグラムを示した．なお，溶出時間 t_R のピークについて，理論段数(N) はピークの幅(t_W)と半値幅($t_{W1/2}$)を使って式 2.5 のように計算される．

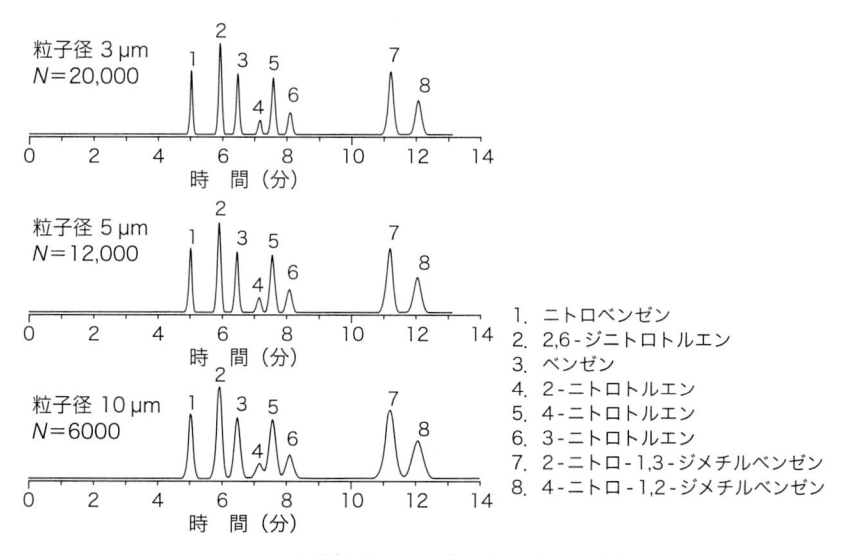

1. ニトロベンゼン
2. 2,6-ジニトロトルエン
3. ベンゼン
4. 2-ニトロトルエン
5. 4-ニトロトルエン
6. 3-ニトロトルエン
7. 2-ニトロ-1,3-ジメチルベンゼン
8. 4-ニトロ-1,2-ジメチルベンゼン

図2.2 分離性能と固定相の粒子径との関係

$$N = \frac{L}{H} = \frac{L^2}{\sigma^2} = 16\left(\frac{t_R^2}{t_W^2}\right) = 5.54\left(\frac{t_R^2}{(t_{W1/2})^2}\right) \quad (2.5)$$

3 μm, 5 μm, 10 μm の粒子径のシリカを用いて調製した固定相による芳香族ニトロ化物の HPLC 分離例を図 2.2 に示す．理論段高 H は粒子径に比例するので，より小さな粒子を充填したカラムのほうがより小さな H を示す．すなわちより高い理論段数が得られることを意味する．

また，理論段高とカラム内の移動相の線速度(u)†の間には相関があり，最も簡単な近似を用いると式 2.6（van Deemter の式）のようになる．

$$H = A + \frac{B}{u} + Cu \quad (2.6)$$

A, B, C はそれぞれ流体力学に基づくバンド広がりの程度を考慮する際の係数であり，通常 HPLC を使用するうえでとくに注意を払う必要はない．A 項は充填剤の形状，均一性，充填状態に依存する，すなわちカラムの良し悪しに左右される．B 項は分子拡散に依存する．この項は線速度に反比例するため，通常の HPLC 使用環境では寄与が小さい．C 項は移動相と固定相における物質移動に関する項である．線速度が速い領域では，移動相の流速に相間の平衡が追いつかなくなり，バンドの広がりの原因になる．どの項が大きくなっても理論段高の増大，すなわちカラム性能の低下を引き起こす．式 2.6 から得られる重要な情報は，理論段高を最小にする線速度が存在することであり，記憶に留めておく必要がある．つまり送液量は少なすぎても多すぎても最高の分離性能から遠ざかった分離結果を与える．最適な線速度はカラムサイズと充填剤の粒子径によって違うため，いくつかの流速を試してみるとよい．

最近，三次元ネットワーク状の骨格と流路となる空隙が一体となった構造をもつモノリス型カラムが市販されている(図 2.3)．

担体はシリカか架橋ポリマーである．従来の粒子充填型カラムより大きな

線速度
カラム長をカラムに保持されない溶質の溶出時間 t_0 で除したものである．カラム長が 150 mm のとき，t_0 = 150 sec なら，線速度 u は 1.00 mm/sec となる．

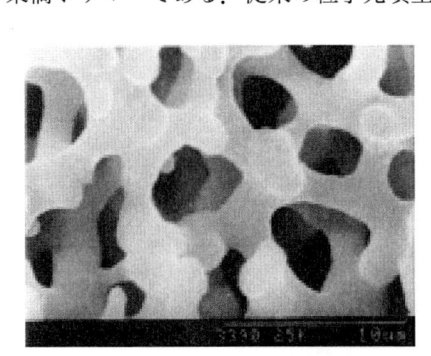

図 2.3 シリカモノリス骨格の走査型電子顕微鏡写真

透過率を示すため，低圧送液が可能であると同時に細い骨格に起因する高性能分離が達成される．モノリス型シリカカラムは分析時間と分離効率において，粒子充填型カラムの2～10倍の性能を発揮することが示されている．モノリス型シリカカラムについて，シリカカラムと化学修飾の過程を含む個別の調製の煩雑さ，カラム間の厳密な再現性を得ることの困難さ，および空隙率が大きく，試料の負荷量と保持容量が小さいことなどの短所が指摘されているが，次世代のHPLCカラムとして注目を集めている．

2.2 高速液体クロマトグラフィー使用上の注意

HPLCを構成する要素〔移動相，送液ポンプ，インジェクター（試料を注入する装置），カラム，検出器〕それぞれの使用にあたって注意するべき点を以下に簡単に説明する．

2.2.1 移動相

不純物の混入によりクロマトグラムのベースラインが太くなる（ピークの検出限界が高くなる）ことを避けるため，高純度の溶媒を用いる．通常，HPLC用として市販されているものを脱気後，使用する．たとえば80%のメタノールを移動相に用いる場合，メタノール400 mLと水100 mLを混合するのが一般的で，メスフラスコにどちらか一方の溶媒を入れてメスアップする方法は使わない．体積の加成性が多くの場合，成立しないためである．厳密な再現性を求める実験の場合は，大量に同一の移動相をつくることが望ましく，移動相の調製を繰り返すと再現性が低下することがしばしば見られる．

2.2.2 送液ポンプ

必ずポンプに設定されている上限の圧力以下で使用する必要がある．移動相中にほこりなどの不純物が入ると，配管やポンプ内でつまりを生じて圧を上げることがしばしば起こるので，移動相の取り込み口にはフィルターを配置することが望ましい．緩衝液と有機溶媒の混合物を送液する際には，塩の析出による不具合が発生しやすいので，使用後は水によるポンプの洗浄操作が欠かせない．終始単一の移動相を利用する場合をイソクラティック分離と呼ぶのに対し，2種類以上の移動相を比率を変えつつ混合する方法をグラジエント分離と呼ぶ．グラジエント分離にはポンプが2台以上必要であるが，イソクラティックで遅く溶出する溶質を速く溶出させたり，ピーク幅を圧縮することで分離度を向上させるなど，使いこなすと高機能の分離が達成できる．

2.2.3 インジェクター

　頻繁に使用しているとインジェクターから移動相の漏れが発生することがある．多くの消耗部品を含んでいるので，症状に応じて交換する必要がある．インジェクターに配管を接続する際には，正しいナット，フェラルを用いることがたいへん重要である．サンプルはマイクロシリンジで注入するが，良好なクロマトグラムを得るには，最低限のサンプル量に留める必要がある．またシリンジの針は，インジェクターに挿す前によく拭いておかないとインジェクターを汚染することになり，システム全体の感度を下げる．

2.2.4 カラム

　カラムは消耗品である．ただしその寿命は使用状況に応じて大きく変動する．一般に，移動相を頻繁に変えたり圧力を急激に上下させたりするのはよくない影響を与える．カラムを落として強い衝撃を与えることも，充填剤の充填状態を変え，カラム性能の低下につながる．シリカを充填したカラムは，極端な酸性やアルカリ性で使用することは避け，pH2〜7の領域で使用することが望ましい．定期的にカラムテストを行うとカラムの劣化を判断できる．高価なカラムの劣化を抑えるためにガードカラムをつけることもある．

2.2.5 検 出 器

　検出する対象に応じて検出器を変える必要がある．紫外可視検出器は，紫外領域や可視領域に吸収をもつ分離対象に用いられる．光源のランプに寿命があることを認識し，不必要な点灯を避けるべきである．点けたり消したりを繰り返すのもランプ寿命を縮める．視差屈折検出器はあらゆる分析対象に使用可能である．セルの耐圧力が低いので，系の圧力に注意し，廃液側には内径の太い配管（たとえば0.8 mm）を使う必要がある．またこの検出法は外気温の影響を受けやすい点にも留意すること．蛍光検出器，電気化学検出器などもあるが，それぞれの特性に注意して使用する必要がある．

2.3　液体クロマトグラフィーの分離モード

　液体クロマトグラフィーを用いた分離・分析の実際的な特徴，注意点については，多くの成書があるので参考にされたい（参考文献参照）[1〜6]．

2.3.1 逆相液体クロマトグラフィー

　逆相液体クロマトグラフィー（RPLC）は，低極性の有機官能基を結合した固定相と水‐有機溶媒系の移動相を用いる分離・分析法であり，その汎用性の高さから広く用いられている．HPLC分析の8割程度を逆相クロマトグ

ラフィーが占めるといわれている．このモードにおける溶質の保持強度は，その化合物の疎水性(極性)と密接に関連しており，高極性の溶質から低極性の溶質の順に溶出が見られる．シリカ系固定相に修飾する有機官能基としては，オクタデシル基(C18)，オクチル基(C8)，ブチル基(C4)などがあるが，C18の使用が圧倒的に多い．シリカ上のシラノールのうち，約1/3程度しか化学修飾できないので，固定相表面には多数のシラノール基が残存する．この残存シラノール基は，水素結合性の高い試料のピーク形状を悪化する効果があるので，トリメチルシリル基などを結合して（エンドキャップという）シラノール基の影響を低減することも多い．市販のC18カラムは，その化学修飾率やエンドキャップの程度の違いにより分離特性が異なることが多い．移動相には水あるいは緩衝液にメタノールかアセトニトリルを混合したものを用いる．まれにエタノールや2-プロパノール，テトラヒドロフランも用いられる*．酸性あるいは塩基性の溶質を分離・分析する際には適当な緩衝液を用いることが推奨される．一般に，有機溶媒濃度の高い条件下では非極性物質の保持時間が短くなる，有機溶媒濃度の低い条件下では非極性物質の保持時間が長くなる．アルキル基修飾型カラムで分離対象物質の保持が大きすぎる場合は，シアノプロピル基やフェニル基などの固定相を用いることもある．またフルオロアルキル型固定相は，撥水性，撥油性に基づく保持特性を示すため特殊な目的に使われる．

＊ メタノール，アセトニトリルに試料が溶解しにくい場合，あるはこれらでは分離に好都合な選択性が得られない場合に用いる．移動相に含まれる有機溶媒が変わると，固定相-移動相間の分配係数が変わるためである．

　有機ポリマー粒子を用いた逆相用カラムもある．多くはスチレン-ジビニルベンゼン系かメタクリレート系の樹脂を粒子状に成形し，充填したカラムである．カラムベッドの膨潤や収縮，機械的強度の不足などの短所はあるが，シリカ粒子に比べてタンパク質の吸着が少ない，広いpH領域で安定して使用できるなどの長所がある．

2.3.2 イオン交換液体クロマトグラフィー

　イオン交換クロマトグラフィー（IEX）は，固定相表面にカチオンあるいはアニオンを含む置換基を修飾したカラムを用いて，イオン性の溶質の可逆的吸着を原理とする分離・分析法である．水の精製をはじめとして，タンパク質，ペプチド，アミノ酸，核酸，糖質，脂質など，生体由来成分を分離対象とする領域で広く使われている．第4級アンモニウム塩誘導体を修飾した強アニオン交換型，アミン誘導体を修飾した弱アニオン交換型，スルホン酸塩誘導体を修飾した強カチオン交換型，カルボン酸誘導体を修飾した弱カチオン交換型が代表的な固定相である．移動相には緩衝液が用いられ，移動相のpHあるいは塩濃度（イオン強度）のグラジエント溶出を用いる場合がほとんどである．弱イオン交換の場合は，用いる緩衝液のpHを調整することによって試料の保持能力を変化させることが可能である．再現性のよい分離

のためには，温度調整を厳密に行う必要がある．分離・分析の目的に応じてカラムと移動相，グラジエントプロファイルを選択して使用条件を設定する．この分離モードは静電相互作用による強い分子間力を分離に使用するため，分離能は一般的に逆相モードよりかなり低いが，ほかの分離モードと異なる分離が達成される点が特徴である．

2.3.3 順相液体クロマトグラフィー（親水性相互作用クロマトグラフィー）

順相クロマトグラフィー（NPLC）は極性の高い固定相と，極性の低い有機溶媒（ヘキサン‐アルコール系が代表的である．酢酸エチルやジクロロメタン，トルエンなども用いられる）を使用する分離モードである．低極性の溶質から高極性の溶質の順で溶出する．固定相には未修飾のシリカゲルやアミノプロピル型，ジオール型などの化学修飾型固定相を用いる．分取目的の分離にはこのモードが適しているが，有機溶媒に難溶性の化合物には適用しにくい．近年，親水性相互作用クロマトグラフィー（HILIC）という分離モードが注目を集めている．水系の移動相（多くの場合水とアセトニトリルの混合物）と，相対的に極性の高い固定相を用いる分離・分析法で，広義の順相クロマトグラフィーである．アミノ基，アミド基など高極性の官能基を修飾したカラムを用いて，ペプチド，アミノ酸，核酸，糖質などの分離・分析を行う．高極性化合物の分離に適用しやすい溶媒系を利用できることが特徴で，LC-MSへの展開を含めて今後の展開が期待されている．

2.3.4 サイズ排除クロマトグラフィー

サイズ排除クロマトグラフィー（SEC）あるいはゲルろ過クロマトグラフィー（GPC）と呼ばれる分離モードで，固定相と溶質の相互作用がない条件下で使用される．分離の原理は，溶質分子が分子サイズの許容する範囲で固定相担体の細孔内に拡散・浸透しながら移動することを利用する．小さな分子は大きな分子より多数の細孔に，またより多くの確率で細孔内に存在するので，長い時間カラムのなかに留まる．分子サイズによってタンパク質，糖類から有機ポリマーなどの高分子化合物を分離するのに非常に重要な分離モードである．分離能は一般に低く，特定の分子量の溶質だけを分取するのは困難である．分離能を向上するため，細孔の容量を大きくする，細孔の分布の異なる固定相を併用するなどの工夫が必要である．有機ポリマーではトルエン，テトラヒドロフラン，クロロホルム，ジメチルホルムアミドなどが移動相として使用され，生体高分子の場合は水系(緩衝液)の移動相が使用される．標準試料の溶出容量または溶出時間と試料の分子量（通常，分子量の常用対数値）の関係から作成した較正曲線を使用すれば，SECモードを用いてポリマーの平均分子量と分子量分布を計算できる．

2.3.5 光学分割クロマトグラフィー

ジアステレオマーどうしの分離は順相, 逆相モードで達成可能であるが, エナンチオマーどうしの分離には光学分割クロマトグラフィーを用いる必要がある. この分離モードは, 移動相か固定相のどちらかに光学活性な化合物を用いる点が特徴で, 順相と逆相の分離分析モードが知られている. 光学活性な固定相にはアミノ酸誘導体, 光学活性なアミンやカルボン酸の誘導体などを化学修飾した低分子型固定相と, セルロース誘導体, アミロース誘導体, タンパク質など高分子を用いた固定相がある. カラムの充填担体に光学分割剤を吸着させているだけの固定相を使う場合は, 分割剤が溶出しない溶媒系を使用する必要がある. 分離・分析目的の溶質に応じた固定相と移動相を選択することが重要である.

2.4 イオンクロマトグラフィー

2.4.1 分析法の原理と特徴

イオンクロマトグラフィー[7]はイオン交換クロマトグラフィーの一手法であり, 狭義には無機イオンの定量を電気伝導率検出法で行う手法を指す. 塩化物をはじめとするハロゲン化物イオン, 硫酸イオンの定量は比濁法, 重量法に依存していたため, イオンクロマトグラフィーは簡便性と感度の高さにより急速に普及し, 汎用的な分析機器となった. 固定相として通常イオン交換樹脂を用いるが, イオン交換能があればほかの基材*も使用できる. 陰イオン交換基として第4級アンモニウム基, アミノ基, 陽イオン交換基としてスルホキシル基, カルボキシル基, またはホスホン基を利用する. 一般のイオン交換樹脂に比べ, 交換容量が低くなるように官能基を導入し, 移動相に添加する溶離イオン濃度を低く抑えて使用する. これは電気伝導率検出法を用いる際のベースラインを下げるためである.

手法はサプレッションと, ノンサプレッションの2通りがある. ノンサプレッションの場合, できるだけ低濃度で使用でき, かつモル電気伝導率の低いイオン種を溶離イオンに用いる[8]. 陰イオンクロマトグラフィーではフタル酸イオン, ヒドロキシ安息香酸イオンなど芳香族カルボン酸を選択することが多い. サプレッションでは, 炭酸イオン, 炭酸水素イオン, 水酸化物イオンなどを溶離イオンに用いる. これらのイオンは分離カラムを通過したあと, 図2.4に示すような陽イオン交換能をもつサプレッサー(イオン交換膜, イオン交換カラムなどを用いる)内で, 溶離剤の対イオンが水素イオンに交換されるため中性分子種(CO_2, H_2O)に変化する. このときベースラインが大幅に低下し, 感度が向上する. 測定対象である塩化物イオン, 硝酸イオンなどは解離度が大きいため, 対となった水素イオンの電気伝導率が合わせて

* たとえば, シリカゲルに第4級アンモニウム基を導入したものが市販されている. シリカキャピラリーの内面そのものをイオン交換体として用いた研究例もある.

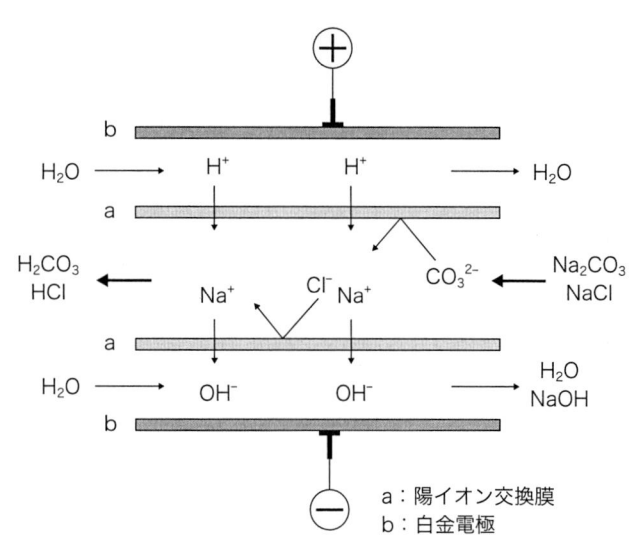

図 2.4　電気透析型サプレッサー[7]
2 枚の陽イオン交換膜の間を試料イオンと溶離イオンが流れ，
電解生成した水素イオンとナトリウムイオンが交換される．

測定されるのでさらに感度が向上する．通常，サプレッションを用いると1桁以上高感度化するといわれている．ただし手法の特性上，弱酸であるイオン種はサプレッションにより中性分子種となるため，亜ヒ酸イオン，ケイ酸イオン，ホウ酸イオンなどの検出には不向きである．弱酸イオン種の検出や，電気伝導率以外の検出法を用いる場合，多様な溶離イオン種を選択できるノンサプレッションを用いることが多い．硝酸イオン，亜硝酸イオン，臭化物イオン，ヨウ化物イオンなどの分離定量には，紫外吸光検出法を用いることができる[9]．陰イオンクロマトグラフィーで測定できるおもなイオンは，フッ化物イオン，塩化物イオン，亜硝酸イオン，臭化物イオン，硝酸イオン，硫酸イオン，ギ酸イオン，酢酸イオン，シュウ酸イオンなどである．陽イオンクロマトグラフィーでは水素イオンを溶離に用い，水酸化物イオンをサプレッションに用いる．測定できるイオンは，ナトリウムイオン，カリウムイオン，マグネシウムイオン，カルシウムイオン，アンモニウムイオンなどがある．検出限界は，塩化物イオンで 0.1 ppm 程度であるが，前濃縮法や試料注入量の増加により，ppt レベルまで検出限界を下げることが可能である．

2.4.2　分析方法と注意点

イオンクロマトグラフィーに用いるカラム充塡剤の粒径は 3 〜 15 μm 程度である．目詰まりを避けるため，試水を孔径 0.2 〜 0.4 μm 程度のメンブランフィルターでろ過し，粒子状物質を除去して用いる．シリンジに取りつけることができるディスクフィルターも使用できるが，極低濃度を測定するときには，事前に超純水を通じて，残留しているイオン成分を除去してから

用いるのがよい．海水，温泉水，血液のように高濃度の塩，マトリックスを含む溶液は，希釈するか，前処理カラムを用いて主成分（塩化物イオン，硫酸イオンなど）のイオンやタンパク質などを除去したのちに分析を行う．高濃度のアルカリ土類金属を含む場合，pH の高い条件ではカラム内で沈殿を生成する可能性がある．前処理して除去するか，低 pH 条件で使用可能な移動相を選択する必要がある．また，pH の高い移動相を使用する際は，二酸化炭素の吸収による pH 低下を起こすことがあるので，移動相容器に二酸化炭素トラップ[†]をつけておくとよい．移動相調製には超純水を用いるのが望ましい．調製後メンブランフィルターでろ過し，さらに気泡発生（カラム劣化の原因となる）を防ぐため，脱気を行う．分析カラムの前に，同一の固定相を充填したガードカラムを取りつけておくと，分離カラムの劣化を防ぐことができる．

定量には1点検量線を多く用いる．試料間の濃度差が小さい場合，最大値，最小値をややはずれた2点の濃度について標準試料を測定し，2点検量線を作成するとより確実である[10]．

通常，イオン種の溶出順序はカラムの特性によって決まっているが，移動相中の溶離イオンの選択，有機溶媒の添加によってある程度変えることができる．このことは，イオン交換分離の過程において，疎水相互作用やイオン対形成，錯生成などほかの分離機構，イオン形の変化が関与していることを表している．なお，イオンの保持時間と溶離イオン濃度の間には，イオン交換平衡に基づいて，近似的に次の関係が成立する[7,8]．

$$\log k = -\frac{x}{y}\log[E] + 定数 \tag{2.7}$$

二酸化炭素トラップ
高濃度の水酸化ナトリウム水溶液を入れた瓶を用意する．一度，この溶液中を通過した空気が，溶離液に触れるように，溶離液瓶とプラスチックチューブで接続して用いる．

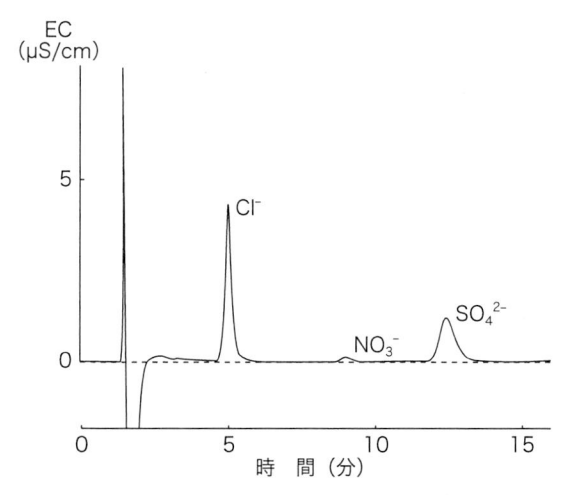

図 2.5 琵琶湖水を起源とする大学環濠の水
島津製作所製 PIA-1000 にて測定．

k は保持係数，$[E]$ は溶離イオン濃度，x は試料イオンの価数，y は溶離イオンの価数を示す．価数の異なるイオン種については，溶離イオン濃度を変えることによって，保持時間の比をかなりの程度変化させることができる．

2.4.3 分析例
陰イオンのクロマトグラムの例として，琵琶湖水を起源とする大学環濠の水の分析結果を図 2.5 に示す．

■ 章末問題 ■

2.1 HPLC によって分離した化合物 A と B の保持時間 (t_R) はそれぞれ 6.88 分と 8.16 分であった．また固定相に保持されない物質の溶出時間は 1.50 分であった．カラムサイズが内径 4.6 mm × 長さ 100 mm であるとき，この分離が行われた条件における線速度を求めよ．また化合物 A と B について保持係数 k を求めよ．

2.2 高性能の HPLC を用いてベンゼンとベンゼン-d_1 を分離したい．この化合物間の選択性 α は 1.008 である．$k = 5$ のとき，分離度 $R_S = 1.13$ となるために必要な理論段数を計算せよ．またそれと同じカラムを使ったとして，$k = 2$ と $k = 8$ の場合に得られる R_S を求めよ．

2.3 van Deemter の式(式 6)で，$A = 0.010$ mm，$B = 0.007$ mm^2/s，$C = 0.003$ s のとき，線速度を 0.1 から 6.0 mm/s までとって van Deemter プロットを作成し，最適な線速度 u および最低の理論段高 H を算出せよ．2.0 mm/s までは目盛りを 0.1 きざみにするとよい．

2.4 溶離イオンとして 1 mmol/L 安息香酸ナトリウム水溶液を用い，無機イオンの保持時間を測定したところ，塩化物イオン(4.65 分)，硫酸イオン(9.65 分)であった．空保持時間は 1.15 分であった．溶離イオンは完全解離していると仮定し，溶離イオン濃度を 2 mmol/L とした場合の両イオンの保持時間を求めよ．

2.5 濃度 1 mmol/L の炭酸水素ナトリウム水溶液が完全解離すると仮定したときの溶液の電気伝導率を求めよ．次にサプレッションを受けて二酸化炭素の水溶液に変化したとすると，電気伝導率 (mS m^{-1}) はいくらになるか．なお，電気伝導率には加成性があるとし，極限モル伝導率は HCO$_3^-$：44.5×10^{-4} S m^2 mol^{-1}，Na$^+$：50.1×10^{-4} S m^2 mol^{-1}，H$^+$：349.8×10^{-4} S m^2 mol^{-1} (25 ℃) とする．簡単のため，二酸化炭素はすべて溶液中にとどまり，かつ炭酸イオンの存在は無視する．なお，水中の二酸化炭素について，以下の平衡が成り立つとする．

この式において $[\text{H}_2\text{CO}_3^*] = [\text{CO}_2 \cdot \text{aq}] + [\text{H}_2\text{CO}_3]$ である．

$$\frac{[\text{H}^+][\text{HCO}_3^-]}{[\text{H}_2\text{CO}_3^*]} = 10^{-6.35} \text{ (mol/L)} \qquad (25\,℃,\ 1\ 気圧)$$

第Ⅰ部 3章 キャピラリー電気泳動 (CE)

3.1 キャピラリー電気泳動とは

3.1.1 キャピラリー電気泳動(CE)の特徴

　電気泳動は古くから用いられてきた分離分析法であり，その操作法としてさまざまな形式が開発され，幅広い分野において利用されている．近年，機器化可能な高性能分離分析法としてキャピラリー電気泳動（capillary electrophoresis；CE）が注目されるようになり，さまざまな分野において基礎および応用研究が行われている．CE は 1970 年代終わり〜80 年代はじめにかけて開発された手法[1〜3]で，内径 100 µm 以下程度のキャピラリーを用いる電気泳動である．当初はおもにガラスキャピラリーを使用していたために取扱いが難しく，一般にはあまり普及しなかったが，その高分離能には多くのクロマトグラフィー研究者の関心が集まった．その後，取扱いの容易なフューズドシリカキャピラリー[†]が手軽に入手できるようになると研究者の数も飛躍的に増加し，今日では CE は分離分析の一分野として確立されつつある．

　一般に，クロマトグラフィーでは異なる 2 相を用いて分離を行うのに対し，CE では均一相において分離を行う点が両手法の大きく異なるところである．最初に開発された CE のモードは中空キャピラリーを用いるキャピラリーゾーン電気泳動（capillary zone electrophoresis；CZE）であるが，そのほかに動電クロマトグラフィー（electrokinetic chromatography；EKC），キャピラリーゲル電気泳動（capillary gel electrophoresis；CGE），キャピラリー等速電気泳動（capillary isotachophoresis；CITP），キャピラリー等電点電気泳動（capillary isoelectric focusing；CIEF）などの分離モードがある．

　分離分析法としての CE の特長には，一般に次のようなものがある．

・短時間で高い分離効率が得られる．

> フューズドシリカ
> キャピラリー
> 石英毛細管の外側にポリイミド樹脂のコーティングが施され，自由に曲げられるようになっている．材質が石英であることから紫外光の透過性に優れ，外周のポリイミド樹脂を剥した点に紫外光を照射すれば紫外吸光測定セルとして利用でき，キャピラリー上でのその場検出（オンキャピラリー検出）が可能となる．

- 高速液体クロマトグラフィー（HPLC）と同様の検出法が利用できるので，データ処理が容易である．
- 分離系が単純であるので理論的取扱いが容易である．

反面，短所として以下のような点が指摘されている．
- 試料注入量が数 nL 程度と少なく，注入方法・再現性に問題がある．
- 検出法が HPLC に比べると限定される．
- 一般に分析目的に限られ，分取には利用できない．
- タンパク質のようにキャピラリー内壁に吸着する物質の取扱いが困難である．

なお，これまでに CE に関する総説や書籍が多数執筆されている[4〜6]ので，詳細についてはそれらを参照されたい．

3.1.2 CE の装置

図 3.1 に CE 装置の概略図を示す．電源は出力電圧 20 〜 30 kV，電流 1 mA 以下程度の安定化高電圧直流電源（正極性のものと負極性のものとがあり，目的によって適宜選択する），分離用キャピラリーは内径 5 〜 250 μm，全長 50 〜 100 cm 程度のフューズドシリカキャピラリーである．実際の分離に利用される有効長は，試料注入端からオンカラム検出部までで，全長よりも 15 〜 20 cm 短くなる．そのほか，検出器，電流計，電極などから構成されている．

試料注入法には，電気泳動または電気浸透を利用した電気注入法と，液面の高度差を利用してキャピラリー内に試料液を吸引する落差法のいずれかが用いられている．前者は，キャピラリーの試料注入端と電極とを同時に試料溶液中に入れ，短時間電圧を印加することにより電気的に注入する方法である．注入される試料組成は，原理的に元の試料組成とは異なってしまう．後者は，手操作で行えば簡単であり，試料組成が変化する恐れはないが，注入量の再現性はあまりよくない．落差法による自動注入装置の試作の報告もある．いずれの方法でも，実際に注入される試料体積は数 nL 程度であるが，

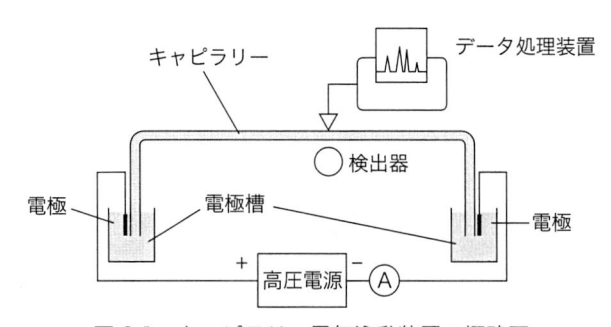

図 3.1 キャピラリー電気泳動装置の概略図

注入操作には少なくとも数十μL以上の試料量が必要である．このほか，市販の装置には，検出側の電極槽を減圧にして試料を引き込む注入法や，窒素ガスを用いて試料容器を加圧し注入する方法を採用している例も見られる．

検出は，オンカラム法による紫外吸収または蛍光を測定する方法が多く利用されている．オンカラム法ではキャピラリーの直径方向に光を照射し，吸収または蛍光を測定するので，試料の絶対量は微少（pgオーダー）でよいが，あまり低濃度では検出できない．紫外吸収では，検出限界濃度は 10^{-6} M 程度である．

3.2 キャピラリー電気泳動の分離原理

3.2.1 電気浸透流（EOF）

一般に，キャピラリーの内表面にはシラノール基*などのイオン化により固定化された負電荷が存在する．キャピラリーのなかに満たされた溶液は，電気的中性の原理から，表面の負電荷を中和する量の過剰（正味）の正電荷をもたなければならない．この過剰の正電荷は，表面の負電荷に引き寄せられて電気二重層を形成する．溶液中の過剰の正電荷の一部は，電気二重層部分から拡散して離れる．キャピラリーの両端間に電圧を印加すると，溶液中の過剰の正電荷は負極方向へ引っ張られる．電気二重層を形成している部分の正電荷は動きにくいが，溶液内部に拡散している正電荷は容易に移動する．そのとき，キャピラリー内の液全体も正電荷と一緒に負極方向へ移動する．これが電気浸透流（electroosmotic flow；EOF）であり，その速度 v_{EOF} は次式で表される．

$$v_{EOF} = -\frac{\varepsilon \zeta}{\eta} E \tag{3.1}$$

ここで，ε，ζ，η は，それぞれ誘電率，キャピラリー内表面のゼータ電位†，粘性率である．このように v_{EOF} はゼータ電位に依存し，それが負のときには，EOFは正極から負極のほうへ向かう．EOFのキャピラリー内での速度は，電気二重層（厚さ数Å）のごく近傍を除いては均一であり，ほとんど栓流に等しいと考えてよい．移動時間の再現性は v_{EOF} の再現性に依存するので，再現性のよい結果を得るためには，ゼータ電位を変化させないためにキャピラリー内表面の状態を一定に保つことが重要である．キャピラリー内表面が正に帯電する場合には，ゼータ電位は正であり，式3.1から明らかなようにEOFの向きは負極から正極方向へと逆転する．

なお，以下の議論からもわかるようにEOFはCEにとって必須ではなく，場合によってはEOFを抑制して分離の調整や向上を試みることもある．

* シラノール基：Si-OH

ゼータ電位
溶液中の微粒子の周りに形成される電気二重層内部において，液体流動が起こりはじめる「すべり面」の電位として定義されるもので，キャピラリー表面とその近傍の溶液（電気二重層）内に存在するすべり面との間の電位差である．キャピラリーの表面電荷や溶液の電解質濃度などに依存する．

3.2.2 CEの基礎理論

　溶液中で電荷をもつ物質は，電場の影響を受けて，電荷の種類により正負いずれかの電極方向へ一定速度で移動する．これが電気泳動で，その速度 v_{ep} は次式で表される．

$$v_{ep} = \mu_{ep} E = \mu_{ep} \frac{V}{L} \tag{3.2}$$

ここで，μ_{ep} は電気泳動移動度，E は電場の強さ，V は印加電圧，L はキャピラリーの全長である．μ_{ep} は分子の大きさ，形，溶液の粘度などに依存する．二つの溶質の分離度 R_S は次式で与えられる．

$$R_S = \frac{\sqrt{N}}{4} \cdot \frac{\Delta v}{v_{AV}} \tag{3.3}$$

ここで，N は試料ピークの段数で両溶質に対して等しいとする．Δv，v_{AV} は，それぞれ移動速度の差，平均移動速度である．

　CE では一般に EOF が発生するので，溶質の移動速度 $v(s)$ は次式のようになる．

$$v(s) = v_{EOF} + v_{ep} \tag{3.4}$$

　電気浸透流速 v_{EOF} は，μ_{EOF} を電気浸透移動度として式 3.2 と同様に次のように書ける．

$$v_{EOF} = \mu_{EOF} E = \mu_{EOF} \frac{V}{L} \tag{3.5}$$

　CE でのバンド広がりの原因は，キャピラリー軸方向への分子拡散がおもなものであるので，ほかの広がりの原因を無視できると仮定すると，N は次のように書ける．

$$N = \frac{l^2}{2Dt} \tag{3.6}$$

ここで，l はキャピラリーの試料注入端から検出器セルまでの長さで有効長と呼ばれる．D は溶質の拡散係数，t は移動時間（クロマトグラフィーでの保持時間に相当）である．移動時間 t は

$$t = \frac{l}{v_{EOF} + v_{ep}} = \frac{l}{(\mu_{EOF} + \mu_{ep})E} \tag{3.7}$$

と表される．式 3.2〜3.7 をまとめて整理すると，

$$R_S = \frac{1}{4}\left(\frac{V}{2D}\right)^{1/2}\left(\frac{l}{L}\right)^{1/2}\frac{\Delta\mu_{ep}}{(\mu_{EOF}+\mu_{AV})^{1/2}} \tag{3.8}$$

ここで，$\Delta\mu_{ep}$ は電気泳動移動度の差，μ_{AV} は平均電気泳動移動度である．この式から，分離度は印加電圧が高いほど，また拡散係数が小さいほど大きくなること，またキャピラリーの全長ではなく有効長と全長との比（装置によって一定）に依存することがわかる．EOF は溶質の電気泳動と逆向きになりうるので，分離度を大きくするためには，$(\mu_{EOF}+\mu_{AV})$ の値を 0 に近くすると効果的である．しかしその場合，分析時間は長くなる．式 3.8 で最も重要な項は $\Delta\mu_{ep}$ であり，この項を大きくするように分離条件を選択することが肝要である．一般には，pH が $\Delta\mu_{ep}$ に最も大きく影響する．

ところで，CE における分離度を別の形式で表現することもできる．式 3.3 および式 3.8 から

$$R_S = \frac{\sqrt{N}}{4}\left(\frac{\Delta\mu_{ep}}{\mu_{AV}+\mu_{EOF}}\right) \tag{3.9}$$

となる．いま試料 1 および 2 の電気泳動移動度をそれぞれ $\mu_{ep}(1)$ および $\mu_{ep}(2)$ とし，

$$\alpha = \mu_{ep}(2)/\mu_{ep}(1),\ x = \mu_{EOF}/\mu_{AV},\ および\ \mu_{AV} = \mu_{ep}(2)$$

とすると近似的に式 3.10 が得られる．

$$R_S = \frac{\sqrt{N}}{4}\left(\frac{\alpha-1}{\alpha}\right)\left(\frac{1}{x+1}\right) \tag{3.10}$$

$\alpha > 1$ のとき $(x+1) > 0$，$\alpha < 1$ のとき $(x+1) < 0$ となる．また，x は EOF と電気泳動の向きが異なるときには負であり，上述の議論と同様，x が -1 に近ければ分離度は理論上きわめて大きくなるが，分離には長時間を要することになる．

3.3 キャピラリー電気泳動の応用

3.3.1 動電クロマトグラフィー（EKC）

電気泳動では，一般に物質の電気泳動移動度の違いに基づいて分離を行うので，分析対象試料は原理的にイオン性のものに限られるが，動電クロマトグラフィー（electrokinetic chromatography；EKC）では，電気的に中性な試料であっても電気泳動によって分離することができる[7,8]．EKC のなかで最もよく知られているのはミセル動電クロマトグラフィー（micellar

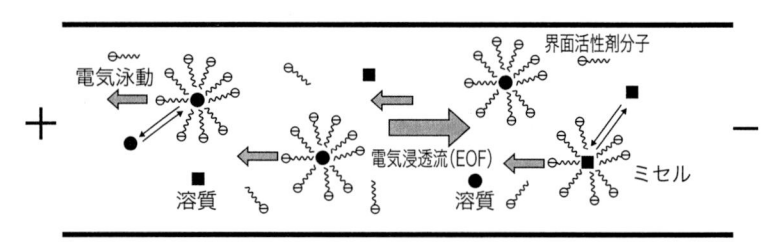

図 3.2　ミセル動電クロマトグラフィーの原理

EKC；MEKC）で，分離溶液にイオン性界面活性剤のミセル溶液を使用する方法である[9〜11]．MEKC の原理を以下に簡単に述べる．

電気泳動用緩衝液に，イオン性界面活性剤を臨界ミセル濃度以上に溶解すると，分子会合体であるミセルが生成する．ミセルは電荷をもつので，電気泳動条件下では周囲の水相とは異なった速度で移動する．一方，キャピラリー内の液全体は EOF により一方向に移動する．両者の移動方向は一般に逆である（図3.2）．ミセルには，水に難溶性の物質を取り込んで溶解させる可溶化作用がある．試料分子は，ミセルに取り込まれているときと，水相中に存在するときとでは移動速度が異なる．したがって，試料成分の移動速度は，ミセルに可溶化されている割合によって違う．一般には，EOF のほうがミセルの電気泳動速度よりも速いので，ミセルに可溶化される割合の大きい成分ほど遅く移動することになる．

ここでは MEKC の分離原理を紹介したが，EKC でも HPLC と同様にさまざまな分配機構を分離原理とすることができる．EKC ではカラム内に固定された相はないので，上記のような固定相に相当するものを擬似固定相（pseudostationary phase）と呼ぶ．擬似固定相としてイオン性置換基をもつシクロデキストリン（CD）を用いると，CD の包接作用を分離原理とする CDEKC が実現できる．また，擬似固定相に高分子イオンを用いると，試料と高分子イオンとのイオン対生成を利用するイオン交換 EKC も可能である．

MEKC を一般のクロマトグラフィーと対比すると，ミセルは固定相に，水相は移動相に相当する．MEKC では逆相 HPLC に似た分離選択性が得られる場合が多い．逆相 HPLC で開発された移動相を修飾して分離選択性を変える手法は，MEKC でも有効である．逆相 HPLC の固定相表面に比べ，MEKC のミセル表面にはイオン化した基が多く存在するので，イオン化した物質の分離の場合には，電荷間の相互作用に注意する必要がある．

3.3.2　マイクロチップ電気泳動(MCE)

近年のナノテクノロジーの急速な進展に伴い，あらゆる分野において微小化が模索されるようになっている．これまで研究室・研究所レベルで行われていた試料の前処理・反応・分離・検出など一連の化学分析操作を，数 cm

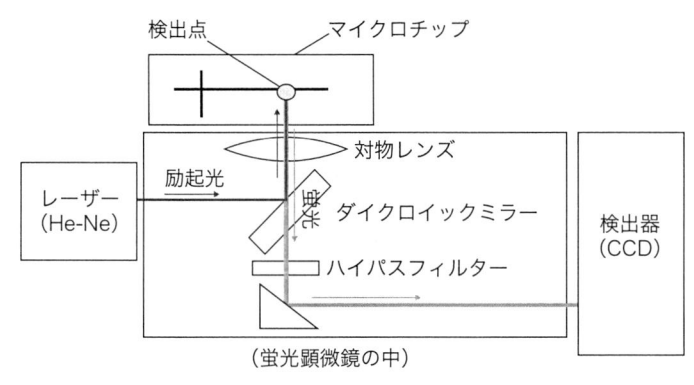

図3.3 マイクロチップ電気泳動システムの概略

角のガラスやプラスチックのチップ上に微小化・集積化して実行する微小統合化分析システム（micro total analysis system；μ-TAS）あるいは lab-on-a-chip の開発と，その実用化に向けた精力的な研究が進められている．なかでもマイクロチップ上における分離技術は，急速に進展し脚光を浴びている分野である．

CE はミクロ化に適した分析技術であることから，マイクロチップ上に微小な溝（マイクロチャネル）を刻み，そのなかで電気泳動を行うマイクロチップ電気泳動（MCE）についての研究も広く行われている[12,13]．ミクロ化により，超微量・高分離能という CE の特長に加え，高速分析という利点をも合わせもつ MCE は，μ-TAS を構築する重要な分離分析技術として発展が期待されている．

(a) MCE の装置構成

特定の使用目的に焦点を絞った MCE 装置は市販されているが，研究目的の装置は研究室レベルで構築する必要がある．通常，MCE における検出には UV 吸収ではなくレーザー励起蛍光（LIF）が用いられる．これはマイクロチップの材質の制限から UV 検出が使いにくいことや，光路長が短いためとくに UV 検出では感度が得られないことなどによる．

図 3.3 に MCE システムの概略を示す．ここで，マイクロチップは顕微鏡のステージ上に設置してあり，検出点（レーザーの焦点位置）は任意に移動させることができる．そのため，分離中の試料ゾーンの動きを任意の位置で検出することも可能である．LIF 検出では，He-Ne レーザーまたはアルゴンイオンレーザーによる励起を行った．

(b) MCE の将来性

MCE の応用分野としてはさまざまな可能性を考えることができるが，現在においても活発な研究が進められ，今後さらに飛躍的な発展が期待される

側注

プロテオーム解析
プロテオーム(proteome)とは，protein（タンパク質）とgenome（ゲノム）の合成語で，細胞内で発現する（可能性をもつ）全タンパク質のことをさす．これらタンパク質の構造や機能を網羅的に解析するのがプロテオーム解析である．

メタボローム解析
生物の細胞内で生産されたすべての代謝産物（メタボローム）を網羅的に測定し，ゲノム機能と対応させながら，代謝反応がどのように起こっているかを統合的に解析すること．

ヘルスケアチップ
極微量の血液を採取して，そのなかに含まれるさまざまな健康マーカー（pH，ナトリウムイオン，カリウムイオン，グルコース，尿素窒素など）を検出し，在宅のまま日々の健康状態を診断するマイクロチップシステム．

オンサイト環境分析
従来の環境分析は，現場では試料を採取するだけで，実験室にもち帰った試料を分析していた．これに対しオンサイト分析は，採取した試料をただちにその場で分析する．

本文

分野の一つはバイオ関連である．マイクロチップ分離分析技術をベースにしたプロテオーム解析†，メタボローム解析†，ゲノム創薬，DNA診断，遺伝子診断・検査，在宅医療のためのヘルスケアチップ†，オンサイト環境分析†など，実に多岐にわたるバイオ関連操作を含む化学システムが社会の広範囲にわたって利用されるようになることが期待されているが，これら個々の分離分析のかなりの部分はMCEが担うことになると思われる．これらのバイオ関連操作を行うマイクロチップを含めた微小システム，すなわちバイオナノデバイスは，わが国が今後，世界を先導する役割を担っていくと期待されている分野の一つである．

3.3.3 オンライン試料濃縮

通常のCEでは，キャピラリーに導入される試料量がきわめて少ないことや，検出部の光路長が極端に短いことから，HPLCに比べて濃度感度が低いという欠点が指摘されている．この問題を解決するためにさまざまな手法が開発されているが，その一つにオンライン試料濃縮がある．これはキャピラリーに試料を多量に注入し，分離が実行される前にキャピラリー内で試料バンドの幅を狭くして濃縮を行ったのち，そのまま連続して分離を行う方法である．われわれはMEKCにおけるオンライン試料濃縮法としていくつかの技術を開発してきたが，なかでもスウィーピング†（sweeping，次頁の側注参照）と呼ばれる手法は，数千倍から場合によっては数十万倍程度の濃縮効率が得られる優れた方法である[14]．MCEにおいても，CEと同様に濃度感度の低さが問題となっており，MEKCモードのMCE（マイクロチップMEKC；MCMEKC）においてスウィーピングを利用したオンライン試料濃縮適用の可能性について検討を行った．

Sweeping-MCMEKCにおいて，スウィーピングによる濃縮を行ったときの試料ピークの形状の変化を検出点を移動させながら測定した．スウィーピングの進行過程でピーク幅は減少していき，完了時点で最も細くなる．その後，試料の拡散のためにピークは急速に広がっていくことが認められた．理想的には濃縮完了時点で検出を行えば最も高い感度が得られることになるが，分離は濃縮完了以後に行われるため，いくらかのチャネル長が必要であり，その最適化を行う必要がある．

アミノ酸誘導体混合物を通常のMCMEKCとsweeping-MCMEKCとで分離検出し，比較検討を行ったところ，後者では前者より50～100倍程度高い検出感度が得られた．

3.4 キャピラリー電気泳動の検出法

3.4.1 質量分析法による検出

　CEの検出法として，オンラインで質量分析法（MS）を用いるCE-MSは，微量試料から詳細な構造情報を得る手段としてとくにペプチドやタンパク質などの分析において威力を発揮しており，同様にMCEの検出法にMSを用いるMCE-MSに関する研究も非常に注目されている．MCE-MSでは，マイクロチャネル内で分離した試料を効率よくイオン化させてMSに導入することが重要である．われわれは，MCEとMSとをエレクトロスプレーイオン化（ESI）法を用いて接続するためのインターフェースの開発研究を行ってきており，液絡（リキッドジャンクション）部を設け，さらにマイクロチップ端面に内径・外径を絞った短いキャピラリー（スプレーチップ）を取りつけてスプレーさせる方法を開発した．通常のフューズドシリカキャピラリーを用いたCE-MSにおいて，先細にしたESIスプレーチップを用いることで，シース液を用いることなく安定したイオン化が可能であるナノスプレーESIがすでに普及しているが，同様に液量が少ないMCEにおいても本方式が有効である．ESIスプレーチップにはおもに，市販のフューズドシリカ製キャピラリーを利用しており，本方式により数種類のペプチド混合物や，タンパク質酵素分解生成ペプチド混合物の分離検出が可能となっている．

3.4.2　熱レンズ顕微鏡による検出

　近年，光熱変換効果に基づく熱レンズ顕微分光（TLM）法がMCEにおける高感度検出法として注目され，その効果的な利用が検討されている．TLM法では試料が非蛍光性物質であっても，励起光を吸収することによる局所的な熱分布変化を検出することで，高感度検出が可能である．一般に，光吸収過程に引き続いて起こる緩和過程では，光熱エネルギー変換が支配的であることから，TLMの適用範囲はきわめて広いと考えられる．

　われわれは，MCEにおける新しい高感度検出法としてのTLMについて，その基礎的性質とオンライン試料濃縮法とを組み合わせることによる検出感度向上について基礎的検討を行っている．

　通常TLM測定の励起光にはアルゴンイオンレーザー（488 nm）を，プローブ光にはダイオードレーザー（670 nm）を用い，両者を光学顕微鏡に同軸に導入し，対物レンズを通してマイクロチャネルに照射する．コンデンサーレンズを透過したプローブ光はフォトダイオードアレイにより検出される．

　MCE分析には，クロス型チャネル形状のマイクロチップ（石英製およびプラスチック製）を使用した．オンライン試料濃縮法にはおもにスウィーピング法を適用し，その最適化を試みた．分離モードにはMEKC系を使用し，

スウィーピング
MEKCなど，EKCにおける高効率のオンライン試料濃縮法である．試料はミセルなどの擬似固定相を含まない溶媒（電気伝導率は分離溶液と同程度）に溶解させ，キャピラリーに大量に注入する．その後，分離溶液を注入して電圧を印加すると，分離溶液と試料溶液との界面に連続的に試料が掃き集められるように濃縮される．

界面活性剤にはSDSを用いた．

アゾ色素類を試料に用いて，MCE-TLM の性能を検討した．20 mM SDS (pH 7.0) を分離溶液に，Sunset Yellow (SY) を試料に用いて MCMEKC 分析を行ったところ，TLM 強度と試料濃度との間に良好な直線関係が認められ，検出限界濃度 0.5 μM 程度を得た．

スウィーピングによるオンライン試料濃縮を適用した MCMEKC-TLM 分析では，長いプラグ状に分離チャネルに注入された試料が SDS ミセルによって効果的に集められて濃縮され，TLM 検出により高感度検出することが可能となった．同様の分析条件下で，SY についての検出限界濃度は 4 nM 程度まで改善された．

一方，TLM 検出を通常の CE に適用することについても検討を行っている．マイクロチップを利用したインターフェースチップを作製し，CE の分離キャピラリーを接続して MEKC-TLM を行ったところ，スウィーピングの適用により，検出感度を 100 万倍以上向上させることが可能となった．

3.5　CE/MCE による光学異性体分離

光学異性体の分離はクロマトグラフィーの重要な応用課題の一つであり，とくに医学・薬学・生化学分野において注目を集めている．従来から，HPLC を中心としたクロマトグラフィーによるキラル分離に関するさまざまな研究例が報告されている．近年，CE においても光学分割の研究報告が数多く見られるようになってきており，CE によるキラル分離に関する解説・総説も枚挙にいとまがない．CE の超微量分析，高分離能分析という特長を考慮すると，薬物，とくに生体液中に存在する薬物などの光学異性体の分析において，今後ますます広範囲に利用されると予想される．

キラル分離においても，ほかの応用例と同様にさまざまな分離モードが用いられているが，CE では一般に次のような方法が用いられる．

3.5.1　CZE

CZE では試料間の電気泳動移動度の差によって相互分離を行うが，エナンチオマーは等しい電気泳動移動度もっているので，何らかのキラルな錯生成試薬を泳動溶液中に添加する必要がある．そのような物質としてたとえば，キラルな金属キレート錯体生成剤，CD，クラウンエーテル，オリゴ糖，タンパク質などが用いられている．

3.5.2　EKC

EKC では，互いに示差移動する擬似固定相と水相との間の試料の分配定

数の違いに基づいて分離を行うが，キラル分離においては，擬似固定相にキラルな物質を用いる．これまでに用いられているEKC系として，キラルな界面活性剤を用いるMEKC，シクロデキストリン修飾MEKC(CD-MEKC)，マイクロエマルションEKC(MEEKC)，CDEKCなどがある．

3.5.3　CGE

CGEでは，キャピラリー内のゲルによる分子ふるい効果に基づいて分離が行われているが，ゲル中に不斉識別能をもつCDやタンパク質を固定化することにより，光学分割を行うことができる．

3.5.4　キャピラリー電気クロマトグラフィー（CEC）

CEとミクロHPLCの特徴をあわせもつCECにおいて，①内表面に不斉識別剤を固定化したキャピラリーを用いる中空CECによるキラル分離，②キラル固定相を充填したキャピラリーを用いるCECによるキラル分離，③不斉識別剤を固定化したモノリスキャピラリーを用いるCECによるキラル分離などが検討されている．

また，MCEにおいてもほぼ同様の手法によりキラル分離が行われており，CD誘導体を不正識別剤に用いたMCEによる高速キラル分離例が報告されている．

■ 章 末 問 題 ■

3.1　キャピラリー電気泳動の特徴を，高速液体クロマトグラフィーと対比させながらまとめよ．
3.2　電気浸透流はどのようにして発生するか．簡潔に述べよ．
3.3　キャピラリー電気泳動で高分離能が得られる理由を，分離溶液の流れの状態（流れの形状）と関連づけて説明せよ．
3.4　ミセル動電クロマトグラフィーの分離原理をまとめよ．

第 I 部 4 章
ガスクロマトグラフィー質量分析法(GC-MS)

　ガスクロマトグラフィーは分離手段として非常に優れている分析法であるが，分子の構造に関する情報はほとんど得られない．得られる情報は，試料をシリンジで注入してからピークの頂点が現れるまでの時間(保持時間)のみであり，分子構造を推定することはできない．この致命的な欠点をカバーするために，GC で分離した成分をほかのスペクトル装置に導入し，定性するという装置が開発されてきた．GC-MS，GC-FT-IR，GC-ICP-MS，GC-AED などで，複合分析装置と呼ばれる．

　GC-MS は分離分析に優れた GC（ガスクロマトグラフ）と，定性能力に優れた質量分析計（MS）とを結合した複合分析装置である．GC は多成分の分離に対して有効な分析装置であるが，検出されたピークの定性については保持時間の情報しか与えない．一方，MS は多成分を分離する能力はほとんどないものの，高純度の試料についてはマススペクトルにより容易に定性が行える．これら二つの分析装置を結合した GC-MS は，単に GC で分離した成分を質量分析計（MS）で定性するだけにとどまらず，後述するように，ガスクロマトグラフで分離できないピークを MS で分離したり，保持時間のほかにマススペクトルの情報を使ってピークの同定を行ったりできることから，定量分析においても有効な装置である．

4.1　GC-MS の構成

　GC-MS はガスクロマトグラフ(GC)，接続部(インターフェース)，質量分析計(MS)とデータ処理部から構成されている(図 4.1)．GC，インターフェース，MS は，すべてパーソナルコンピュータ (PC) により制御され，得られるデータは PC に取り込まれて処理される．質量分析計内部は，真空排気装置により真空に保たれている．

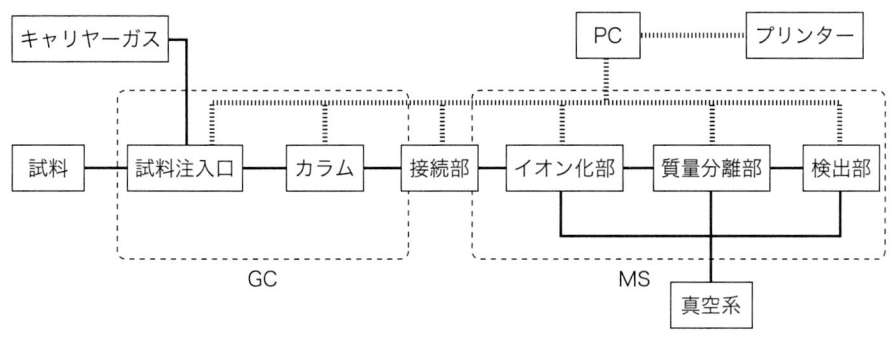

図 4.1 GC-MS の構成図

4.1.1 GC

GC-MS で用いる GC は，通常の GC と同じ装置を用いるが，検出器のかわりに質量分析計が接続される．キャリヤーガスには一般に高純度ヘリウムを用いる．

4.1.2 インターフェース(接続部)

GC と MS を接続するインターフェースには，直結タイプとジェットセパレータータイプがある．内径が 0.25 mm や 0.32 mm のキャピラリーカラムを使用する場合，カラムを MS のイオン化室に直接挿入する直結インターフェースを用いる．内径が 0.53 mm のワイドボアカラムや充填カラムでは，試料分子のみをイオン化室に導入するため，ジェットセパレーターを用いてキャリヤーガスを取り除き，質量分析計内を真空に保つ必要がある．

4.1.3 質量分析計

質量分析計にインターフェースを通して導入された試料分子は，①真空下でイオン化され（イオン化部），②生成されたイオンの質量数と電荷の比によって分別され(質量分離部)，③検出される(イオン検出部)．

①イオン化部：イオン化部を図 4.2 に示す．カラムから溶出した試料分子は，イオン化室内でイオン化される．GC-MS では，おもに電子イオン化(EI)

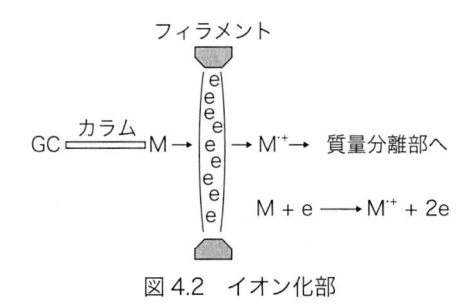

図 4.2 イオン化部

と化学イオン化 (CI) が用いられる．EI 法では，フィラメントから放出される電子を利用して試料分子をイオン化する．放出された電子は 70 eV で加速され，試料分子に衝突する．衝突した電子は試料分子から電子をたたきだす．その結果，試料分子は正に帯電する．こうして生成したイオンを分子イオンと呼ぶ．分子イオンは電子が衝突したときに与えられたエネルギーにより，さらに自己開裂を起こし結合が切れる．この開裂をフラグメンテーションと呼び，生成したイオンをフラグメントイオンと呼ぶ．この開裂は試料構造に特有なパターンで起こるため，得られたマススペクトルを解析することにより，成分の定性が可能になる．

②質量分離部：生成したイオンは，イオン化部から質量分離部に導入される．質量分離部では，それらイオンを質量電荷比 (m/z) に応じて分離する．GC-MS でおもに使われる四重極型の質量分離の原理を図 4.3 に示す．四重極には，直流(電圧 U)と高周波交流(電圧 V)が重ね合わさった電圧が印加される．イオンは四重極に入ると電場の影響を受けて振動する．安定な振動領域にあるイオンのみが四重極間を振動しながら通り抜けて検出器に到達する．不安定領域にあるイオンは振動が大きくなり，電極に衝突したり，四重極の外に除外されたりして検出器には到達できない．U/V 比一定で，V を連続的に変化させると，各 m/z のイオンが順次検出される．四重極型は，ある条件で特定のイオンのみを通過させ測定できるため，マスフィルターとも呼ばれる．四重極型以外に GC と接続されて使われる装置として，イオントラップ型，飛行時間型，ダイオキシンの分析などに使われる磁場型の質量分析計がある．

③イオン検出部：質量数によって分離されたイオンは正の電荷をもっており，一種の電流とみなすことができる．これをエレクトロンマルチプライヤー

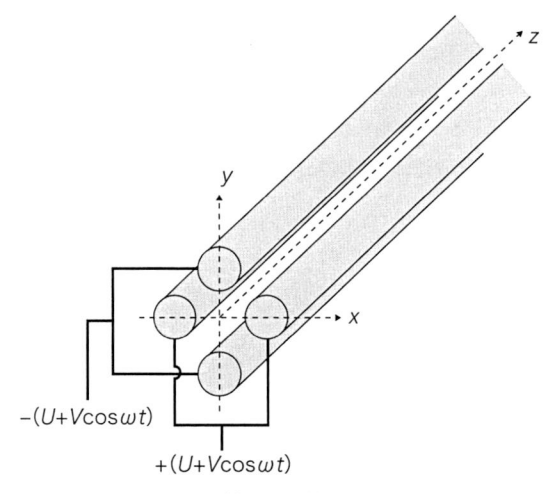

図 4.3 四重極型の質量分離の原理

で電気的に増幅し，横軸に質量数をとり，縦軸にイオン量をとれば，マススペクトルが得られる．

4.2 GC-MSを用いた定性分析

4.2.1 マススペクトル

マススペクトルは横軸に質量電荷比（m/z）を，縦軸に最大のイオン量を100%として基準化した相対強度をプロットして得られる．図4.4にパルミチン酸メチルとアセトフェノンのマススペクトルを示す．マススペクトルに関する用語について表4.1にまとめた．横軸は質量数/電荷比（m/z）であるため，2価のイオン（M^{2+}）が生成していれば，質量数/2となる．

4.2.2 ライブラリーサーチ

マススペクトルは化合物の構造を特徴的に示すため，未知化合物の構造解析を行うことができる．その解析には，ライブラリーサーチ（EIにのみ適用）による方法と，スペクトルの解析による方法がある．ライブラリーサーチは

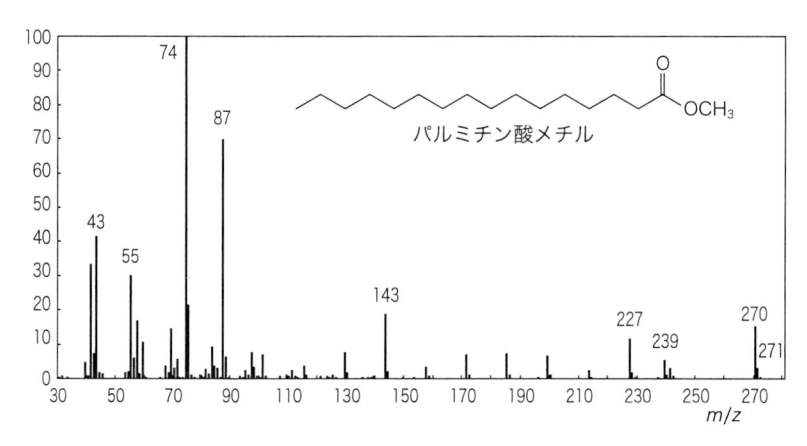

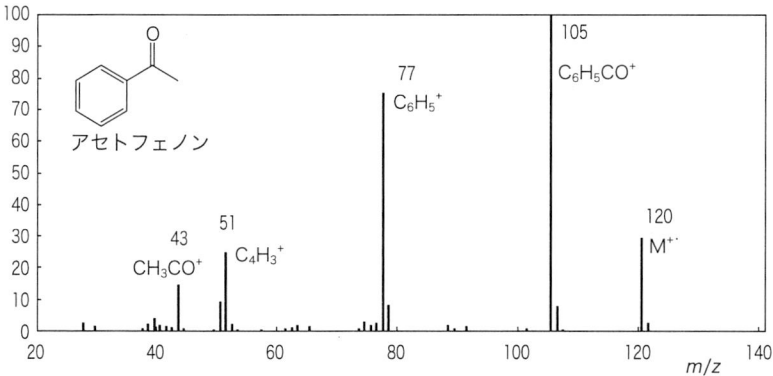

図4.4 パルミチン酸メチルとアセトフェノンのマススペクトル

表 4.1　質量分析関係の用語

用　語	説　明	例(パルミチン酸メチル)
分子イオン	分子内の結合が切れることなく，電子を失うか(M^{+})または電子付加(M^{-})により生じたイオンのうち存在比が最も多い同位体からなるイオン．	
分子イオンピーク	分子イオンが与えるピーク	$m/z = 270$ のピーク
フラグメントイオン	フラグメンテーションにより生じたイオン	
フラグメントイオンピーク	フラグメントイオンを与えるピーク	$m/z = 239, 87, 74$ などのピーク
基準ピーク(ベースピーク)	質量スペクトルにおいて各イオンの相対強度を求める際に基準に用いるピーク．通常最大強度のピーク．	$m/z = 74$ のピーク
同位体ピーク	同位体イオンが与えるピーク(同位体：同じ原子番号の元素のうち，中性子数が異なるため互いに質量数が異なる原子のこと)．	$m/z = 270$ の同位体ピークは $m/z = 271$

データ検索ソフトにより，未知成分のマススペクトルとデータベースに登録されたマススペクトルを比較し，マススペクトルが類似した化合物をその類似度の順にリストして出力する方法である．とくに EI-MS では，何十万というスペクトルが登録されたライブラリーが利用可能である．しかし，データライブラリーに登録されていない場合や，検索結果が本当に正しいかどうかの確認をするためには，マススペクトルを解析する必要がある．

4.2.3　マススペクトル解析手順

マススペクトル解析手順は，①分子イオンの同定，②同位体ピークの観察，③特性ピークの発見と調査，の順で行われる．

① 分子イオンの同定

マススペクトルを解析するうえで最も重要なことは，分子イオンピークの決定である．分子量がわかれば，次にフラグメンテーションを考え，構造を決定していく．

まず，マススペクトルで最も高質量域にあるイオンを分子イオンと仮定する．ただし，同位体イオンピークも存在するので注意が必要である．

この仮定が正しいかどうかの判定を行う．その方法は，分子イオンピークと仮定したピークの次にでているピークとの差を計算して，その差が意味ある値かどうかを検討する．M − 3 から M − 14，M − 21 から M − 25 は有機化学的にありえないため，この場合には分子イオンピークと仮定したピークが間違っている可能性がある(表 4.2)．

次に，推定した分子量を"窒素ルール"(nitrogen rule) に当てはめてみる．"窒素ルール"とは，分子量が偶数であれば窒素はゼロまたは偶数個であり，

表 4.2　分子イオンピークと高質量ピークの差

M – 1(H·)	M – 19(F·)	M – 30(CH$_2$O, NO)
M – 2(H$_2$)	M – 20(HF)	M – 31(CH$_3$O·)
M – 15(CH$_3$·)	M – 26(HC≡CH)	M – 32(CH$_3$OH, S)
M – 16(·NH$_2$)	M – 27(HCN)	M – 33(HS·, CH$_3$· + H$_2$O)
M – 17(·OH, NH$_3$)	M – 28(CH$_2$=CH$_2$)	M – 34(H$_2$S)
M – 18(H$_2$O)	M – 29(C$_2$H$_5$·, ·CHO)	M – 35(Cl·)

奇数であれば窒素は奇数個含まれるという窒素特有の規則である．以上を考慮に入れて分子イオンピークの推定を行う．しかし，それでも不明な場合はCI法を用いることにより確認する．

②同位体ピークの観察

分子イオンピークについて，その同位体ピークを調べる．有機化合物を構成するおもな元素はいずれも同位体を含んでいるので，その同位体比（表4.3）から大まかな組成がわかる．たとえば，クロロベンゼンでは図4.5のようなマススペクトルが得られる．$m/z = 112$ は C$_6$H$_5{}^{35}$Cl，$m/z = 114$ は C$_6$H$_5{}^{37}$Cl で，塩素の同位対比に由来した約 3：1 の強度比が観察される．

表 4.3　おもな元素の同位体と存在比

元素(A)		元素(A+1)		元素(A+2)	
^{1}H	100%	^{2}H	0.015%		
^{12}C	100%	^{13}C	1.08%		
^{14}N	100%	^{15}N	0.36%		
^{16}O	100%	^{17}O	0.04%	^{18}O	0.20%
^{28}Si	100%	^{29}Si	5.1%	^{30}Si	3.4%
^{32}S	100%	^{33}S	0.8%	^{34}S	4.4%
^{35}Cl	100%			^{37}Cl	32.5%
^{79}Br	100%			^{81}Br	98.1%

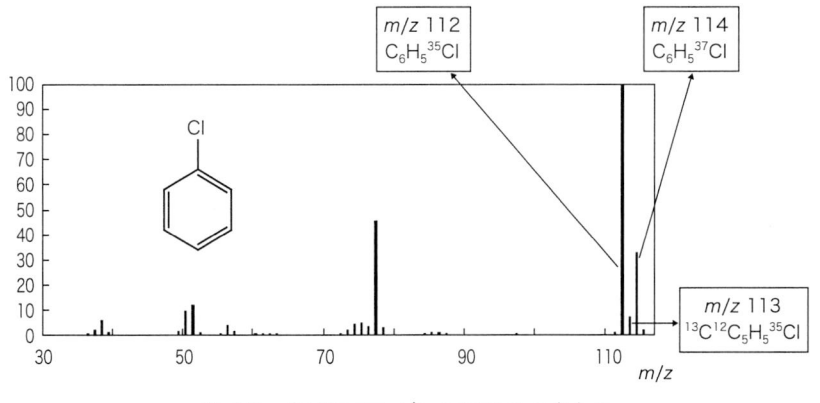

図 4.5　クロロベンゼンのマススペクトル

$m/z = 113$ は，$C_6H_5{}^{35}Cl$ の炭素の一つが ^{13}C もしくは水素の一つが ^2H であるものが考えられる．^2H は存在量が少ないため，ほとんどが ^{13}C 由来である．六つの炭素それぞれに ^{13}C が 1% 含まれるため，112 のイオンの約 6% の強度を示す．

③特性ピークの発見

特性ピークとは，ある物質あるいはグループに固有のピークで，試料分子中の構造単位の存在を反映するフラグメントイオンのことである．この特性ピークが分子イオンからどのようなプロセスで生成したか調査して，構造を決定していく．例としてパルミチン酸メチルのフラグメンテーション（マクラファティー転位[†]）を示す．次式のように分子イオンピークから六員環遷移状態を経て水素が転位し，アルケンと $m/z = 74$ のイオンを生成する．このような転位は，エステル以外にもケトン，アルデヒド，アミドなどのカルボニル化合物，アルコール，アルキルベンゼンなどで観察される．先に分子量（すなわち分子イオン）に適用した窒素ルールは，すべてのフラグメントイオンに適用できる（表 4.4）．偶数個の窒素原子を含むなら，偶数の質量電荷比をもつのは奇数電子のイオンである．偶数個の窒素を含むなら，奇数の質量電荷比をもつのは，偶数電子のイオンである．パルミチン酸メチルでは，窒素を含まないため，質量電荷比が偶数のイオンはラジカルカチオンである．つまり，分子イオンである 270 とマクラファティー転位により生成したイオン 74 である．それ以外は，ラジカルカチオンがカチオンとラジカルに開裂したカチオンで，すべて奇数の質量電荷比をもつ．アセトフェノンの場合には，おもなピークのうち分子イオンピークのみがラジカルカチオンであるため，偶数の質量電荷比を示す．それ以外のおもなピークはカチオンであるため，奇数の質量電荷比を示す．

> **マクラファティー転位**
> 分子内にヘテロ原子をもち，かつ適当な位置に引き抜かれやすい水素がある分子で起こる．たとえばパルミチン酸メチルの場合，イオン化はヘテロ原子で起こり，六員環遷移状態を経てエステルのカルボニル基が γ 位の水素を引き抜き，アルケンの脱離を伴って m/z 74 のイオンを生成する．エチルエステルでは，m/z 88 のイオンが生成する．

表 4.4 窒素ルール

| | 質量電荷比(m/z) ||
	奇数	偶数
偶数個の窒素原子($N_0, N_2, N_4, \cdots$)	+	·+
奇数個の窒素原子($N_1, N_3, N_5, \cdots$)	·+	+

·+：ラジカルカチオン，+：カチオン．

4.2.4 フラグメンテーションの一般的な法則（以下は EI 法に適用）

- 分子イオンピークの相対的強度は直鎖の化合物で最大である．これは，アルキル分岐部分で開裂が起きるためである．開裂により生成するイオンは，第3級カチオンが最も安定である．

$$\overset{+}{C}H_3 < R\overset{+}{C}H_2 < R_2\overset{+}{C}H < R_3\overset{+}{C}$$

- 環状構造，とくに芳香環は分子イオンを安定化するため，分子イオンが観測されやすい．

- 二重結合があるとアリル基で切れやすく，共鳴安定化したアリルカチオンを与える．

- アルキル置換芳香族化合物では，環に対してβ位での開裂が起こし，安定なトロピリウムイオンが生成する．

トロピリウムイオン
$m/z = 91$

$m/z = 65$

- ヘテロ原子のとなりの C–C 結合が切断されて，ヘテロ原子に電荷を残す．

Y = O, NH, S, etc

- フラグメンテーションにより安定な中性分子を放出する．転位を伴って，一酸化炭素，アルケン，水，ケテン，アルコール，硫化水素，シアン化水素，アンモニア，チオールなどを脱離する．

$$\text{（構造式: m/z 58 への開裂）}$$

$$\text{（構造式: m/z 92 への開裂）}$$

$$\text{（構造式: } -H_2O \rightarrow m/z\ M-18,\ -CH_2=CH_2 \rightarrow m/z\ M-46\text{）}$$

マススペクトルの詳細なフラグメンテーションの解析に関しては，多くの成書を参照されたい．

4.2.5 化学イオン化（CI）

EI法では分子イオンが開裂しやすく，分子量の情報を得ることは困難な場合が多い．これに対してCI法は，分析対象物質を電子衝撃ではなくイオン‐分子反応によりイオン化する．通常イオン化室に試薬ガスを存在させ（1 Torr[†]程度），この試薬ガスをイオン化する．分析対象物質は，試薬ガスより生成したイオン（反応イオン）とのイオン‐分子反応によりイオン化される．このようにして生成したイオンは，内部エネルギーが小さいため，開裂しにくい．また，このイオンはEI法で生成するラジカルカチオンに比べて安定で分解しにくい．これらのことからCI法は，"ソフトなイオン化"といわれる．生成するイオンは，$(M+H)^+$や$(M+NH_4)^+$などの分子量関連イオンである．

試薬ガスとして，メタン，イソブタン，アンモニアなどがよく使われる．CI法で得られるスペクトルは，EI法で得られるスペクトルと異なるため，ライブラリーサーチを適用することはできない．また，用いる試薬ガスによってもスペクトルは異なる．メタンを用いた場合には，生成する反応イオンはおもにCH_5^+と$C_2H_5^+$である．

$$CH_4 \longrightarrow CH_4^{\cdot+},\ CH_3^+,\ CH_2^{\cdot+}$$
$$CH_4^{\cdot+} + CH_4 \longrightarrow CH_5^+ + CH_3^{\cdot}$$
$$CH_3^+ + CH_4 \longrightarrow C_2H_5^+ + H_2$$

生成した反応イオンと分析対象物質の反応は以下の4種に分類される．

> Torr
> 1 Torr = 101325 / 760 Pa
> = 133.32 Pa

表 4.5　代表的な試薬ガスのプロトン親和力（PA）

共役塩基(B)	反応イオン	PA (B) kJ/mol
CH_4	CH_5^+	551
CH_3OH	$CH_3OH_2^+$	761
CH_3CN	CH_3CNH^+	787
$(CH_3)_2=CH_2$	$(CH_3)_3C^{+\ a)}$	824
NH_3	NH_4^+	854

a) イソブタンから生じる試薬イオン．

① プロトン移動反応　　　$M + BH^+ \longrightarrow MH^+ + B$
② 電荷交換反応　　　　　$M + X^{·+} \longrightarrow M^{·+} + X$
③ 求電子付加反応　　　　$M + X^+ \longrightarrow MX^+$
④ 負イオン引抜き反応　　$AB + X^+ \longrightarrow B^+ + AX$

　メタン，イソブタン，アンモニアなどを試薬ガスとして用いた CI では，ほとんどがプロトン移動反応である．試薬ガスから生成した反応イオンから分析対象物質にプロトン移動を起こすかどうかは，プロトン親和力（PA）で決まる．プロトン親和力の小さいメタンから生成する反応イオン CH_5^+ は，表 4.5 中のメタノール，アセトニトリル，アンモニアなどのよりプロトン親和力（PA）の大きい化合物に対してプロトン移動を起こす．一方，アンモニアやイソブタンを使用すると，メタンのような飽和炭化水素へはプロトン移動は起こらない．

負イオン化学イオン化（NICI）

　CI 法では，負イオンを検出することも可能である．試料が負イオンとして検出される反応は，試料分子による電子捕獲，試料分子と試薬負イオンとのイオン-分子反応の二つに分類される．しかし，これまでに報告されている負イオン CI は，ほとんどが電子捕獲反応を用いた高感度分析である．CI 条件下では，正イオンが生成すると同時に熱化した低エネルギー電子が生成する．この電子は，分析対象物質がハロゲン化合物，ニトロ化合物，リン酸エステル，多環芳香族化合物などの大きな電子親和力をもつ化合物の場合にのみ捕獲され，下の三つのプロセスにより負イオンが生成する．電子捕獲による NICI-MS は，原理的に GC-ECD（電子捕獲型検出器）と同じであるため，ECD で分析可能な試料を高感度に分析できる．

① 共鳴電子捕獲　　　　　$AB + e \longrightarrow AB^{·-}$
② 解離性共鳴電子捕獲　　$AB + e \longrightarrow A^- + B^·$
③ イオン対生成　　　　　$AB + e \longrightarrow A^- + B^+ + e$

4.3 GC-MSを用いた定量分析

4.3.1 GC-MSを定量に用いる利点

GC-MSを用いた定量分析は，GCを用いた場合に比べ，① 不分離ピークの定量が可能である，② ピーク同定の信頼性を向上できる，といったメリットがある．そのため環境分析などに幅広く用いられるようになってきた．

GC-MSで得られるデータは，図4.6のように三次元的に表すことができる．x, y, z軸はそれぞれ時間，強度，m/zである．y-z面には，マススペクトルがプロットされている．x-y面にプロットされているのが，GCのクロマトグラムに相当するもので，トータルイオンクロマトグラム（TIC：Total Ion Chromatogram）と呼ばれる．トータルイオンクロマトグラムの強度は，その時間におけるマススペクトルのイオンの和である．

GC-MSによる定量ではTICは用いず，コンピュータでスペクトルを処理することにより得られるm/zごとのクロマトグラム（マスクロマトグラム）を用いる．MSで，$m/z = 101 \sim 400$までの範囲を測定した場合，300枚のマスクロマトグラムを得ることができる（たとえば，図中の点線のクロマトグラム）．

① 不分離ピークの定量

クロマトグラム上でピークが2本以上重なり分離できない場合，GCでは定量することが困難であるため，昇温条件の変更やカラムの変更により分離する条件を検討する必要が生じる．しかし，GC-MSでは重なっている各成分が，互いに固有な質量数のイオンをもつなら，それらのイオンを測定することにより"質量数による分離"ができ定量が可能になる．たとえば，図4.7のTICでは，二つの成分AとBは完全に分離することができていない．し

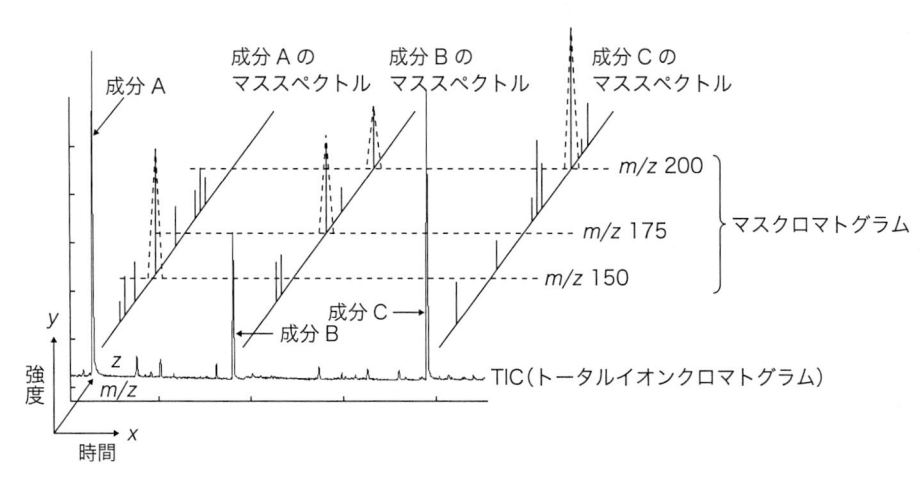

図4.6 GC-MSで得られるデータ

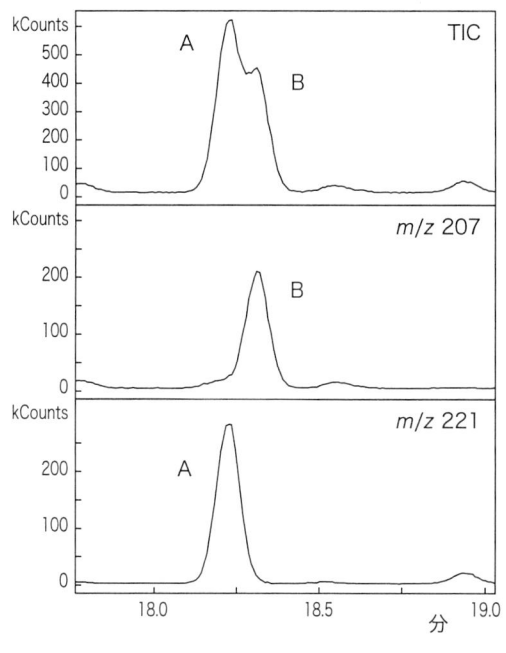

図4.7　不分離ピークの定量

かし、この二つの成分が互いに固有な質量数のイオン ($m/z = 207$, 221) をもつとき、AとBはそれぞれのイオンで定量することができる。Aのマススペクトルが $m/z = 207$ を含む場合や、Bのマススペクトルが $m/z = 221$ を含む場合には定量することができない。この場合には、定量イオンを変更、カラムの昇温条件の変更、カラムの変更などで対処する必要がある。

② ピークの同定の信頼性

GCでは、保持時間が同じであれば同一の化合物とみなし、ピーク同定する。しかし、保持時間だけでは定性情報が少ないため、夾雑物を誤って分析対象のピークとして同定してしまう恐れがある。GC-MSでは、分析対象物質ごとに、定量のために使用する定量イオンとピーク同定に使用する確認イオンを同時に測定する。そしてピーク同定には、保持時間のほかに確認イオンを使う。確認イオンによるピーク同定は、確認イオンと定量イオンの強度比が、化合物によりほぼ一定の値を示すことを利用して行う。もし強度比が異なるなら、分析対象物質以外のピークであるか、夾雑物がそのピークに重なっていると考える。GC-MSはこのようなピークの同定が行えるので、GCに比べより信頼性の高い定量結果が得られる。

4.3.2　SCAN（全走査）法とSIM（選択イオン検出：selected ion monitoring)法

GC-MSでは、測定方法にSCAN法とSIM法がある。定性にはマススペ

表 4.6 SCAN 法と SIM 法の比較

	SCAN 法	SIM 法
使用目的	定性・定量	定量
感度*	ng (ppm)	pg (ppb)
測定方法	スペクトルの測定	特定イオンのみ測定

＊測定する化合物により感度は異なる．

クトルが得られる SCAN 法が用いられ，定量には SIM 法または SCAN 法が用いられる．SIM 法は特定のイオンのみを検出させるため，SCAN 法に比べ感度が高く，ppb[†]オーダーの微量成分の定量分析に適している．SIM 法では，マススペクトルが得られないので化合物の定性には使えない．特定のイオンのみを検出することができるため，SIM 法は質量選択的な検出と呼ばれることがある．最近では，SIM と SCAN 同時測定を行うことができるようになってきた．

ppb
おもに物質の濃度をいうときに用いられる．10 000 000 ppb ＝ 10 000 ppm ＝ 1%．

4.3.3 SIM 法による定量の流れ

SIM 法による定量は以下の手順で行う．
1. SCAN 測定により定量成分を定性
2. 定量成分のスペクトルより定量イオンと確認イオンを決定
3. 分析対象物質が多成分の SIM 測定では，図 4.8 のようにクロマトグラム上で近接した分析対象物質をひとまとめにし，そのまとまり毎に測定するイオンを切り替えるように設定(GC 条件は SCAN 測定と同じ)
4. 検量線用標準試料を測定
5. 検量線の作成，確認
6. 実試料の測定，定量

SIM 測定における定量イオンと確認イオンを選ぶポイントは，質量数が

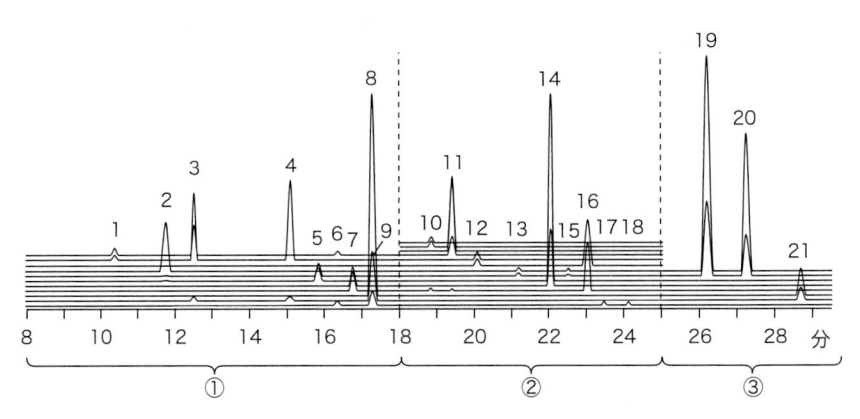

図 4.8 SIM 測定の例
① 12 個のイオンを測定(8～18分)，② 15 個のイオンを測定(18～25分)，③ 8 個のイオンを測定(25～30分)．

大きいこと，強度が大きいこと，特徴的であること，などである．通常，分子イオンピークやベースピークが用いられるが，ほかのイオンでも直線性や再現性や感度がよければ用いることができる．確認イオンは分析対象物質1成分あたり1個以上選択する．

■ 章末問題 ■

4.1 BrやClの同位体比は特徴的である．Brを2原子，Clを2原子，BrとClを含む分子で観察される分子イオンピークの同位体パターンを説明せよ（Brの同位体組成を $^{79}Br:^{81}Br = 1:1$，Clの同位体組成を $^{35}Cl:^{37}Cl = 3:1$ として計算せよ）．

	A	A+2	A+4
Br	1	1	–
Cl	3	1	–
Br₂			
Cl₂			
BrCl			

4.2 以下に示したマススペクトルは，ジエチルエーテル（MW = 74）とベンジルメチルケトン（MW = 134）である．スペクトル中に数値を示してあるイオンの構造を示せ．

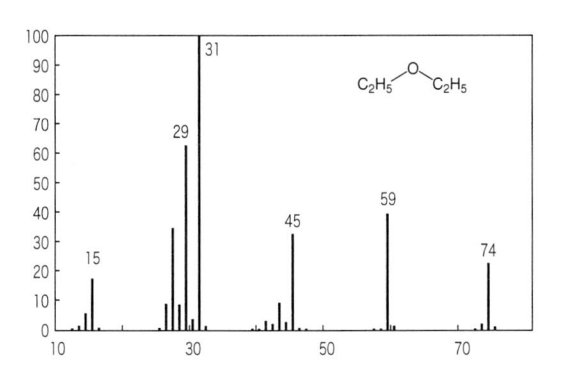

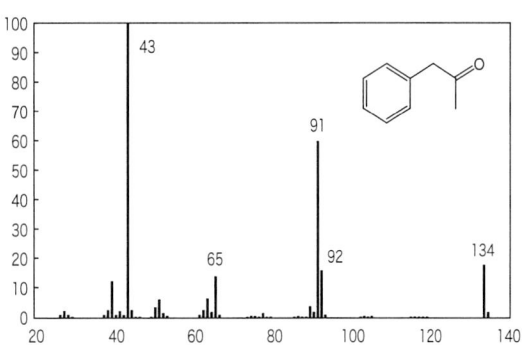

4.3 GCとGC-MSの大きな違いを解説せよ．

第II部

電磁波を用いた機器分析法

第II部 0章 電磁波を用いた機器分析法の基礎

電磁波とは

電磁波は横波として伝播する輻射エネルギーであり，図1に示したように進行方向に対し垂直に，また互いに直交して振動する電場と磁場として表される．この振動する電場と磁場が物質や分子と相互作用することにより，電磁波の吸収や散乱が起こる．第3部では，このような物質と電磁波の相互作用を利用する機器分析法についての基礎的な事項について解説する．

電磁波は波長が 10^{-11} m 以下のガンマ線から 10^3 m を超える長波までさまざまな呼び方をされている．私たちが普段「光」と呼んでいる電磁波は，紫外線から可視光線，近赤外線，赤外線，遠赤外線(波長にして約 10^{-7} から 10^{-4} m)の領域の電磁波である．

一方，電磁波は量子化された光子[†]としてとらえることができ，光子1個のエネルギーは，その振動数 ν (s^{-1}) または波長 λ (m) により決まり，

$$E = h\nu = \frac{hc}{\lambda} \text{ (J)} \tag{1}$$

と表される．ここで c は光速 (ms^{-1})，h はプランク定数と呼ばれる定数で，その値は 6.626×10^{-34} (Js) である．この式から，電磁波の振動数が高いほど，

光子(photon)
電磁波(光)を粒子としてとらえた場合の電磁作用を媒介する粒子．光子のエネルギー E はその振動数 ν とプランク定数 h を用いて $E = h\nu$ と表すことができる．光子は質量や電荷をもたないが，その進行方向に運動量 $p = h\nu/c$ (c は光の速度) をもつ．電磁波の吸収においては，通常1個の光子が吸収される．

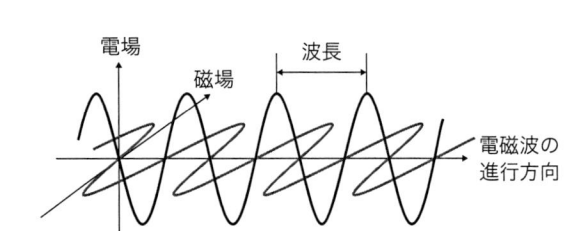

図1 横波として表した電磁波

|波長/m| γ線 | X線 | 真空紫外線 | 紫外線 | 可視光線 | 近赤外線 | 赤外線 | 遠赤外線 | ミリ波 | マイクロ波 | 短波 | 中波 | 長波 |

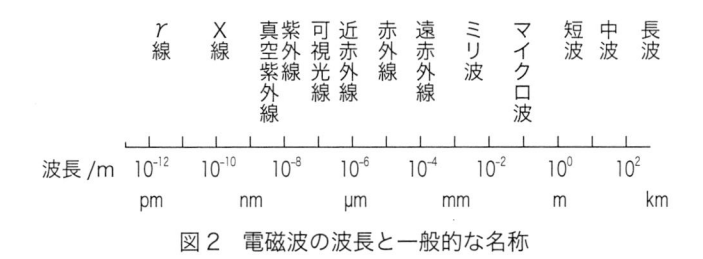

図2　電磁波の波長と一般的な名称

あるいは波長が短いほど光子のエネルギーが大きくなることがわかる．光子のエネルギーは，慣例的に cm^{-1} や eV といった単位で表されることがあるが，これらの間の関係式は，$1\ cm^{-1} = 1.986 \times 10^{-23}\ J$ および $1\ eV = 1.602 \times 10^{-19}\ J$ である．

一般に電磁波の強度（仕事率）は W 単位で表されるが，1秒間に N 個の光子が放出される場合，その電磁波の強度 I (W) は

$$I = EN = h\nu N = hc\frac{N}{\lambda}\ (\mathrm{W}) \tag{2}$$

と表される．

原子・分子のエネルギー状態

　原子は原子核と電子より構成されており，分子はさらに複数の原子から構成されている．原子や分子を構成する電子の状態は，量子力学を用いて波動関数として記述できる．原子や分子のなかの電子は，原子軌道あるいは分子軌道と呼ばれる固有状態をとると考えることができる．これらの軌道のエネルギーは連続的ではなく，量子化されており，そのエネルギーはとびとびの値をとる．電子はエネルギーの低い軌道から順に配置され，この最も安定な配置を基底状態と呼ぶ．原子や分子に外部よりエネルギーを与えることにより，電子をエネルギーの高い軌道に励起することができる．このようなエネルギーの高い（不安定な）状態を励起状態という．このように電子の配置によって決まる原子や分子の状態を，電子エネルギー準位と呼ぶ．

　さらに分子の場合には，分子の回転による回転エネルギー，分子内の原子の振動による振動エネルギーが分子のエネルギー状態に関与する．これら回転エネルギー準位，振動エネルギー準位も量子化されているため，分子のエネルギー状態は，図3のように表すことができる．

　原子や分子は，これらの準位間のエネルギーに相当する光子を吸収することにより，より高いエネルギー状態に励起される．また，励起された状態から元の状態にもどるとき，エネルギー準位間のエネルギーに相当する電磁波

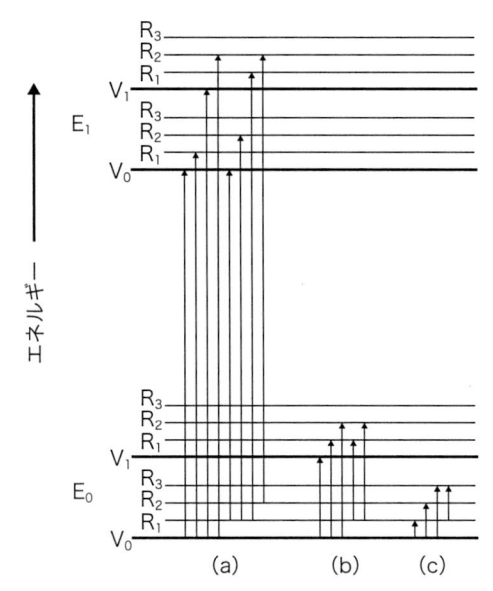

図3 分子のエネルギー準位図
(a) 電子遷移(振動遷移,回転遷移を伴う場合がある),(b) 振動遷移(回転遷移を伴う場合がある),(c) 回転遷移.

(蛍光)を放出することもある．これらのエネルギー準位は，個々の分子や原子に特有のものであり，吸収される電磁波や放出される電磁波のエネルギー(波長)から分子や原子を同定することができる．また，電磁波の吸収量や放出量などから分子や原子の量を定量することができる．このような電磁波と物質の相互作用を利用した分析法を分光分析法と呼ぶ．

電磁波と物質の相互作用モード

　電磁波と物質の相互作用には，反射，屈折，散乱，吸収などがある．これらの相互作用を解析することにより，物質の性質や成分，またその量を分析することができる．なかでも電磁波の吸収を利用する分析法は，最も広く利用されている．先に述べたように電磁波の吸収は，図3に示した分子のエネルギー準位間の励起に対応している．電子エネルギー間の遷移は電子遷移と呼ばれ，おもに可視光から紫外光の光子エネルギーに対応している．電子遷移には，図3に示したように振動準位の励起や回転準位†の励起を伴う場合がある．また，振動準位間の遷移は振動遷移と呼ばれ，近赤外線から赤外線の光子エネルギーに対応している．振動遷移には回転準位の遷移を伴うことがある．一方，回転準位間の遷移はおもに遠赤外線からマイクロ波領域の電磁波の吸収によって引き起こされる．また，光子エネルギーが十分大きな真空紫外線やX線を吸収すると，原子や分子を構成する電子が光電子として

回転準位
分子の許される回転状態は量子化されており，そのエネルギー準位は分子の回転に伴う慣性モーメントによって決まる．慣性モーメントは，原子間距離と立体構造により決まるため，回転遷移を観測することで小さな分子や対称性の高い分子について結合長や結合角などの分子構造を正確に決定することができる．

系外に放出される場合がある．この場合には，放出された光電子の運動エネルギーを分析することにより電子準位のエネルギーを直接見積もることができる．

このように物質あるいは原子や分子が光を吸収すると，高いエネルギー状態に励起されるが，これらの励起状態は不安定なため，吸収した光のエネルギーを何らかのかたちで放出することになる．吸収したエネルギーの一部を電磁波として放出する過程を蛍光過程と呼ぶ．この場合には，吸収した光子のエネルギーより低いエネルギー（長波長）の光子が放出される．この放出された電磁波（蛍光）を検出することにより，分析を行うことができる．ただし，このような蛍光過程はすべての分子について起こるものではない．ほとんどの場合，吸収したエネルギーは無輻射過程（光熱変換過程）により熱として放出されることになる．この場合には，吸収された電磁波のエネルギーに対応する熱が発生するので，これを分析すれば間接的に電磁波の吸収量を測定することができる．このほかに，十分大きなエネルギーをもつ電磁波を吸収した場合には，光電子放出後の電子の空孔を緩和する過程として蛍光X線の放出過程やオージェ電子†を放出する過程などがあり，これら励起状態の緩和過程を利用した分析法も広く利用されている．

電磁波を利用する分析法の原理

● 試料濃度と電磁波の吸収の関係

電磁波が試料によって吸収されるとき，試料の厚さ，試料中の吸収成分の濃度と試料を透過する電磁波の強度の関係は以下のように考えることができる．図4(a)のように，厚さbの試料にある波長の強度I_0の電磁波を照射する場合を考えてみよう．試料の吸収により電磁波は減衰する．このとき電磁波の透過率をT_bとすると，試料を透過する電磁波の強度は$I_b = T_b \cdot I_0$と

オージェ電子
X線や電子線の照射により原子の内殻軌道の電子が放出されると内殻に空孔ができる．この状態は不安定であり，これを緩和するために外殻の電子が内殻の空孔を埋めると緩和エネルギーが生じる．この緩和エネルギーを利用して外殻の電子が放出される過程をオージェ過程といい，このとき放出される電子をオージェ電子と呼ぶ．オージェ電子を分析に利用するオージェ電子分光法では，オージェ電子のエネルギーとその放出量から元素の同定と定量分析が可能である．

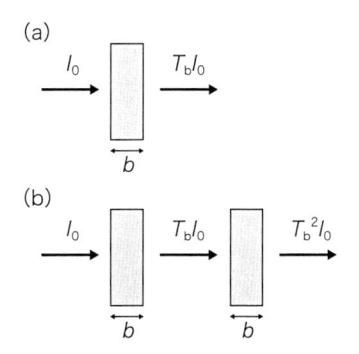

図4 光路長と透過率の関係
(a) 強度I_0の電磁波が光路長bの試料を透過する場合，(b) 強度I_0の電磁波が光路長bの試料を2回透過する場合．

表すことができる．試料の厚さが2倍の$2b$になると図4（b）に示したように厚さbの試料を2回透過する場合と等価であると考えることができるので，試料透過後の電磁波の強度は$I_{2b} = T_b^2 \cdot I_0$と表すことができる．つまり，$2b$の厚さの試料に対する透過率T_{2b}はT_b^2に等しい．このように透過光の強度は，試料の厚さ（光路長）に対して指数関数的に減少する．

したがって試料の透過率は

$$T = \frac{I}{I_0} = 10^{-kb} \tag{3}$$

と表すことができる．同様に試料中の吸収成分の濃度cに対しても透過光の強度は指数関数的に減少し，

$$T = \frac{I}{I_0} = 10^{-k'c} \tag{4}$$

が成立する．したがって，この二つの関係式をまとめると

$$T = \frac{I}{I_0} = 10^{-abc} \tag{5}$$

と表すことができる．ここでaは試料および入射電磁波の波長に特有の定数である．この両辺の対数をとると$\log T = -abc$となる．ここで吸光度Aを

$$A = -\log T \tag{6}$$

と定義すると，

$$A = abc \tag{7}$$

の関係が得られる．つまり吸光度は，試料の厚さと吸収成分の濃度に直接比例することになる．一般に，吸収成分の濃度cを$\mathrm{mol\ dm^{-3}}$で表し，光路長bをcmで表したときの定数aをεで表し，これをモル吸光係数と呼ぶ．モル吸光係数の単位は$\mathrm{cm^{-1}\ mol^{-1}\ dm^3}$であり，ある波長の電磁波に対して吸収成分に特有の値となる．

試料の吸収を透過率として測定する方法では，信号として入射光と透過光を測定し，その比をとるため，入射光の強度には依存しないのが特徴である．

● 試料濃度と蛍光強度の関係

試料から放出される蛍光強度は，試料により吸収される電磁波の強度に比例する．試料により吸収される電磁波の量は，入射電磁波の光子数をP_0，

透過率を T とすると $P_0(1-T)$ と表すことができる．また，吸収した光子に対する蛍光光子放出の転換の効率，蛍光量子効率を ϕ とすると，蛍光の光子数 F は，

$$F = \phi P_0(1-T) = \phi P_0(1-10^{-abc}) \tag{8}$$

と表すことができる．

abc が十分小さい場合には，$(1-10^{-abc}) = 2.303abc$ と近似できるので，

$$F = 2.303 \phi P_0 abc \tag{9}$$

が成り立つ．つまり，この条件下では蛍光強度は試料濃度に比例することになる．また，蛍光強度は入射電磁波の強度に直接比例することがわかる．これは，電磁波の吸収を観測する吸光度が入射電磁波の強度に依存しないのと対照的である．一方，abc が十分大きい場合には，$(1-10^{-abc}) = 1$ と近似できるので，蛍光強度は $F = \phi P_0$ となり，試料濃度に依存せず一定となる．

また，無輻射過程（光熱変換過程）により試料から放出される熱エネルギーは，試料により吸収されたエネルギーから蛍光として放出されるエネルギーを差し引いたものと考えられる．試料によって蛍光量子効率は一定なので，電磁波吸収による試料の発熱は上に述べた蛍光と同様，abc が十分小さい場合には試料濃度に比例することになる．また，この条件下で入射電磁波の強度に比例することになる．

吸光分析法では二つの有限な信号を測定してその比をとる必要があるため，その感度は二つの信号を識別するための装置の精度とその安定性などに大きく依存する．これに対し，たとえば蛍光分析法では，バックグラウンドは原理的にゼロであるため，ゼロと有限な信号の差を測定することになる．したがって，その検出限界は励起電磁波の強度と検出器の感度にのみ依存するため，高感度な分析が可能となる．一般に励起状態からの蛍光電磁波の放出過程や無輻射過程など緩和過程を検出する分析法では，レーザー光源の使用などにより励起電磁波の強度を上げることによって，検出感度を上げることが可能であり，実際にこれらの方法による単一分子の検出も可能である．

■ 章末問題 ■

0.1 (1) 次に示す波長または周波数をもつ光子のエネルギーを計算せよ．
  (a) 電子レンジに利用される周波数 2.45 GHz のマイクロ波
  (b) 波長 50 μm の遠赤外線
  (c) 波長 10 pm の γ 線
  (2) 次に示す波長または周波数の強度 1 mW の電磁波の 1 秒あたりの光子数

を計算せよ．
- (a) 周波数 1008 kHz の電波
- (b) 波長 5 μm の赤外線
- (c) 波長 500 nm の可視光
- (d) 波長 100 pm の X 線

0.2 (1) ある波長で濃度 2.5×10^{-5} mol dm^{-3} の色素溶液の吸光度を光路長 2.0 cm のセルで測定したところ，0.62 であった．この波長における色素のモル吸光係数を求めよ．

(2) ある波長でモル吸光係数 $\varepsilon = 1.41 \times 10^2$ cm^{-1} mol^{-1} dm^3 をもつ錯体の溶液の透過率を光路長 1.00 cm のセルで測定したところ，34.5% であった．この錯体溶液の濃度を求めよ．

0.3 励起波長 400 nm におけるモル吸光係数が 2.8×10^3 cm^{-1} mol^{-1} dm^3 で，蛍光量子効率が 0.14 である蛍光色素の 1.5×10^{-6} mol dm^{-3} 溶液を光路長 1.0 cm のセルに入れ，400 nm の電磁波（光子にして 5.0×10^8 個）を照射した．このとき，試料溶液から放出される蛍光の光子数はいくらになるか．

0.4 電磁波の透過率を直接測定する吸光分析法より蛍光分析法のほうが感度が高いといわれる理由を述べよ．

第II部 1章

分光分析用試薬
測定できないものを測定する

　最新鋭の吸光光度計が手許にある．さあ，これを使って分析するぞ，と意気込む前にまず考える必要がある．まず，分析したい化合物が光(電磁波)を吸収するかどうかを考えるべきである．最新鋭の吸光光度計でも，光を吸収しない化合物は測定できない．蛍光光度計でも同じである．無蛍光の化合物は分析できない．しかし，ここであきらめてはいけない．機器分析法にはさまざまな裏技がある．それぞれの化合物は，固有の化学的または物理的特徴を少なからずもつ．その特徴を活用すれば，そのままでは測定できない化合物も分析できる．この裏技の原理は3種類に大別される(表1.1と図1.1)．また，これらの原理に基づく分析法には，三つのタイプに分類される試薬(表1.2)を用いる．以下，そのいくつかについて特徴を説明する．

1.1 金属イオンの分析

　数々の呈色試薬やプローブが開発されている．ここでは，神経細胞生理学の発展に大きく貢献した Ca^{2+} 蛍光プローブ fura-2 (図1.2)を取り上げる．そのプローブ特性を表1.3に示す．錯体形成を検出原理として金属イオンを分析するとき，考慮すべきことは生成する錯体の解離定数 K_d と特異性[†]であ

> **特異性(specificity)**
> 分析科学において重要なパラメータ．測定値(分析値)が，どの程度，分析対象物に由来するかを示す．特異性の高い分析試薬は，夾雑物(妨害物質)の影響を受けることなく，分析対象物に対してのみ応答を与える．選択性(selectivity)とも呼ぶ．

表1.1 測定できない化合物を分析するための原理

分類	図1.1	原理と測定する光応答
錯体形成	(1)	分析対象化合物との錯体(複合体)形成による色素(試薬)の吸収(蛍光)波長の変化／錯体の吸光度(蛍光強度)．
色素生成	(2)	分析対象化合物の反応に誘起される無色(無蛍光)な試薬の色素への構造変換／生成色素の吸光度(蛍光強度)．
共有結合形成	(3)	分析対象化合物がもつ官能基を利用した共有結合的な色素の導入／導入した色素の吸光度(蛍光強度)．

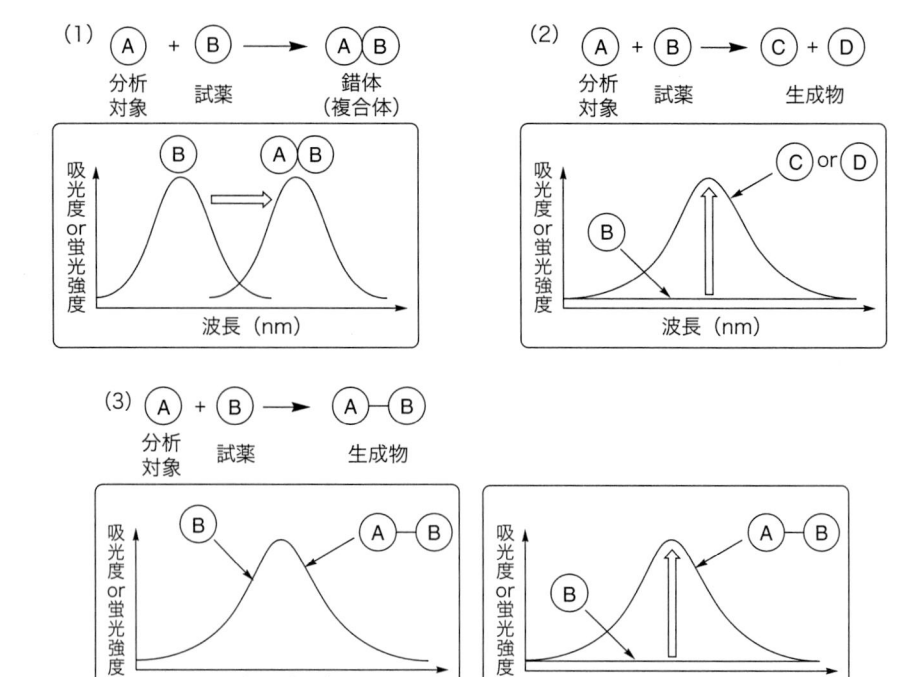

図 1.1 測定できない化合物を器機分析するための原理の概念図

る．K_d は以下の平衡反応の平衡定数である．ただし，M^{n+}，L および $(ML)^{n+}$ はそれぞれ金属イオン，配位子（呈色試薬またはプローブ）および生成する錯体である．

$$(ML)^{n+} \rightleftharpoons M^{n+} + L \qquad K_d = \frac{[M^{n+}][L]}{[(ML)^{n+}]} \qquad (1.1)$$

K_d について $0.1K_d <$ 試料中の分析対象イオン濃度 $< 10K_d$ が成立しないと，明確な発色または発蛍光が観察されない．また，ほかの金属イオンによる妨害を受けずに分析対象金属イオンを分析できること（特異性）も重要であ

ロイコ色素（leuco dye）
色をもたない色素のこと．化学的または物理的な変化により色素に変換される試薬に対して用いられる．

表 1.2 呈色試薬，ラベル化剤およびプローブ

試薬名	分析原理	定義と用途
呈色試薬	錯体形成 色素生成	細胞・組織を含まない測定試料に用いる試薬の一般名称．金属イオンや生体高分子（タンパク質や核酸）の分析，酵素分析等に有効．おもに，紫外・可視吸光光度法に用いられる．
ラベル化剤 （誘導体化剤）	共有結合 形成	分析対象化合物と共有結合を形成できる親電子官能基をもつ色素〔図 1.1(3) 左〕とロイコ色素†（同図右）の総称．後者は結合形成後に色素に変換される．HPLC などの分離分析に有効．紫外・可視吸光光度法または蛍光光度法に用いられる．
蛍光プローブ	錯体形成 色素生成	細胞や組織を分析対象とする可視化計測（バイオイメージング）用蛍光試薬の総称．可視光〜近赤外光を用いる蛍光光度法に用いられる．

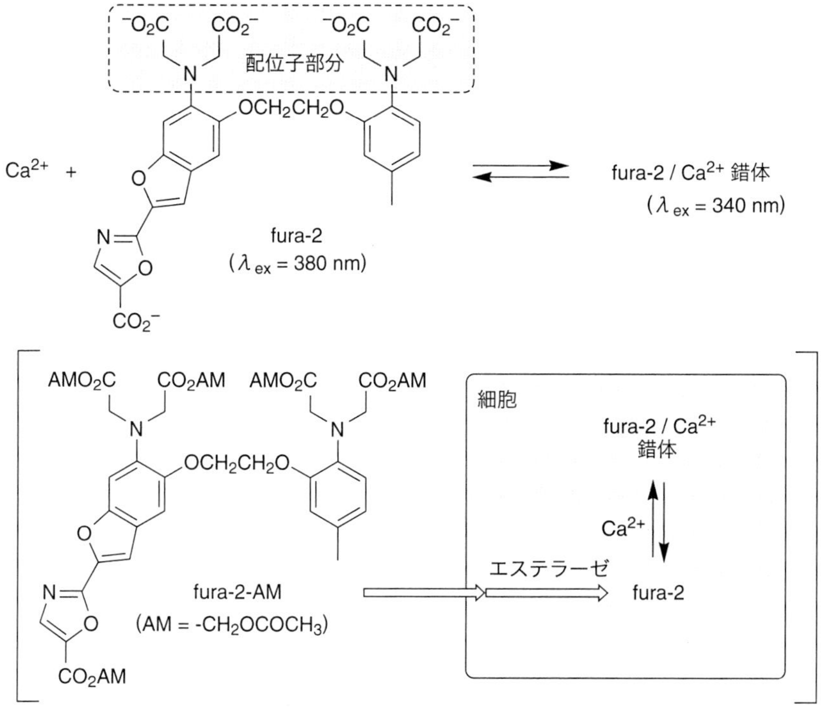

図1.2 fura-2 および fura-2-AM の化学構造とそれらを用いる Ca^{2+} 分析

る．したがって，分析対象金属イオンの濃度および共存金属イオンの種類や濃度を考慮して最適な K_d と特異性をもつ呈色試薬やプローブ†を選択することが金属イオン分析において重要である．表1.3 に示すように，fura-2 はこれらの最低条件を満たしている．一方，細胞内分子の分析を目的とするプローブでは，細胞膜透過性が問題となる．細胞膜は疎水的なため，親水性†化合物は細胞内に取り込まれにくい．細胞内分子の分析には疎水性の高いプローブを用いる必要がある．これを実現する一般的な方法がカルボキシル基($-CO_2H$)やヒドロキシ基(-OH)のアセチル(Ac)化やアセトキシメチル(AM)化である．プローブの Ac 体や AM 体は比較的容易に細胞膜を透過する．こ

表1.3 Ca^{2+} 蛍光プローブとしての fura-2 の特性

検出原理	fura-2：励起波長 380 nm，蛍光波長 510 nm（応答 F380） fura-2-Ca^{2+} 錯体：励起波長 340 nm，蛍光波長 510 nm（応答 F340） レシオ測定：応答比 F380/F380 により Ca^{2+} 濃度変化を計測
解離定数	fura-2-Ca^{2+} 錯体の解離定数 K_d は $0.1K_d <$ 細胞内 Ca^{2+} 濃度（〜100 nM） $< 10K_d$ を満たす
特異性	予想される共存妨害物質 Mg^{2+} に比べて特異的に Ca^{2+} を検出
脂溶性	fura-2：親水性が高いため細胞内に取り込まれない fura-2-AM：疎水性が高く細胞内に取り込まれる．細胞内ではエステラーゼによる加水分解を受け，fura-2 を生成する．

プローブ(probe)
探知棒や探り針を意味する言葉．「走査型プローブ顕微鏡」におけるプローブは文字どおりの意味だが，生体成分の化学情報（物質量，機能発現量など）を提供できる試薬もプローブと呼ばれる．生体成分の化学的情報を蛍光応答として表現できる試薬が「蛍光プローブ」である．

親水性(hydrophilicity)と疎水性(hydrophobicity)
水に溶けやすい性質を親水性と呼ぶ．一方，疎水性とは水に溶けにくい性質を意味する．分子全体だけでなく，官能基の物性を表すためにも用いられる．蛍光プローブの細胞への負荷を容易にするためには，プローブの疎水性度が重要になる．一方，蛍光プローブの細胞内滞留性を高めるためには，プローブの親水性度が重要な因子になる．

れらは細胞内に取り込まれると細胞内エステラーゼにより加水分解され，元のプローブへ変換される．その結果，細胞内の分析対象分子を検出できる．一般に，Ac 体より AM 体のほうがエステラーゼにより加水分解されやすい．fura-2 の場合，その AM 体，つまり fura-2-AM がプローブとして用いられる．

fura-2 の最大の特徴はレシオ測定†である．$\lambda_{ex} = 380$ nm で 510 nm の蛍光を測定する．フリーの fura-2 に由来する蛍光応答（F_{380}）が得られる．一方，$\lambda_{ex} = 340$ nm で同様に測定する．fura-2-Ca^{2+} 錯体に由来する応答（F_{340}）が得られる．測定値の比 F_{340}/F_{380} を用いて Ca^{2+} の濃度変化が測定できる．

脱水ジメチルスルホキシド（DMSO）を用いて調製した fura-2-AM ストック溶液（1〜10 mM）を細胞の無血清培地懸濁液に対して 0.5% v/v†で加え（fura-2-AM 終濃度は 5〜50 μM），室温で 15〜60 分間培養する．その後，無血清培地で 3 回程度洗浄した細胞を塩化カリウムや電気等により刺激しながらプレートリーダーまたは蛍光顕微鏡を用いてレシオ測定する．なお，fura-2-AM 体は求核剤と容易に反応し fura-2 に変換されるため，緩衝液成分としてアミノ酸ならびに第 1 級または第 2 級アミン類の培地への添加は極力控える．

1.2 生体高分子の分析

タンパク質は疎水性相互作用または静電相互作用により，核酸は π - π 相互作用や静電相互作用により，有機化合物と複合体を生成する．この現象に基づき，金属イオンと同じようにタンパク質や核酸を分析できる．ここでは呈色試薬としてクーマシーブリリアントブルー G-250（CBB）を用いてタンパク質を定量するブラッドフォード（Bradford）法を説明する（図 1.3）．タンパク質はチロシン残基とトリプトファン残基に由来する 280 nm における吸

レシオ測定（ratiometry）
2 種の波長における吸光度や蛍光強度の比を用いて分析する方法で，通常の分光分析法より定量性が高い．fura-2 のように 2 種の励起波長を用いて同一蛍光波長における蛍光強度の比を用いる方法と，同一励起波長を用いて 2 種の蛍光波長における蛍光強度の比を用いる方法である．

% v/v：体積百分率
液体の溶質 1 mL を溶媒に溶かして全量を 100 mL にしたとき 1% v/v と表示する．一方，固体の溶質 1 g を溶媒に溶かして全量を 100 mL にしたとき 1% w/v と表示する．これを質量対容量百分率と呼ぶ．

Coomassie Brilliant Blue G 250 (CBB)
($\lambda_{max} = 465$ nm)

タンパク質-CBB 錯体
($\lambda_{max} = 595$ nm)

図 1.3　CBB の化学構造とそれを用いるブラッドフォード法

光度から定量できる．しかし，それらのアミノ酸残基の含量がタンパク質によって異なるため，この方法はすべてのタンパク質に適用できない．ブラッドフォード法はこれらの問題点を克服する．CBB は pH 5.8 においてタンパク質と 1 分以内に安定な錯体を形成する．その錯体は CBB より長波長側に吸収極大を示す．この波長における吸収に基づきタンパク質が定量できる．

ブラッドフォード法では，一般にウシ血清アルブミン（BSA）を用いて検量線を作製する．測定対象タンパク質の濃度範囲に合わせて 5 種類の BSA（2000～0 μg/mL）標準水溶液を調製する．測定対象タンパク質も同様に水溶液として用いる．それらを 96 穴マイクロプレートに 10 μL 加える．市販の CBB 溶液 300 μL をさらに加え，室温で 1 分間放置する．その後，吸光プレートリーダーを用いて 595 nm における吸光度を測定する．得られた吸光度から BSA 0 μg/mL，つまりブランクの応答を差し引いた値を測定値として用いる．BSA 標準液から作製した検量線を用いて測定対象タンパク質の濃度を決定する．

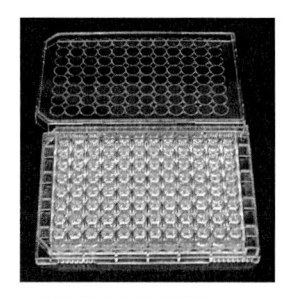

96 穴マイクロプレート

1.3　酵素的分析および酵素活性測定法

酵素は特定の化合物（基質）を化学変換できる．この性質を利用した特異性の高い分析法が，酵素的分析法と酵素活性測定法である（表 1.4）．

図 1.4 にそれらの代表例を示す．糖尿病の診断に重要な血糖値測定法として二つの酵素グルコースオキシダーゼ（GOD）とペルオキシダーゼ（POD）を用いる比色分析法がある．GOD によるグルコースの酸化反応は，過酸化水素（H_2O_2）の生成を伴う．この H_2O_2 は POD が存在すれば 4-アミノアンチピリンとフェノールの酸化的カップリングを誘起する．生成するキノイミン色素に由来する 505 nm の吸光度に基づき，グルコースを間接的に定量できる．発色反応は複雑ではあるが，非常に簡便な均一系[†]グルコース分析法である．

コリンエステラーゼ（ChE）活性測定法として，BESThio を用いる蛍光分析法がある．アルツハイマー型痴呆症の治療薬としてアセチル ChE の酵素

血しょう（plasma）
血液にヘパリンなどの抗凝結剤を添加した後，遠心分離することにより得られる液体成分．臨床分析で一般的に用いられる血液試料．一方，血液を凝固した後に得られる液体成分を血清（serum）と呼ぶ．血清にはフィブリノーゲンが含まれない．

酵素阻害剤
（enzyme inhibitor）
酵素に結合することにより，その酵素の活性を阻害する化合物の総称．酵素の活性を阻害すれば，その酵素の基質の濃度が維持される．この概念に基づき，さまざまな酵素の阻害剤が医薬品として開発されている．

均一系（homogeneous）
一般にすべての物質が同一相内に存在する系のこと意味する．均一系酵素的分析法は操作が簡便で，酵素と分析試薬のすべてを同時に加えて行うことができる．一方，酵素反応を行ったのち，さらに分析試薬を加えて検出反応を行うのが不均一系（heterogeneous）酵素的分析法である．

表 1.4　酵素を用いる分析法とその特徴

	特　徴
酵素的分析法	・ある酵素を用いて，その基質である化合物を分析する方法 ・生成物の増加量を定量することにより酵素基質を定量 ・多成分を含む測定試料を分離することなく行える ・血しょう[†]を対象とする臨床分析に活用されている
酵素活性測定法	・ある酵素の本来の基質または人工的な基質を用いて，その酵素の活性を測定する方法 ・基質の減少量または生成物の増加量を定量 ・酵素量の定量法として臨床分析や酵素阻害剤[†]検索法として新薬開発において重要

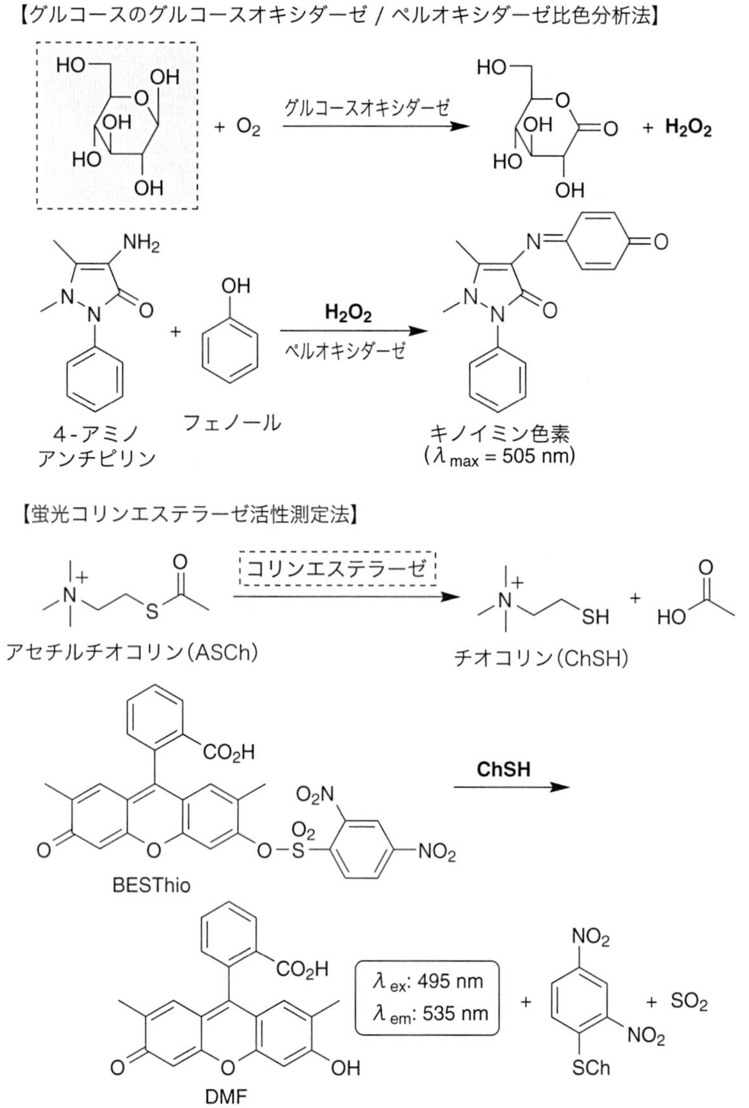

【グルコースのグルコースオキシダーゼ / ペルオキシダーゼ比色分析法】

図1.4 酵素的分析法と酵素活性測定法の代表例

阻害薬が有効である．この阻害薬の探索法として ChE 活性測定法は利用できる．ChE により人工基質アセチルチオコリン（ASCh）からチオール基をもつチオコリン（ChSH）が発生する．ほぼ無蛍光の BESthio は ChSH と反応して蛍光化合物ジメチルフルオレセイン（DMF）へ変換される．この DMF に由来する蛍光応答に基づき ChE 活性が測定できる．

BESthio を用いる ChE 阻害薬の評価法を記す．5 mM BESthio エタノール溶液を pH 7.4 HEPES 緩衝液（100 mM）を用いて 200 倍希釈し，プローブ溶液（終濃度 25 μM）を調製する．アセチル ChE（0.5 U/mL），ASCh（1.0 mM）およびさまざまな濃度(10 種類程度)の阻害薬溶液を純水により調

製する．96穴マイクロプレートの各ウェルに阻害薬溶液(10 μL)，アセチルChE 溶液(10 μL)，プローブ溶液(170 μL)および ASCh 溶液(10 μL)をこの順に加え，10 分間 37 ℃で培養する．培養後，各ウェルについて蛍光応答を測定する．なお，試料溶液の分注は 8 チャンネルマイクロピペッター†を用いて同一条件の系列を 8 ウェル中で行う．それぞれの系列について得られた実測値の平均値から，ブランク(基質無し)の応答を差し引いた値を測定値として得る．阻害薬非添加時と添加時の測定値の比較から阻害率を求め，プロットする．これを 4 パラメータ対数回帰†して得られる阻害曲線から阻害率 50％の濃度を IC_{50} として見積もる．

1.4 HPLC 分析

分光学的に検出できない化合物の HPLC 分析に，吸光度検出器や蛍光検出器を用いるためにはラベル化剤が有効である．表 1.5 にラベル化剤を用いる HPLC 分析法とその特徴を，図 1.5 には HPLC システムの模式図を示す．

図 1.6 に汎用ラベル化剤であるフルオロベンゾオキサジアゾール（BD-F）類とオルトフタルアルデヒド（OPA）およびそれらの反応を示す．NBD-F と ABD-F はそれぞれアミノ化合物とチオール化合物のラベル化剤である．BD-F 類によるラベル化反応には 50 ℃以上での加熱が必要であるため，BD-F 類はプレカラムラベル化剤として用いられる．一方，チオール(R-SH)成分として 2-メルカプトエタノールや N-アセチルシステインを用いてOPA によるラベル化反応を行えば，アミノ酸やポリアミン類などの分析が

8 チャンネルマイクロピペッター
96 穴マイクロプレートの縦一列，つまり 8 ウェルに同容量の溶液を同時に分注できる装置．96 穴マイクロプレートの横一列，つまり 12 ウェルに同時に分注できる 12 チャンネルマイクロピペッターもある．

4 パラメータ対数回帰
(four parameter logistic regression)
医薬品や酵素などでは，用量と応答(活性)の関係をプロットすると，一般に下図に示すような S 字状曲線（シグモイド曲線）が観察される．このようなデータを，四つのパラメータ(a～d)を含む関数

$$y = a - \frac{a-b}{1+\left(\frac{x}{c}\right)^d}$$

(a～cの定義は下図参照．dは曲線の形状を調整するパラメータ）を用いて回帰する方法を 4 パラメータ対数回帰と呼ぶ．

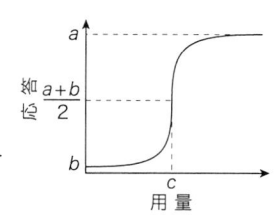

表 1.5　ラベル化剤を用いる HPLC 分析法とその特徴

分類	特　徴
プレカラムラベル化法	・あらかじめ分析試料についてラベル化剤との反応を行い，その反応混合物を HPLC 分析する方法 ・ラベル化剤自身が吸収や蛍光を示す，またはラベル化剤の反応性が低い場合の選択肢 ・ラベル化により分析対象化合物の疎水性度が高くなる傾向にあり，安価で長期間利用できる逆相(ODS)カラムを使用できる場合が多い ・ラベル化反応に用いる溶媒と移動相の液性(pH)を近くする必要性なし ・吸収や蛍光を示すラベル化剤を用いた場合，それに由来するピークがクロマトグラムに観察される(欠点)
ポストカラムラベル化法	・HPLC システムにおいてカラム出口と検出器入り口の間でラベル化剤溶液を混合し，オンラインでラベル化する方法 ・ラベル化剤自身が無色または無蛍光，またはラベル化剤の反応性が高い場合の選択肢 ・分析対象化合物の分離に特殊なカラムを使用する場合が多い ・ラベル化溶液と移動相の液性(pH)が近いことが望ましい ・ラベル化剤用の送液ポンプや反応コイルなどが必要(欠点)

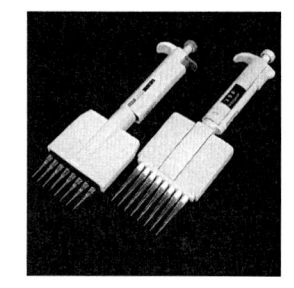

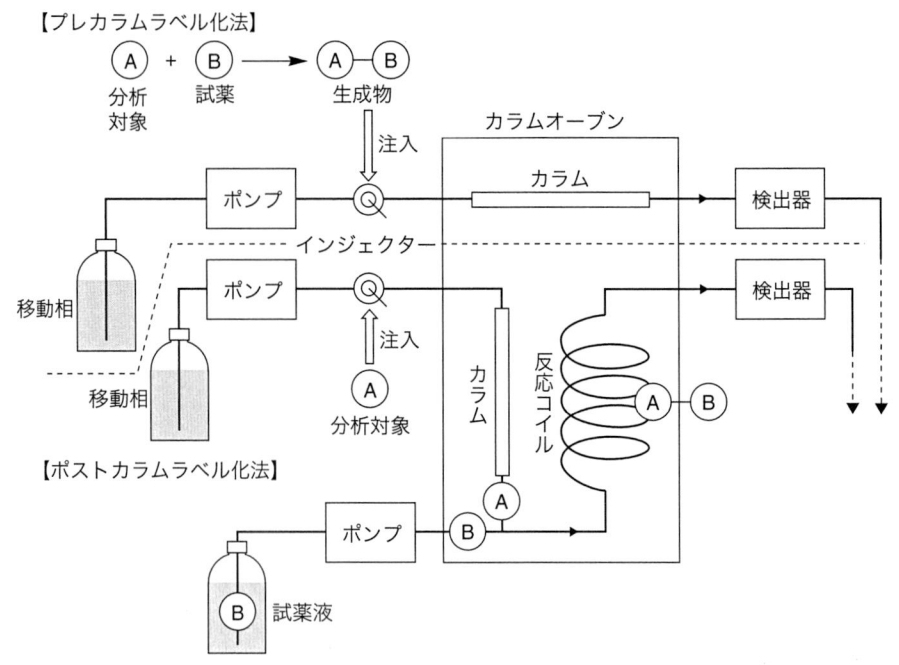

図1.5 プレおよびポストカラムラベル化法を用いるHPLCシステムの概念図

可能である．OPAからの蛍光色素の生成反応は比較的穏やかな条件で進行するため，OPAの場合，ポストカラムラベル化剤としても利用できる．プレまたはポストカラムラベル化法のどちらを使用するかは，表1.5に示したように，① ラベル化剤の反応性，② ラベル化条件（反応温度，pHなど）および，③ 分離条件（カラムの種類，移動相のpHなど）を考慮して決定する．

ABD-Fを用いるプレカラムラベル化法の操作について簡単に説明する．1 mM ABD-F溶液を0.1 Mホウ酸緩衝液（pH 8.0）を用いて調製する．測定試

図1.6 BD-FおよびOPAの化学構造とそれらを用いたラベル化反応

料を EDTA・2Na（2 mM）を含む 0.1 M ホウ酸緩衝液（pH 8.0）により希釈して調製する．ABD-F 溶液 1.0 mL および測定試料 1.0 mL をガラスバイアルに加え，震とう撹拌後，密栓をして 50 ℃で 5 分加熱する．氷水で冷やしたのち，0.1 M 塩酸水溶液を 0.6 mL 加え（測定試料の終 pH は 2 程度），それについて逆相 HPLC を行う．移動相には 8：92 アセトニトリル - 0.01 M フタル酸緩衝液(pH 4.0)を用いる．

ガラスバイアルで震とう撹拌

1.5　活性酸素種の分析

活性酸素種（reactive oxygen species, ROS[†]）はタンパク質や核酸に酸化的ダメージを与えるだけでなく，生体防御機構にかかわるメッセンジャーとしても機能する．生命現象の解明に重要な ROS 計測には，蛍光プローブが不可欠である．表 1.6 に ROS 計測における注意点を示す．

表 1.6　ROS 計測における注意点

何を見るか	ある特定の ROS を見るためには，その ROS に対して特異性の高いプローブが必要である．
何処で見るか	対象とする組織や細胞などに存在する酵素・物質群を考慮する．目的に応じて細胞内・外プローブを使い分ける．
何を見たか	ある特定の ROS を計測する場合，そのROS に対する消去剤を加えた系も測定する（観察された蛍光応答がその ROS に由来することの確認）．

ROS
分子状酸素（O_2）から発生する反応性の高い酸素化合物．スーパーオキシド（$O_2^{-\cdot}$），H_2O_2，ヒドロキシラジカル（HO・），一重項酸素（$^1O_2$）など．一方，一酸化窒素（NO・）やペルオキシナイトライト（$ONOO^-$）などの反応性の高い窒素化合物を活性窒素種（reactive nitrogen species, RNS）と呼ぶ．

図 1.7 に代表的な ROS プローブとその検出反応を示す．ヒドロエチジン（hydroethidine）はスーパーオキサイド（$O_2^{-\cdot}$）プローブとして，DCFH は H_2O_2 プローブとして汎用されてきた．しかしこれらのプローブは，特異的に $O_2^{-\cdot}$ や H_2O_2 を検出できない．一方，BESSo と DMAX-1 はそれぞれ $O_2^{-\cdot}$ と一重項酸素（$^1O_2$）に固有の反応を発蛍光反応とする．したがって，これらの蛍光プローブの特異性は高く，信頼できる ROS 情報を与える．

BESSo を用いて，ホルボールミリステートアセテート（PMA）により刺激した好中球が細胞外に放出する $O_2^{-\cdot}$ を計測する方法を記す．5 mM BESSo DMSO 溶液を，0.9 mM $CaCl_2$ および 0.4 mM $MgCl_2$ を含むリン酸緩衝生理食塩水［PBS(+)］を用いて 200 倍に希釈してプローブ溶液を調製する．細胞懸濁液およびほかの溶液も PBS(+) を用いて調製する．100 μL 好中球懸濁液（10^6 cells/mL）および 50 μL プローブ溶液を 96 穴マイクロプレートの各ウェルに加える．さらに，PMA 溶液（0.65 μM）または純水 10 μL ならびにスーパーオキシドジスムターゼ（1000 U / mL）または純水 10 μL を加える．ただちに蛍光プレートリーダーにセットし，震とう撹拌後 37 ℃で培養しながら 0 分から 5 分間隔で 60 分間程度，それぞれのウェルについて蛍光応答を測定する．なお，試料溶液の分注は 8 チャンネルマイクロピペッタ

図1.7 ROS蛍光プローブの代表例とそれらの発蛍光反応

ーを用いて同一条件の系列を8ウェル中で行う．測定値を8ウェルについて得られた結果の平均値 ± 標準偏差として求める．

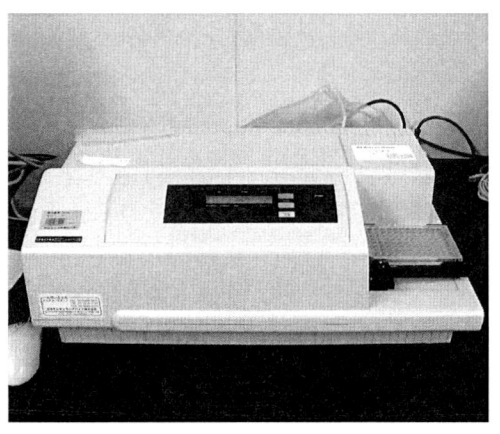

蛍光応答の測定

■ 章末問題 ■

1.1 ある Ca^{2+} 呈色試薬を用いて Ca^{2+} について検量線を作製したところ，350 nm における吸光度に関して $A = 0.1\,[Ca^{2+}(\mu M)]$ の関係が成立した．これをふまえて次の問いに答えよ．
(1) Ca^{2+} を含む試料について同条件下で測定したところ，$A = 0.25$ であった．この試料中の Ca^{2+} 濃度を求めよ．
(2) TPEN は Zn^{2+}，Cu^{2+} または Fe^{2+} と選択的に配位化合物を生成する試薬である．また，TPEN 自身ならびに TPEN - 金属イオン錯体は 350 nm 付近にはまったく吸収を示さない．問 (1) の試料に TPEN を添加して同条件下で測定したところ $A = 0.19$ であった．この結果から，試料中の Ca^{2+} 濃度と用いた呈色試薬について考えられることを記せ．

1.2 ある酵素の活性測定法を用いて阻害薬 X の酵素活性に対する影響を調べた．得られたデータを下に示す．これらのデータを用いて阻害薬 X の IC_{50} を見積もれ．

基質 (mM)	0	1.0	1.0	1.0
阻害薬 X (μM)	0	0	30.0	50.0
吸光度	0.03	0.72	0.31	0.44

1.3 アミノ酸類についてポストカラムラベル化法を用いて HPLC 分析したい．そのもの自体が蛍光性のラベル化剤を用いる．そのラベル化剤の 1 mM または 10 mM どちらの濃度の溶液を用いても試料中のアミノ酸類はすべてラベル化できるとすれば，どちらの濃度のラベル化剤溶液を用いてラベル化反応を行うべきか，理由とともに記せ．

1.4 ヒドロキシ基をもつある化合物をラベル化したのち，移動相に pH 9 緩衝液を用いて HPLC 分析したい．ラベル化剤としてはヒドロキシ基と結合を形成できる -COCl，-SO$_2$Cl および -CH$_2$Br をもつ色素が利用できる．これらから得られるラベル化体の分光学的挙動に違いはないとして，どの官能基をもつラベル化剤が最適であるかを理由とともに記せ．

1.5 ある細胞から放出される ROS をある蛍光プローブを用いて測定したところ，蛍光応答が強度 F で観察された．一方，O_2^{-} を H_2O_2 に変換するスーパーオキシドジスムターゼを添加したときに観察された蛍光応答は F_{SOD} であった．$F \gg F_{SOD}$ または $F < F_{SOD}$ の関係が成立すれば，それぞれの場合に観察された F が何に由来する応答であると考えられるか，理由とともに記せ．

1.6 細胞内の H_2O_2 を細胞膜透過性蛍光プローブにより測定した．そのとき，強度 F の蛍光応答が観察された．一方，H_2O_2 を水に分解する酵素カタラーゼを添加した場合に観察された蛍光応答の強度も F であった．その理由を記せ．

1.7 限外ろ過とは，巨大分子が透過できないフィルターを用いて溶液をろ過することである．今，アミノ基と反応するラベル化剤を大過剰に用いてタンパク質をラベル化するとき，この限外ろ過はどのような目的に使用できるかを記せ．

第II部 2章 原子スペクトル分析法

2.1 原子スペクトル分析法

環境,材料,石油化学,医薬品,食品など,広くさまざまな分野で極微量元素,化学組成分析が行われているが,これら分野の元素分析に最もよく利用されているのが,原子スペクトル分析である.そのなかでも数 ppm から数 ppt といった微量元素の分析に用いられるのがフレーム原子吸光分析法 (FAAS),黒鉛炉原子吸光法 (GFAAS),高周波誘導結合プラズマ発光分析法 (ICPAES),高周波誘導結合プラズマ質量分析法 (ICPMS) である.表 2.1 には各種の原子スペクトル分析法の試料形状・感度・精度・必要試料量などを,また,表 2.2 にはそれぞれの分析法で測定できる元素を示した.

装置の選択については,まず使用する装置で検出可能かということ,次に単元素か多元素同時分析か,試料中濃度,液体か固体などが問題となる.

FAAS は溶液試料のみを対象として,1 回の測定は単元素に限られる.測定感度は 0.1～10 ppb である.GFAAS は溶液試料のみならず,グラファイト製のミニチュアカップを用いることにより,固体試料も直接定量することができる.通常 1 回の測定では単元素のみの測定となるが,市販されている複数の検出器をもつ装置では,最大 4 元素まで測定できる.GFAAS の

表 2.1　各種原子スペクトル分析法の試料形状,感度,精度,ダイナミックレンジ,試料量

	FAAS	GFAAS	ICPAES	ICPMS	HRICPMS
試料形状	溶液	溶液	溶液	溶液 / 固体	溶液 / 固体
感度	0.1～10 ppb	0.01～1 ppb	0.1～10 ppb	< 0.1 ppt	< 0.05 ppq
精度	0.1～1%	0.5～5%	0.1～2%	0.5～2%	0.5～1%
ダイナミックレンジ	10^3	10^2	10^6	10^8	10^9
必要試料量	1～5 ml	< 0.1 ml	1～5 ml	0.1～1 ml	0.1～1 ml

サーモエレクトロン株式会社「ニーズに合わせた元素分析ソリューション」より抜粋.

表 2.2　原子吸光法，誘導結合プラズマ発光分析法，誘導結合プラズマ質量分析法で測定できる元素

原子番号	元素名	FAAS	GFAAS	HGAAS	ICPAES	ICPMS	原子番号	元素名	FAAS	GFAAS	HGAAS	ICPAES	ICPMS
1	H						53	I				○	○
2	He						54	Xe					
3	Li	○	○		○	○	55	Cs	○	○		○	○
4	Be	○	○		○	○	56	Ba	○	○		○	○
5	B	○	○		○	○	57	La	○	○		○	○
6	C						58	Ce				○	○
7	N						59	Pr		○		○	○
8	O						60	Nd	○			○	○
9	F					○	61	Pm					
10	Ne						62	Sm	○			○	○
11	Na	○	○		○	○	63	Eu				○	○
12	Mg	○	○		○	○	64	Gd		○		○	○
13	Al	○	○		○	○	65	Tb				○	○
14	Si	○	○		○	○	66	Dy				○	○
15	P				○	○	67	Ho	○	○		○	○
16	S				○	○	68	Er				○	○
17	Cl					○	69	Tm				○	○
18	Ar						70	Yb	○	○		○	○
19	K	○	○		○	○	71	Lu				○	○
20	Ca	○	○		○	○	72	Hf				○	○
21	Sc	○			○	○	73	Ta				○	○
22	Ti	○	○		○	○	74	W				○	○
23	V	○	○		○	○	75	Re		○		○	○
24	Cr	○	○		○	○	76	Os				○	○
25	Mn	○	○		○	○	77	Ir	○	○		○	○
26	Fe	○	○		○	○	78	Pt	○	○		○	○
27	Co	○	○		○	○	79	Au	○	○		○	○
28	Ni	○	○		○	○	80	Hg	○	○		○	○
29	Cu	○	○		○	○	81	Tl	○	○		○	○
30	Zn	○	○		○	○	82	Pb	○	○	○	○	○
31	Ga	○	○		○	○	83	Bi	○	○	○	○	○
32	Ge	○	○		○	○	84	Po					
33	As	○	○	○	○	○	85	At					
34	Se	○	○	○	○	○	86	Rn					
35	Br					○	87	Fr					
36	Kr						88	Ra					○
37	Rb	○			○	○	89	Ac					
38	Sr	○	○		○	○	90	Th				○	○
39	Y	○	○		○	○	91	Pa					
40	Zr	○			○	○	92	U	○	○		○	○
41	Nb	○			○	○	93	Np					
42	Mo	○	○		○	○	94	Pu					○
43	Tc					○	95	Am					○
44	Ru	○	○		○	○	96	Cm					
45	Rh	○	○		○	○	97	Bk					
46	Pd	○	○		○	○	98	Cf					
47	Ag	○	○		○	○	99	Es					
48	Cd	○	○		○	○	100	Fm					
49	In	○	○		○	○	101	Md					
50	Sn	○	○	○	○	○	102	No					
51	Sb	○	○	○	○	○	103	Lr					
52	Te	○	○	○	○	○							

FAAS：フレーム原子吸光法，GFAAS：黒鉛炉原子吸光法，HGAAS：水素化物発生原子吸光法，ICPAES：誘導結合プラズマ発光分析法，ICPMS：誘導結合プラズマ質量分析法．

最も特徴的な点は，測定に際し，試料量が少量（数10 μL）ですむことがあげられる．測定感度は0.01〜1 ppbである．ICPAESの測定対象は溶液試料のみであるが，この方法はFAASやGFAASとは異なり，多元素を同時定量できる利点がある．測定感度は0.1〜10 ppbでFAASと同程度である．ICPMSは溶液に加え，レーザーアブレーション法を併用†すると，固体試料の分析も可能となる．ICPMSとFAAS, GFAAS, ICPAESとの大きな違いは，これら三つの分析法が光を測定しているのに対し，ICPMS法ではICP部分を元素のイオン化に利用し，質量分析計で元素のイオンの質量電荷比（m/z）を測定している点である．したがってFAAS, GFAAS, ICP-AESでは不可能であった同位体を測定することができる．測定感度は低分解能 ICP-MS法で0.1 ppt以下，また高分解能 ICPMS（HRICPMS）法では0.05 ppq以下となる．

> **レーザーアブレーションICPMS法**
> レーザーはエネルギー密度が高いため，試料（固体）に照射すると局所的な高温状態となり，試料内部から元素がイオンとなり飛びでてくる．飛びだしてきたイオンはレーザーにさらされるため，再励起されプラズマ状態へと変わる．このプラズマ状態の元素を質量分析装置に導き分析する方法．

2.2 原子吸光分析法（AAS）

原子吸光分析法の概念図を図2.1に示した．原子は中心に陽子と中性子が，その周りにはさまざまな軌道をもつ電子が存在している．この原子にエネルギーを加えると，電子はより高いエネルギー準位の軌道に移る．この状態を励起状態という．この状態は不安定なため，電子は元の安定なエネルギー準位の軌道すなわち基底状態にもどろうとする．その際，励起状態へ移行したのとほぼ同じエネルギーレベルの光を放出する．これを原子発光という．原子吸光分析法では，"中空陰極ランプ"という場所で封入不活性ガスとの衝突

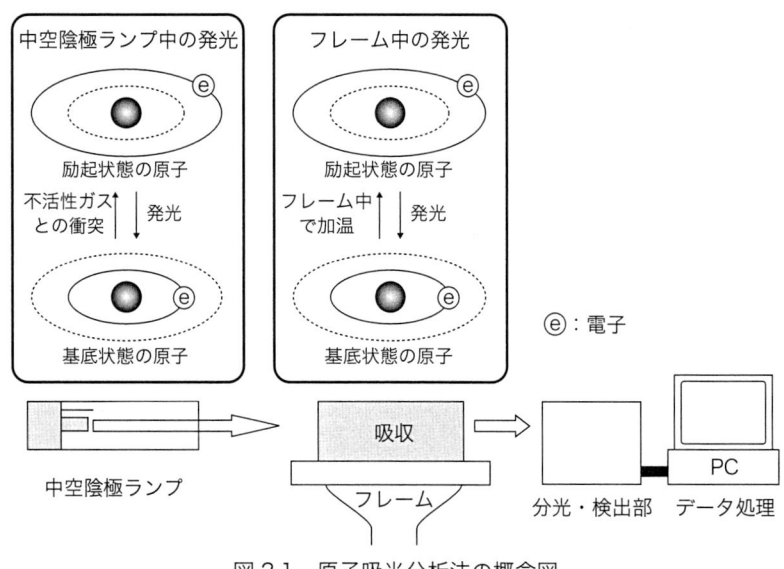

図2.1 原子吸光分析法の概念図

により誕生した励起原子の光を，フレームや黒鉛炉といった"原子化部"という場所でつくられた励起原子の光に当て，吸収させる分析法である．

原子吸光分析法は，吸光光度法のように着色した溶液による光吸収ではないものの，光吸収による分析法であることから，ランベルト・ベールの法則*が成り立つ．波長λにおける光源の光強度を$I_{0\lambda}$，フレームなど原子化部を通過した後の光強度をI_λ，吸光係数をK_λ，光路長l，原子蒸気の濃度cとすると

$$I_\lambda = I_{0\lambda} e^{-K_\lambda l c} \tag{2.1}$$

式2.1は以下のように書き換えることができる

$$\log(I_{0\lambda}/I_\lambda) = Klc \tag{2.2}$$

* p.82の式7で表される吸光度と光路長および濃度の関係．

KはK_λを書き換えたものである．吸光度$A = \log(I_{0\lambda}/I_\lambda)$で定義されるので，式2.2は以下のようになる．

$$A = Klc \tag{2.3}$$

吸光係数Kは元素により固有の数値をもち，光路長lが一定ならば，吸光度は濃度に対して一定の値を示し，吸光度から濃度を求めることができる．しかし実際の測定では，必ずしも濃度に対し吸光度が一定の値を示さない場合があり，吸光度が大きく検量線が湾曲する場合もある．これは，おもにスペクトル線の超微細構造が原因と考えられている．

2.3　原子吸光分析装置

市販の原子吸光分析装置を図2.2に示した．原子吸光分析装置は，1.光源部，2.原子化部，3.分光部，4.検出部，5.データ処理装置からなる．

光源部：光源には無電極放電ランプや中空陰極ランプがある．中空陰極ランプは陽極と中空円筒状の陰極を，ガラスまたは石英製の窓をもったガラス管のなかに不活性ガスとともに封入したものである．陰極は通常，測定対象とする元素の合金または内面に目的元素を含む薄膜をつけたものが用いられる．この中空陰極ランプに直流電圧を印加すると，数10 mAの電流が流れる．電流が流れる際，陰極表面から金属元素を取りはずし，それが封入ガスと衝突すると励起原子となり，この励起原子が基底状態にもどる際，光を放出しこれが中空陰極ランプからの光となる．

原子化部：元素を原子化するにはいくつかの方法がある．FAASではネブライザー（噴霧器）で霧状にした試料を燃焼ガスや助燃ガスとともにフレーム（炎）中（図2.3）で燃焼させることにより元素を原子化する．原

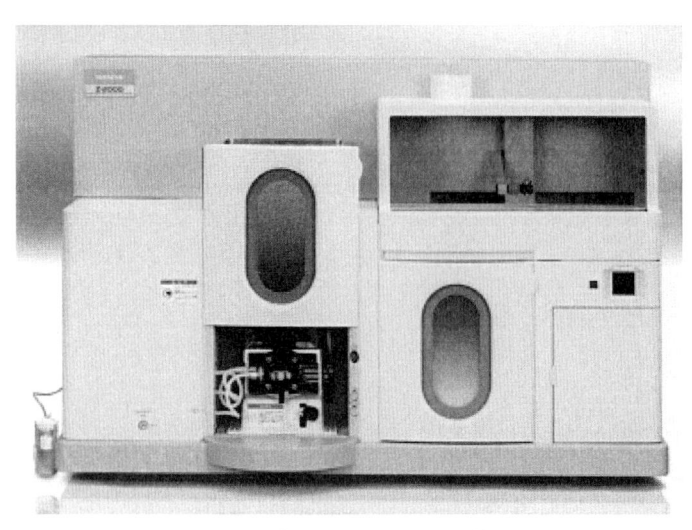

図2.2 市販の原子吸光分析装置
(日立製作所製 Z-2000 型)

子化はその最高原子化温度 2300 ℃の空気 - アセチレンが最も一般的で，より高温で原子化したい場合は亜酸化窒素 - アセチレン (2750 ℃) の組合せで原子化を行う．

　GFAAS では，原子化部は黒鉛炉を用いる．黒鉛炉にはさまざまな種類があり (図 2.4)，図中の黒鉛炉 (a) は還元性を必要とする元素の原子化に用いられ，黒鉛炉 (b) はパイロ型黒鉛炉である．パイロ型黒鉛炉とは黒鉛炉の表面をメタンガスを含む不活性ガスにより高温処理したもので，発生したメタンガスの炭素は黒鉛炉表面を滑らかに被覆し，試料溶液の黒鉛炉への浸透を防ぎ，炭化物の生成を抑制する．この黒鉛炉は通常のものより丈夫なため，寿命も長い．黒鉛炉 (c) はカップ型黒鉛炉で，試料注入口が大きいため，試

図2.3 フレーム
(日立ハイテクノロジーズ　原子吸光光度計カタログより)

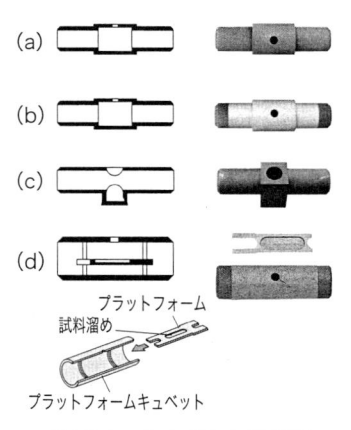

図2.4 さまざまな黒鉛炉
(a)通常型，(b)カップ型，(c)カップ型，(d)プラットフォーム型(日立ハイテクノロジーズ　原子吸光光度計カタログより)．

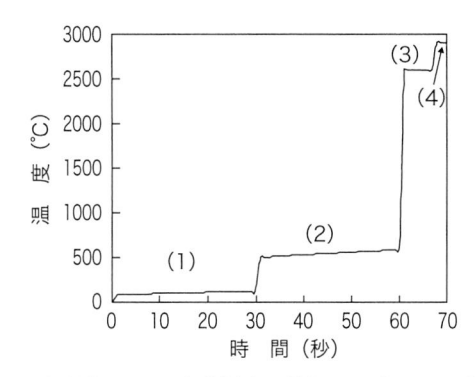

図 2.5 黒鉛炉原子吸光分析法の乾燥，灰化，原子化，クリーニングの各プロセスにおける温度と時間の関係
(1)乾燥，(2)灰化，(3)原子化，(4)クリーニング．

料溶液の拡散を防ぐのに有効であり，とくに有機質を多く含む試料に適している．黒鉛炉(d)はプラットフォーム型黒鉛炉で，輻射熱で加温することによりガス温度が熱平衡に達し，原子化することができる．このような加熱を行えば，試料中に共存する物質と目的元素の再結合を防ぐことができ，目的成分の原子化効率を向上させることができる．黒鉛炉原子吸光法では，このような黒鉛炉内に試料数 10 〜 100 μL を注入し，乾燥，灰化を経て目的元素を原子化する(図 2.5)．原子化後は設定した原子化温度より高く設定した温度まで加温し，黒鉛炉内をクリーニングすることにより目的元素を黒鉛炉内から除去する．フレーム原子吸光法のフレームの上にアタッチメントを用い，石英管をセットする(図 2.6)．そのなかに目的元素の水素化物を導くのが水素化物発生原子吸光法である．水素化物を発生させるには，試料を塩酸酸性として，亜鉛や水素化ホウ素ナトリウムなどの還元剤を加える．このように生成した水素化物の沸点は 0 ℃ 以下であるため，室温下では溶液から気化してくるので，キャリヤーガスを試料に通気させて，バブリングにより生じたガスを石英管に導いてやる．水素化セレンの場合 600 〜 700 ℃ に加

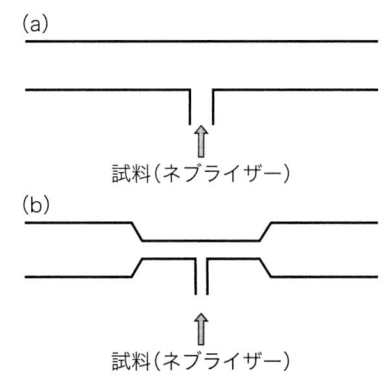

図 2.6 水素化物発生原子吸光分析に使用する石英管
(a)日立タイプ，(b)島津タイプ．

温してやると，原子化することができる．この方法では，セレンのほか，水素化物を発生する元素，ヒ素，アンチモン，ビスマス，鉛，テルル，アンチモンなどを定量することができる．

例)セレンの水素化　還元剤：水素化ホウ素ナトリウム

$$BH_4^- + 3H_2O + H^+ \longrightarrow H_3BO_3 + 4H_2\uparrow$$

$$3H^+ + 3BH_4^- + 4H_2SeO_3 \longrightarrow 4H_2Se\uparrow + 3H_2O + 3H_3BO_3$$

$$H_2Se\uparrow \underset{600\sim700\,^\circ\text{C}}{\longrightarrow} Se + H_2$$

2.4　誘導結合プラズマ発光分析(ICPAES)

プラズマとは，高温で電離した陽イオンと電子を含む電気伝導性をもった気体である．このプラズマは電極間に流れる交流電流，マイクロ波発生装置や高出力の高周波電磁場によって励起される電流などにより発生させることができる．このなかで，高周波コイルにより生成するプラズマを誘導結合プラズマ (Inductively coupled plasma：ICP) といい，このプラズマを分析法に利用したのが誘導結合プラズマ発光分析法（Inductively coupled plasma atomic emission spectrometry：ICPAES）である．高温のプラズマ中に導入された元素が励起されて元素特有の波長の光を放射し，この光を検出器で分光し，個々の波長の強度を測定する．検出法には半導体検出器（CCD）を用いたマルチ法と，波長を走査して検出するシーケンシャル法がある．分析時間はマルチ法がシーケンシャル法に比べて短い．ICP と AAS の大きな違いに，イオン化および原子化温度の違いがあげられる．AAS でもとくに GFAAS では原子化温度は最大で 3000 ℃（3270 K）であるのに対し，ICP の励起温度は 4500 ～ 7000 K であり，この温度では化学干渉やイオン化干渉が少なくなるなどのメリットがある．また，検量線の直線範囲が広いので，低濃度から高濃度までの定量（0.1 ～ 10 ppb）が可能である．さらに，ICP は分析対象とする元素の原子生成に有効なだけでなく，イオンも効率よく生成するため，プラズマをイオン源とした質量分析法(ICPMS：2.6 参照)にも利用される．

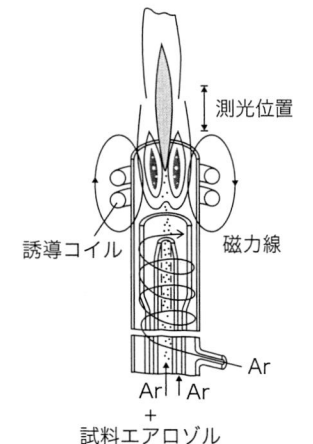

図 2.7　プラズマトーチ
河口広司，中原武利編，『プラズマイオン源質量分析』，学会出版センターより引用．

2.5　ICPAES 分析装置

市販されている ICPAES の構成図を図 2.8 に示したが，ICPAES 分析装置は 1. 試料気化部，2. プラズマトーチ(図 2.7)，3. 分光部，4. 検出部，5. データ処理部からなる．まず，吸引された試料は試料気化部で気化され，プラズマトーチに導かれる．プラズマトーチは石英ガラスでできた三重管で，一

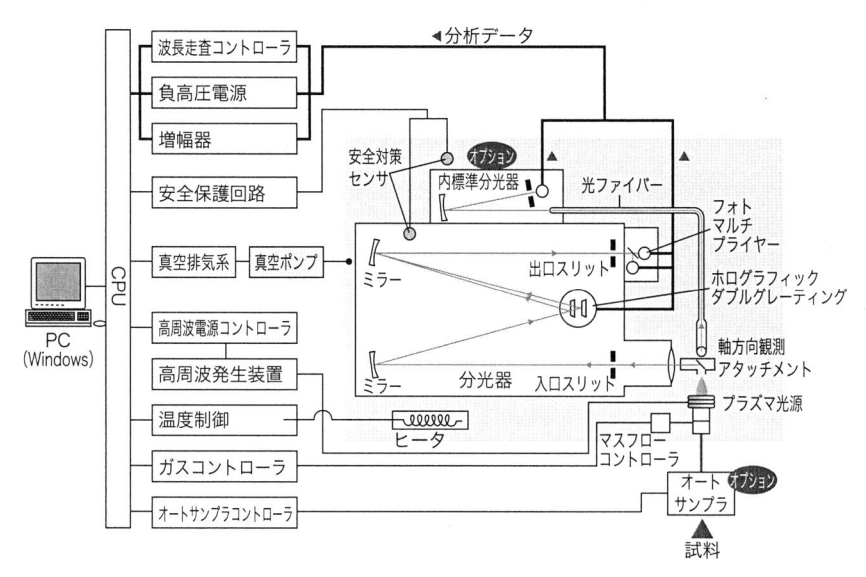

図 2.8　誘導結合プラズマ発光分析装置
(島津 ICPS-7500 型)

番外側の管と二番目の管の間には，冷却およびプラズマ用にアルゴンガスを，二番目と中心の管の間には補助ガスとして同様にアルゴンガスを流している．石英管の外側には銅製の高周波伝導コイルが2〜4回巻きつけてあり，この部分に高周波電流が流れると高周波磁界が生じる．プラズマトーチ内ではアルゴン原子が急激にイオン化し，プラズマが生成する．中心の石英管に試料気化部で気化された試料エアロゾルをアルゴンガス(キャリヤーガス)とともに ICP に導入し，イオン化する．プラズマからの光はスリットを通り，分光器内で分光される．分光器内では可動式の回折格子（ホログラフィックグレーティング）により分光され，再びミラーにより集光された光が検出器（フォトマルチプライヤー）に導かれる．検出器で検知されたシグナルは増幅され，走査波長とともに PC 内で濃度計算ののち，デジタルデータとして分析結果が表示される．

2.6　誘導結合プラズマ質量分析法(ICPMS)

　ICP を元素をイオン化する道具として用い，それによって生成したイオンを質量計で測定するのが誘導結合プラズマ質量分析法(Inductively Coupled Plasma Mass Spectrometry：ICPMS)である．ICP によるイオン化については前項ですでに説明したが，イオン化された元素は質量分析装置に導かれる．
　質量分析法とは，気体状のイオンを質量 (m) と電荷 (z) の比，すなわち，物質(元素)をイオンの質量電荷比 (m/z) によって分離する方法である．ICP によってイオン化された元素は質量分離部に導入されるが，質量の軽いもの

は速く，重いものは遅くなるため，この速度の差により分離される．ICPMSでは質量電荷比を測定する分析法であるため，同位体の定量も可能である．

2.7 誘導結合プラズマ質量分析装置

ICPMSの装置図を図2.9に示す．装置は1. ICP（イオン源），2. インターフェイス，3. イオンレンズ，4. 質量分離部，5. 検出部，6. データ処理部からなる．ICPによりイオン化されたイオンは，インターフェイスを通してイオンレンズ部に導かれる．イオンレンズ部では，イオンとともに入射してくるプラズマからの強い光や中性粒子を効率よく分離し，イオンのみを質量分離部に導いている．ICPMSでよく用いられる質量分離部には，四重極型質量分離部と高分解能の二重収束型質量分離部がある．四重極質量分離装置，二重収束型質量分離装置の概念図を図2.10，図2.11にそれぞれ示したが，四重極とは4本の金属電極に由来している．四つの電極のうち対角にある2本が＋極，もう一方の対角の2本が－極である．この電極に直流電圧と交流電圧を組み合わせて四つの電極間に電場を形成させ，きわめて狭い幅の質量電荷比をもったイオンだけを通過させ，検出器に到達させる．それに対し，二重収束型質量分離部は静電型質量分離部と磁場収束質量分離部から構成されている．静電場質量分離部は緩くカーブした装置で，このなかには一組の曲線型の電極板が組み込まれている．この2枚の電極に直流電圧が印加されると，この電極間を通過するイオンの運動エネルギーが設定電圧により制限される．すなわち設定した電圧よりも大きい運動エネルギーをもったイオンは外側の電極板に衝突して除かれ，小さな運動エネルギーをもったイオンは内側の壁に衝突して取り除かれる．その結果，限られた運動エネルギーをもったイオンのみが，磁場収束質量分離部に進むことができる．磁場収束質量分

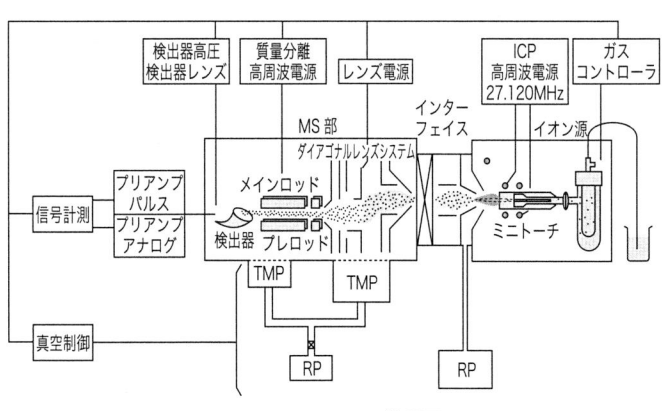

図2.9 ICPMS装置図
（島津ICPM-8500）

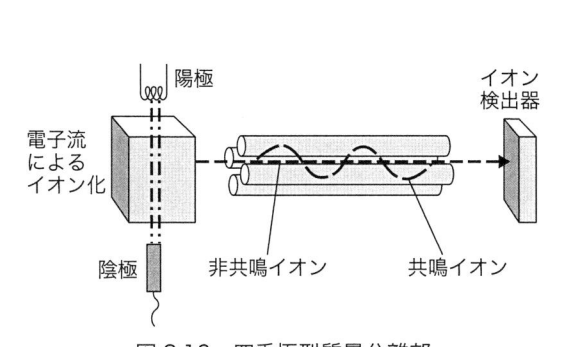

図 2.10　四重極型質量分離部
Higson 著, 安部芳廣, 渋川雅美, 角田欣一訳,『分析化学』,
東京化学同人より引用.

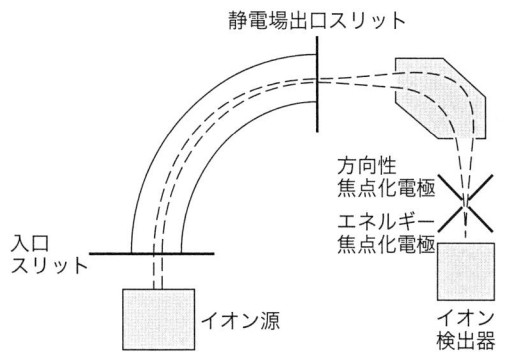

図 2.11　二重収束型質量分離部
Higson 著, 安部芳廣, 渋川雅美, 角田欣一訳,『分析化学』,
東京化学同人より引用.

離部は電磁石の間に置かれた金属性の管で，60°，90°あるいは 180°の角度に曲がっている．磁石の磁場は管のなかを通過するイオンの軌道を，そのイオンがもつ質量と電荷により変化させるため，軌道の違いを利用し，検出器への到達時間を変化させて分離する．二重収束質量分離部を用いた ICP-MS を高分解能誘導結合プラズマ質量分析法（High Resolution Inductively Coupled Plasma Mass Spectrometry：HRICPMS）という．

2.8　原子吸光分析法，ICP 発光分析法，ICP 質量分析法の問題点（物理干渉，化学干渉，分光学的干渉，イオン化干渉）

　干渉とは，さまざまな要因により目的元素の吸収，発光妨害を受け，本来の値より低く，または高くなる現象をいう．この干渉には物理干渉，化学干渉，分光干渉，イオン化干渉がある．一般に原子吸光分析法では物理干渉，化学干渉，イオン化干渉が大きく影響し，ICPAES では物理干渉と分光干渉が大きく影響する．また ICPMS では分光干渉，イオン化干渉が大きな影響を与える．原子吸光分析法の場合，原子化過程で生じる妨害成分を機械的に取り除くバックグラウンド補正†が行われる．表 2.3 に発光分析におけるおもな干渉の原因，およびその対処方法を示した．

　まず物理干渉とは，試料溶液と標準溶液の表面張力，粘度，密度などの物理パラメータが異なることに起因する干渉で，具体的には試料中の酸，塩類，タンパク質などの高濃度によって，噴霧量が標準溶液のそれに比べ著しく小さくなることに起因する．その対処法としては，1) 試料溶液の粘度が標準溶液と同じになるよう希釈する．2) 試料溶液の化学組成と同じになるように，標準溶液に化学成分を加える（マトリックスマッチング法）．3) 溶媒抽出法，キレート樹脂濃縮法などを用い，物理パラメータに影響する成分を事

バックグラウンド補正
（AA/ICP）
バックグラウンドとは目的元素を含まないブランク溶液を導入した際に得られる信号をさす．原子吸光法ではおもに重水素ランプ，ゼーマン補正法の 2 種類のバックグラウンド補正法がある．

表 2.3 発光分析におけるおもな干渉の原因およびその対処方法

干渉の種類	干渉の原因	おもな対処法	適用される分析法
物理干渉	試料溶液に酸，塩，タンパク質などが高濃度で共存する場合，溶液の粘性が高くなり，試料の噴霧量が標準溶液に比べて小さくなることによって起こる．	1) 試料溶液を希釈する 2) マトリックスマッチング法 3) 前処理による妨害成分の除去 4) 干渉量の補正 5) 内標準法 6) 標準添加法	FAAS, ICPAES
化学干渉	脱溶媒から原子化に至る過程で生成した難分解性化合物により，原子化効率が変化することによって起こる．	1) 操作条件の最適化(噴霧試料の小粒子化，フレーム位置の変更，フレームの高温化)	FAAS
		2) マトリックスモディファイアーの添加	GFAAS
イオン化干渉	試料中に Na, K, Rb, Cs などイオン化されやすい元素が共存する場合に起こる．	イオン化しやすい元素を標準溶液，試料溶液に高濃度で加える	FAAS, GFAAS
分光干渉	目的とする元素の分析線と共存する物質に由来する分光学的原因により，吸光度，発光強度が変動することによって起こる． (FAAS, GFAAS, ICP-AES)	1) 重なり合わない別の吸光線を選択する	FAAS, GFAAS, ICPAES
		2) マトリックスマッチング法の適用	ICPAES
		3) 前処理による妨害成分の除去	ICPAES, ICPMS
		4) 分光干渉補正係数の見積もり	ICPAES
	目的とする元素の m/z と同じ m/z をもつ原子または分子の存在(ICP-MS)	5) 酸化物が原因であれば，酸化物の生成抑制(酸化物の原因となる水を除去する)	ICPMS

前に取り除く．4) ペリスターポンプなどを使い，噴霧器に導入される試料溶液量を標準溶液と同じにする．5) 内標準物質を添加し吸光度，発光強度を補正する．6) 検量線作成時は標準添加法を用いる．

化学干渉は，水溶液中の元素が脱溶媒から原子化に至るまでの過程で，酸化物，炭化物などの難分解性化合物を形成し，原子化効率が悪くなることによって引き起こされる．FAAS では測定条件，たとえばネブライザーでのエアロゾル粒子をできるだけ細かな状態にするように工夫したり，フレームはできるだけ高温の位置で吸収できるようにする．また，GFAAS で用いられる手法としてマトリックスモディファイアー[†]の添加があげられる．この方法では，比較的低沸点で乾燥，灰化の過程で揮散してしまう成分に対して，高沸点化合物を形成させるような化学修飾剤を添加し，原子化に至る過程での元素の揮散を抑制する．

イオン化干渉は試料中に Cs, Rb, K, Na などイオン化されやすい元素が共存すると，目的元素のイオン化平衡がずれて発光強度が変化する干渉である．イオン化干渉は FAAS や GFAAS で見られるが，高温の ICPAES ではほとんど見られない．イオン化干渉の対処法としては，試料，標準溶液両方にイオ

マトリックスモディファイアー(AA/ICP)
試料中のすべての共存物の集合体をマトリックスと呼ぶが，これらが測定の際に，妨害を示す場合がある．そこで，バックグラウンド成分の除去を目的に添加する試薬．一例として，Sn の分析の際，硝酸アルミニウム，硝酸ニッケル硝酸パラジウムの添加は，Sn の高温での灰化過程における安定性に寄与している．

ン化しやすい元素を高濃度で加えることが提案されている．すなわち，イオン化しやすい元素が共存すると，目的元素のイオン化が減少し，基底状態原子が増加した結果，測定感度が向上する．

分光干渉は目的元素の分析線と共存する物質に由来する分光学的原因により，吸光度や発光強度が変動することによって起こる．分光干渉の対処法として最も簡単なのが，重なり合わない別の吸光線（分析線）を選ぶことである．物理干渉の対処法でも記述したマトリックスマッチング法や，前処理による妨害成分の除去も有効な対処法である．分析線波長位置における共存元素の干渉量を見積もり，補正する方法（分光干渉補正係数）も有効な対処法である．ICPMS法での分光干渉は，原子吸光法やICPAESとは異なり，目的とする元素のm/zと同じm/zをもつ分子の存在が原因となる．たとえば5％硝酸水溶液では，m/zが55の^{55}Mnと同じm/zの^{40}Ar^{14}NHが，m/zが56の^{56}Feと同じm/zの^{40}Ar^{16}Oが共存する．^{40}Ar^{16}Oのようにその分子が酸化物に由来するのであれば酸化物をつくる酸素，すなわち供給源の水を除去する（脱溶媒）必要がある．また，^{232}Thの分析を^{197}Au^{35}Clが妨害することが知られているが，この場合，先の物理干渉の除去で述べたように，前処理による妨害成分の除去が求められる．一般に四重極質量分離部をもつICPMSでは，分光干渉を避けることはできない．それに対し，二重収束質量分離部をもつICPMSではこのような分光干渉はほとんど受けない．

2.9 試料の測定方法（検量線法，内標準法，標準添加法）

検量線法：最も一般的な分析方法で，濃度既知の標準原液溶液（1000 mg/Lが市販されている）を適宜希釈して希釈標準シリーズを調製し，それぞれの希釈標準液の発光強度（原子吸光法では吸光度を，ICPMSではイオン強度）を測定し，プロットする．濃度と発光強度（吸光度またはイオン強度）の関係式を求め，未知試料の測定結果から濃度を計算する．

内標準法：標準溶液に一定量の内標準元素を加え，測定対象元素の発光強度（E_S）と内標準元素の発光強度（E_R）の比を，測定対象元素濃度に対してプロットし，検量線を作成する．試料に対しても同様に内標準元素を加えてE_S/E_R比を求め，先に求めた検量線から濃度を計算する．FAASやICPAESでは，試料組成の違いによる噴霧効率の変動やフレーム，プラズマのゆらぎなどにより発光強度が変動し，測定精度に大きく影響する．内標準法はこのような影響をキャンセルするのに有効な方法であり，測定精度が大きく向上する．

内標準元素を選ぶ目安は，1. ダイナミックレンジが大きい，2. 試料中に含まれない，3. 発光強度が大きい，4. 測定対象元素とよく似た分

光特性をもつ，5. 分光干渉が少ない，などである．

標準添加法：試料に共存する成分のなかに妨害する物質が存在するが，その妨害物質の特定が困難で，妨害を除去できない場合に用いる．一定の試料溶液に対して，検量線を作成するのと同様に，一つには何も加えず，これ以外のものには濃度を変化させた標準溶液を加え，発光強度を測定し，検量線を作成する．得られた直線を外挿し，横軸の切片から試料中の濃度を求める．ただし，この標準添加法を用いる場合は，1. 測定濃度範囲において，標準溶液による検量線が原点を通ること，2. 目的元素の測定波長において，バックグラウンドの変動や分光干渉がないことが条件となる．

（検量線法，標準添加法，内標準法による検量線は図 1.6 を参照）

2.10 環境試料の測定

水，大気エアロゾル，土壌，生物などの環境試料は，その形態に応じて濃縮，分離，分解（場合によっては固体成分はそのまま）などの前処理ののち，分析装置により定量を行う（図 2.12）．とくに元素によっては原子価が異なるものが共存したり，無機形のほかに有機形で存在するものもあり，元素のスペシエーション†が注目を集めている．しかし，一般的には元素の総濃度が問題となり，得られた分析値が真の値に近いのか，それとも大きく外れているのかは得られた分析値からは知ることはできない．得られた分析値が真値に近いか否かを知る手段として添加回収実験と標準試料の分析がある．

添加回収実験とブランク実験

試料または試料と似た成分をあらかじめ添加した擬似試料に既知量の測定元素を添加し，添加量に対する測定値の割合（％）を求める．海水に対して測定元素を添加し，回収実験をした結果を表 2.4 に示した．またブランク溶液を複数回測定することにより，平均値および標準偏差（σ）を求め，その値の 3 倍量（3σ）から検出限界を求めておく．

スペシエーション
元素を形態別に分析する方法．ヒ素を例にすると，元素の形態には無機物の場合，異なる原子価，ヒ素の場合 3 価（As^{3+}）と 5 価（As^{5+}）有機物ではモノメチル化ヒ素（MMA），ジメチル化ヒ素（DMA），トリメチル化ヒ素（TMA）などがあり，同一の試料から各形態別に分析する方法で それぞれの沸点の差を利用し iAs（無機態ヒ素）→ MMA → DMA → TMA の順で気化させ，順次測定する．

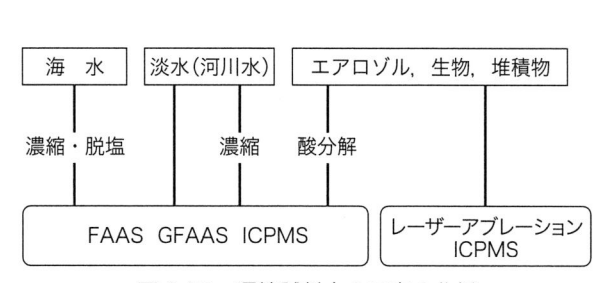

図 2.12　環境試料中の元素の分析

表 2.4 キレート樹脂濃縮-ICPMS による金属の添加回収実験

元素	添加量 (nM)	回収率(%)	測定回数
^{54}Fe	1.791	103.6	5
^{55}Mn	0.910	100.8	5
^{58}Ni	0.852	100.8	5
^{59}Co	0.848	101.1	5
^{63}Cu	0.787	95.9	5
^{64}Zn	0.765	93.3	5
^{114}Cd	0.445	93.0	5
^{208}Pb	0.483	109.7	5

藤田昭紀, 中口 譲, 未発表データ.

標準試料の分析

標準試料とは, 推奨値または保証値が決まっている試料で, 多くの分析・研究機関に標準試料を配布, 分析を依頼し, 分析結果を統計的に処理したのち, 推奨値または保証値を決定したものである. 標準試料の分析を行うことにより, 分析法の精度管理が行えるとともに, 試料の前処理から定量に至るまでの操作過程における問題点を把握することができる.

表 2.5 環境分析のための標準試料

試料の種類	試料名		研究機関
(1)海洋生物	クロレラ	NIES No.3	NIES
	ホンダワラ	NIES No.9	NIES
	魚肉粉末	NIES No.11	NIES
	ロブスターの体組織	TORT-2	NRC
	ツノ鮫の筋組織	DOLT-3	NRC
(2)堆積物	沿岸堆積物	NIST-1646a	NIST
	Buffalo 川堆積物	NIST-2704	NIST
	岸近海の堆積物	MESS-3	NRC
	沿岸堆積物	PACS-2	NRC
	海底質	NIES No.12	NIES
(3)河川水・海水	天然水	NIST-1640	NIST
	微量元素含有水	NIST-1643d	NIST
	オタワ川河川水	SLRS-4	NRC
	大西洋沿岸水	CASS-4	NRC
	北大西洋海水	NASS-5	NRC
(4)大気	模擬雨水	NIST-2694a	NIST
	都市粉塵	NIST-1648	NIST
	自動車排出粒子	NIES No.8	NIES

NIES:国立環境研究所(日本), NIST:米国連邦標準・基準局, NRC:カナダ国立研究機構.

表 2.6　北大西洋海水標準試料(NRC-NASS-5)の分析値と推奨値との比較

元素	分析値(nM) $n=5$	推奨値(nM)
^{54}Fe	3.80 ± 0.13	3.71 ± 0.63
^{55}Mn	13.10 ± 0.29	16.73 ± 1.04
^{58}Ni	4.32 ± 0.14	4.31 ± 0.48
^{59}Co	0.18 ± 0.01	0.19 ± 0.05
^{63}Cu	4.74 ± 0.54	4.67 ± 0.72
^{64}Zn	1.66 ± 0.11	1.56 ± 0.60
^{114}Cd	0.22 ± 0.01	0.21 ± 0.03
^{208}Pb	0.05 ± 0.07	0.04 ± 0.02

藤田昭紀，中口　譲，未発表データ．

　標準試料にはさまざまなものがあり，米国連邦標準・基準局（NIST），国立環境研究所（NIES），カナダ国立研究機構（NRC）などが試料調整，保証値の決定，頒布（販売）を行っている．表2.5に市販されている環境標準試料の一例を示した．また，北大西洋海水標準試料（NRC-NASS-5）の推奨値とキレート樹脂濃縮，ICP-MSで定量した結果を表2.6に示した．

■ 章末問題 ■

2.1　GFAASにてスタンダードブランク，2.5，5.0，10.0 ppmバナジウム標準溶液を用いて検量線を作成し，未知試料AおよびBを測定した結果，下表のようになった．

黒鉛炉原子吸光法によるバナジウムの検量線，試料の吸光度

測定回数	ブランク	2.5 ppm	5 ppm	10 ppm	試料A	試料B
1	0.001	0.021	0.049	0.098	0.005	0.071
2	0.002	0.023	0.052	0.097	0.004	0.068
3	0.002	0.025	0.053	0.102	0.003	0.090
4	0.001	0.022	0.051	0.101	0.003	0.075
5	0.002	0.024	0.049	0.098	0.004	0.070
6	0.002	0.023	0.050	0.099	0.002	0.069

(1) 検量線の式を作成せよ．
(2) この分析法の検出限界濃度を計算せよ．
(3) 試料Aにバナジウムは含まれているか，またその判断理由を述べよ．
(4) 試料BでQテスト（信頼限界90%）を行った場合，棄却するべきデータは含まれているか．また，棄却検定処理の後，試料Bに含まれるバナジウム濃度を計算せよ．

2.2　ICPAESの物理干渉の原因とその対処法について説明せよ．

第II部 3章 磁気共鳴(NMR・ESR)

磁気共鳴は核磁気共鳴（NMR：Nuclear Magnetic Resonance）と電子スピン共鳴（ESR：Electron Spin Resonance）に大別されるが，適用範囲の広さや応用例の多様性からNMR法のほうが重要である．

これら二法は，試料を強い磁場中に置くという点が共通している．磁場中に置かれた試料は，エネルギー準位の異なる二つ以上の状態に分裂し，状態間のエネルギー差に相当する電磁波を吸収する．これによって，試料の定性分析と定量分析が行える．ともにパルス-FT（フーリエ変換†）法が導入され，二次元スペクトル測定などが実用化されている．一般的にNMR法は不対電子をもたない反磁性物質（おもに有機化合物）を対象とし，ESR法は不対電子をもつ常磁性物質を対象とする．そのためESR法は，電子常磁性共鳴(EPR：Electron Paramagnetic Resonance)と呼ばれることもある．

3.1 核磁気共鳴(NMR)法

3.1.1 原理(核スピン(I)と核磁気共鳴)

荷電粒子である原子核が回転すると磁場が発生し，磁気モーメントをもつ

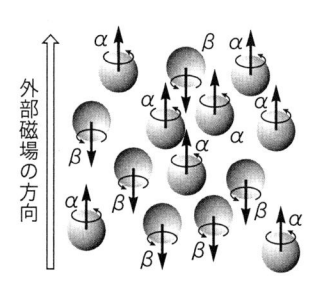

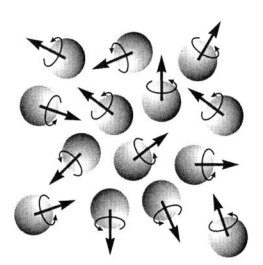

(a) 外部磁場のないとき　　(b) 外部磁場のあるとき

図3.1　磁気モーメントの配向

> フーリエ変換
> (Fourier transform)
> 関数 $f(x)$ に対して，
> $$F(x) = \int_{-\infty}^{\infty} f(x) e^{2\pi i t x} dx$$
> で表される関数 $F(x)$ を $f(x)$ のフーリエ変換という．また，関数 $f(x)$ から $F(x)$ へ変換する数学的操作のことをフーリエ変換という場合もある．フーリエ変換は理学・工学の広い分野で利用されており，分光学におけるスペクトル解析に欠かすことができない．NMR現象が発見された直後から，高周波パルスのあとに過渡的な核誘導信号の観測が予言され，FID (free induction decay；自由誘導減衰）のフーリエ変換が通常のNMRスペクトルになることが示されていた．その後，エルンストとアンダーソンによりパルスフーリエ変換（FT-NMR）法が開発された(1966年)．

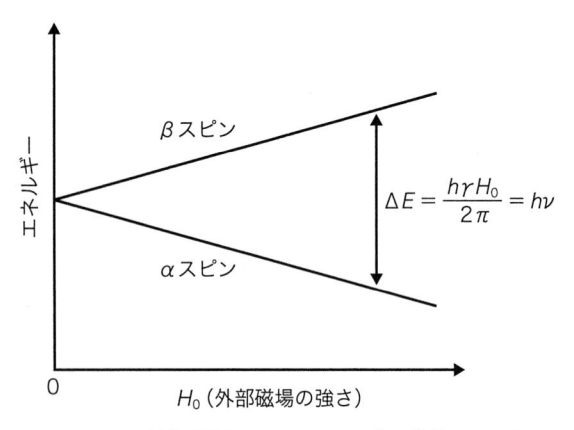

図3.2　外部磁場によるエネルギー準位の分裂

ようになる．ただし，陽子数と中性子数がともに偶数の原子核では，核スピン量子数Iは0であり磁気双極子モーメントをもたない．これは，陽子と中性子がそれぞれ2個ずつ対をつくり，原子核中で互いに逆向きに回転しているからである．これより，陽子数と中性子数がともに偶数でない（すなわち原子番号と質量数の少なくともどちらか一方が奇数の）原子核では，核スピン量子数Iは0ではなく，その原子は小さな磁石と見なすことができる．磁場中では，核スピンがIの核は，$2I+1$の可能な配向をもつ．

ここで簡単のために，核スピン量子数Iが1/2の原子核の場合（幸いにして^{1}H核も^{13}C核も$I = 1/2$である）について考える．この原子核の磁気モーメントは，外部磁場がないときは任意の方向に向いている．それが外部磁場中に置かれると，原子核の磁気モーメントは外部磁場と平行（αスピン：磁気量子数 +1/2）と逆平行（βスピン：磁気量子数 −1/2）に配列する．βスピン状態はαスピン状態よりも高いエネルギー状態にあり，そのエネルギー差は下に示した式のように外部磁場の強度に比例する．このエネルギー差に相当する電磁波が試料に照射されると，αスピンをもつ原子核はエネルギーを吸収してβスピン状態に変わる．

$$\Delta E = \frac{h\gamma H_0}{2\pi} = h\nu \tag{3.1}$$

h：プランク定数，γ：磁気回転比，H_0：外部磁場の大きさ
ν：ラジオ波の周波数

ここで，分析者によって外部磁場の強度（すなわち，状態間のエネルギー差）と電磁波のエネルギーをともに変化させることが可能である点が，磁気共鳴法がほかの分光法と大きく異なるところである．このことより共鳴条件を達成するために，外部磁場を一定にしてラジオ波の周波数を変化させる方式（CW法：continuous wave method，測定に時間がかかる）と，逆にラジ

オ波の周波数を一定にして外部磁場を変化させる方式の二つのNMR装置を考えることができる．双方の方式が存在しているが，最近では，外部磁場を一定にしてラジオ波をパルスとして照射するパルス-FT法(pulse-Fourier transformation method)がほとんどである．この方式では，ある範囲の周波数をもつラジオ波を試料に短時間照射して，試料中のすべての核を同時に励起する．そこから，信号強度が指数関数的に減衰する自由誘導減衰曲線(FID：free induction decay)が得られ，それをフーリエ変換するとNMRスペクトルとなる．1回の測定時間が非常に短く(多くの場合，数秒)，測定を複数回繰り返すこと(積算)が容易であるため，以前に比べ高感度の測定が可能となった．

NMR法は，原理的には核スピンをもつすべての元素に対して適用可能である．同位体を考慮するとほとんどの元素が測定できることになるが，同位体の存在比や感度(磁気回転比と緩和時間の双方を考える必要がある)が原子核によって大きく異なり，測定時間を含めた測定の容易さから判断すると実際に観測できる元素は限られている．また，最近は固体状態での測定例も多くなってきたが，まだ溶液状態での測定の方が圧倒的に多い．NMR法では他の分光法に比べて高濃度が要求されるため，溶媒への溶解性が低い試料も測定できないことになる．

3.1.2 化学シフト(δ)

実際のNMRスペクトルでは，測定している核の化学結合状態の違いにより，吸収するラジオ波の周波数がわずかに異なることが観測されている．このずれを化学シフトと呼んでいる．化学シフトは，磁場の強さや周波数に関係しないかたちで表現するほうが便利なので，基準の物質を決め，その吸収する周波数との相対的な差で表す(その値が非常に小さいために10^6をかけ，δの単位としてはppmを用いる)．基準物質のシグナルのδ値を0とする．これを式で表すと，次のようになる．

$$\delta\,(\text{ppm}) = \frac{(H_0)_\text{r} - (H_0)_\text{s}}{(H_0)_\text{r}} \times 10^6 \quad (3.2)$$

$(H_0)_\text{r}$：基準物質内の核が共鳴を起こすのに必要な外部磁場の強さ
$(H_0)_\text{s}$：試料中の核が共鳴を起こすのに必要な外部磁場の強さ

基準物質は，^{1}Hおよび^{13}C NMRスペクトルではともに有機溶媒用としてテトラメチルシラン[†]〔TMS：Si(CH$_3$)$_4$〕が用いられることが多い．そのほかの測定における基準物質と測定条件については成書を参考してほしい．

^{1}H NMRスペクトルにおける化学シフトのおもな原因は，原子核の周囲を回転している電子による磁気しゃへいである(反磁性しゃへい)．これは，

テトラメチルシラン
無色透明の揮発性のある液体(融点：-102.2℃，沸点：27.5℃)で，クロロメタンとケイ素を直接反応させて合成する．核磁気共鳴分光法において基準物質として用いられる．中心のケイ素からの電子供与により，炭素および水素原子の電子密度はかなり高くなっている．

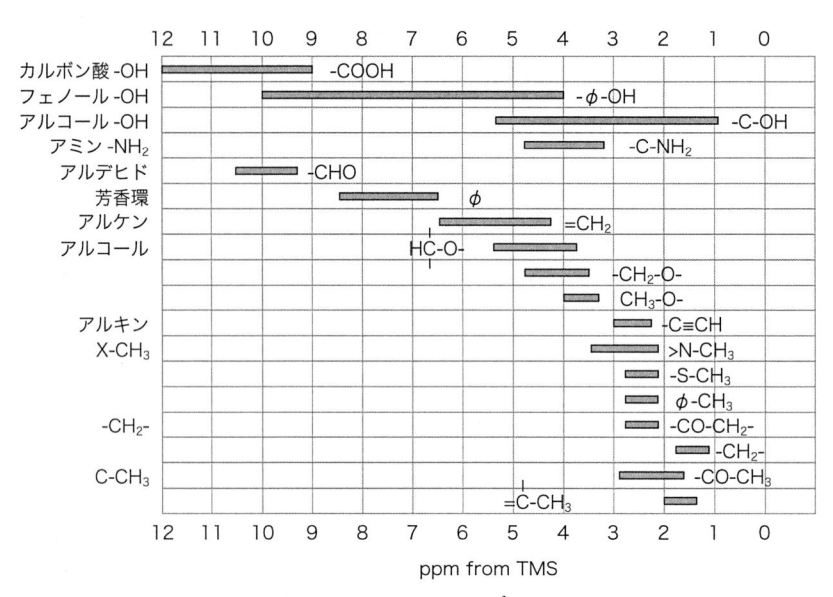

図 3.3　代表的な官能基における ^{1}H の化学シフト

原子核が感じる外部磁場の強さが周囲の電子によって弱められることを意味している．つまり，化学シフトは観測している核の電子密度に関連しており，電子密度の高い核ほどより高磁場(低周波数)側にシグナルが現れることになる．基準物質である TMS のメチル水素の電子密度は非常に高く，一般的な試料において δ は正の値をとる．一方，^{13}C NMR スペクトルにおける化学シフトは，傾向として ^{1}H の場合とよく似ているものの，その原因は複雑である．

芳香環に直接結合した水素核や炭素核によるシグナルは，予想以上に低磁場側に現れる．これは，磁気異方性効果の典型的な例の一つであって，とくに環電流効果と呼ばれている．実は，この環電流効果は直接結合していない場合にも働くため，芳香環と観測核を含む基との相対的な位置関係を評価することに利用されている．

代表的な官能基の化学シフトを図 3.3 と図 3.4 にまとめた．また，多くの化合物についてのデータ集も整えられている．さらに最近では，シミュレーションも簡単に行えるようになっているので，複雑な化合物の場合を除けば，一般的な新規化合物の帰属や解釈に苦労することは少ない．

3.1.3　スピン - スピン相互作用(カップリング)

一般的に，スピン - スピン相互作用によるシグナルの分裂は，^{1}H NMR スペクトルにおいて観測される．分子中で同じ環境にある水素核は等価であり，1本のシグナルとして観測される．それに対し，しばしば ^{1}H NMR スペクトルで観測されるピークの分裂は，以下のように説明できる．いま，観測し

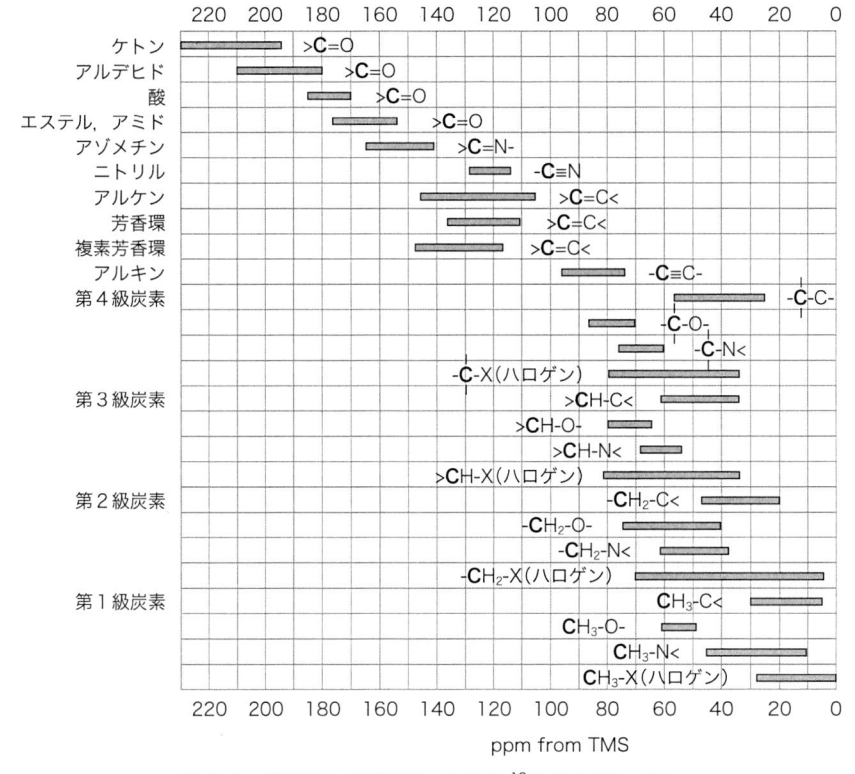

図 3.4 代表的な官能基における ^{13}C の化学シフト

ている水素核の近くに環境の異なる(違った化学シフト値をもつ)水素核が一つあるとする．その水素核は，観測核と同様にほぼ半数ずつが α スピンと β スピンの状態にある．その際，一方は観測核に対して外部磁場を強める寄与をし，もう一方はそれとは逆に外部磁場を弱める寄与をすることにより，観測核が受ける磁気的環境がわずかに異なる二つの状態が生じる．これによって，観測している核のシグナルは 2 本に分裂することになる．また，隣接するプロトンが二つある場合，それらのスピン状態は $\alpha\alpha$，$\alpha\beta$ （$\alpha\beta$ と $\beta\alpha$ の 2 通り），$\beta\beta$ の三つの状態が生じ，観測している核のシグナルは 3 本 (強度は，場合の数に比例して 1:2:1 となる)に分裂する．これは，図 3.5 によって簡単に説明することができる．

同様に考えていくと，観測している水素核が直接結合している炭素原子の隣接した炭素に結合している水素原子の数を n 個とすると，シグナルは $(n+1)$ 本に分裂する．また，分裂したそれぞれのピーク強度の比も，場合の数から簡単に計算〔$(a+b)^n$ の展開式の係数項となる〕できるため，試料の分子構造を推定するための強力な武器となる．ここでの分裂の大きさはスピン-スピン結合定数と呼ばれ，J という記号を用いる（単位は一般的に Hz が用いられる）．なお，J は外部磁場の強さには依存せず，溶媒による影響

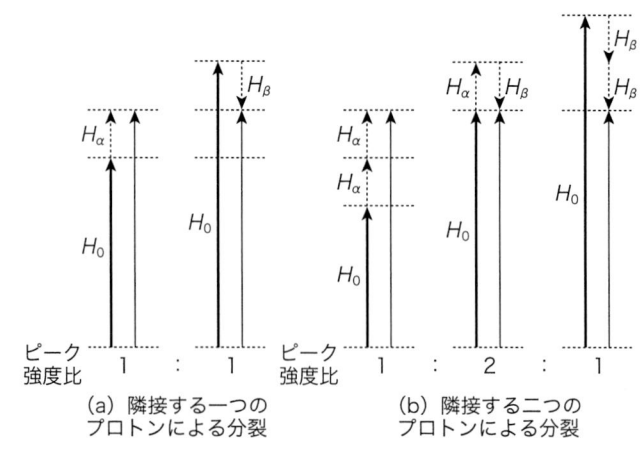

図3.5 スピン-スピン相互作用

H_0：観測しているプロトンが共鳴するのに必要な外部磁場の強さ，H_α：隣接するプロトンがαスピンであるための寄与，H_β：隣接するプロトンがβスピンであるための寄与．

も無視できるので，スピン-スピン相互作用によるシグナルの分裂と，化学シフトの値が近い複数のピークをそれぞれ区別することは比較的容易である．

3.1.4 飽和と緩和

NMR法のもう一つの大きな特徴は，測定に際しても，またスペクトルを解釈する際にも，エネルギー緩和過程を考慮する必要があることである．そのほかの分光法においては，光源の強度が高いほど検出される応答も強くなり，より低濃度（少量）の試料の分析が可能となる．しかし，NMR法では飽和現象が起こるため，ラジオ波の強度を大きくするとかえってシグナル強度が低下してしまう．100 MHz（外部磁場の強さとして約23500 Gauss）の装置での^{1}H NMRスペクトルで考えると，低エネルギーであるαスピンの核のほうが0.00065%だけ多い（ボルツマン分布†に従う）．これは100万個のαスピンの核に対して，それとほぼ同数に近い999987個のβスピンの核が

ボルツマン分布

NMRシグナルピークの強度は，遷移を起こす二つのエネルギー準位におけるそれぞれの占有数の差に比例する．この占有数差はボルツマン分布に従っており，準位間のエネルギー差の指数関数となっている．二つのエネルギー準位N_1とN_2との間のエネルギー差がΔEである場合のボルツマン分布を表す式は，

$$\frac{N_2}{N_1} = e^{-\Delta E/kT}$$

である（ここで，kはボルツマン定数であり，その値は1.381×10^{-23} J K^{-1}である）．NMR法におけるΔEは，測定で用いるラジオ波の振動数νより求めることができる．

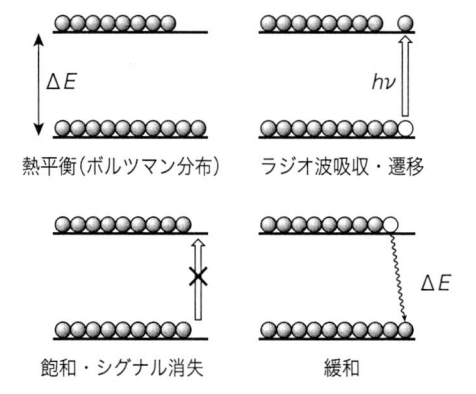

図3.6 NMRにおけるエネルギーの吸収，飽和，緩和現象

あるという状態である．このときに，ラジオ波を照射するとαスピンの核のほんの一部がエネルギーを吸収して，βスピンの核となる．αスピンの核とβスピンの核が同数になれば，もうラジオ波は吸収されなくなりシグナルが消失する．この状態が飽和状態である．

ラジオ波の照射をやめてある時間が過ぎると，高エネルギーにあるほんの一部の核が無輻射遷移[†]によって低エネルギー状態にもどり，元の分布となって再びラジオ波を吸収できるようになる．この過程を緩和と呼び，大別すると二つの機構が存在している．一つはスピン-格子緩和（縦緩和）であり，もう一つはスピン-スピン緩和（横緩和）である（それぞれの緩和時間を T_1，T_2 で表す）．ここで，格子とは気体，液体あるいは固体状態にある分子の集合体（観測核に対して周囲にある原子，分子，溶媒など）のことであり，緩和過程では高エネルギー状態にある核から格子へのエネルギー移動が起こっている．緩和時間は分子運動の形や速さに依存しているため，緩和時間の測定によって，試料の分子運動性を議論することが可能である．緩和時間はスペクトルのピーク形状に影響を与えている．

3.1.5 装置と測定

① 装　置

図 3.7 に NMR 装置の概略図を示す．試料は，均一な磁場のなかで回転される．強力な磁場を発生させるために超伝導磁石が用いられている．このため，内槽に液体ヘリウム，外槽に液体窒素を充填した冷却用ジュワーが装備されている．磁石を強力にすると，スピン状態間のエネルギー差が大きくなり，低エネルギー状態の核の割合が増加する．これにより測定感度を飛躍的に向上させることができ，複雑で分子量の大きい試料や溶媒にあまり溶けない試料の測定が可能となる．最近では，400 MHz の機種が一般的になってきている（慣例により，磁石の強さをテスラ単位で表すよりも，それを用いた場合の ^{1}H 核が吸収するラジオ波の周波数で表すことが多い．当然のこと

無輻射遷移

無放射遷移ともよばれる．エネルギーを吸収して励起した化学種が，エネルギーを放出してもとの安定な基底状態にもどる際に，光の放射を伴わない場合のことを指す（光が放射される場合は輻射遷移であり，発光過程や蛍光または燐光放射と呼ばれる）．このとき放出されるエネルギーの多くは，化学種の振動・回転・並進運動，あるいは化学種周囲の格子振動のエネルギーに変化している．すなわち，吸収したエネルギーを熱エネルギーとして放出していると考えることができる．

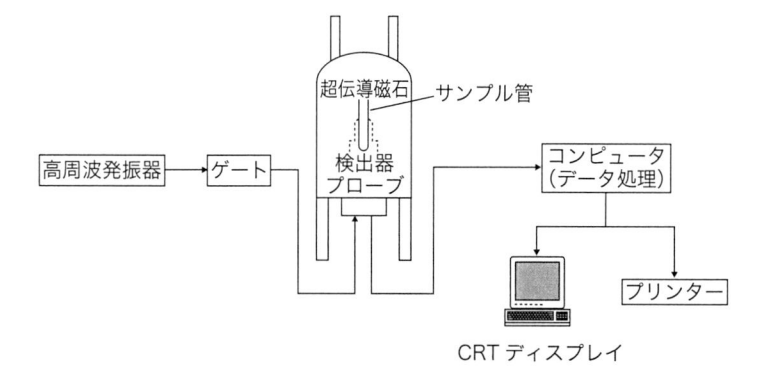

図 3.7　NMR 装置の概略図

ながら，^{13}C核の吸収するラジオ波の周波数とは異なる）．

そのほか磁場の強さを微調整するための磁場掃引コイル，ラジオ波を発信するコイルと受信するコイルがあり，これらを制御し，データを解析するコンピュータ部がある．以前は，磁場の安定をはかるためのシム調整[†]にかなりの時間を要したが，現在の装置はすべて自動調整できるようになっている．

② 測　定

一般的にNMR測定は，溶媒に試料を飽和濃度付近まで溶解させた溶液で行われる．この際に用いる溶媒は，重水素化溶媒である．重水D_2Oや重クロロホルム$CDCl_3$などが一般的で，そのほかにも多くの種類の溶媒が市販されている．しかし，いずれも高価なため，溶媒の選択には注意が必要である．重水素化溶媒を用いるのは，溶液中に大量に存在する溶媒分子からのシグナルを除去するためと，磁場の安定をはかるため重水素によってロック（重水素核を基準にして磁場を補正）する必要があるからである．

試料の溶液，約0.5 mLに基準物質TMS〔D_2Oの場合はDSS（3-トリメチルシリルプロパンスルホン酸ナトリウム）〕を少量加え，これを試料管（パイレックスガラス製の外径5 mmのものが最も一般的）に入れる．基準物質を入れない場合は，溶媒によるピーク（溶媒が吸収した水分子や試料分子中の水素原子が交換することにより，溶媒によるピークも現れる）を基準にすることもできる．

試料管を装置のなかに入れ，圧縮空気で回転させる．最近の機種では，外部磁場を安定的に均一にするための分解能調整も自動で行う．その後，測定条件を入力して測定を行う．よいスペクトルを得るために，高分解能装置においては，^{1}Hおよび^{13}C NMRスペクトルでそれぞれ数回～十数回，数百回～数万回の積算（測定時間では，それぞれ数分および十数分～数時間程度）を行うことが多い．測定後，スペクトル解析を行う．シグナルの化学シフト値と強度（一般的な測定法を用いた場合の^{13}C NMRスペクトルでは，緩和時間の影響のためにピーク強度と存在量が必ずしも対応しない），および^{1}H NMRスペクトルではスピン-スピン結合定数と積分値（またはピーク面積比：^{1}H NMRスペクトルでは水素核の存在比に対応している）を求める．これらの情報から，立体構造まで含めた分子構造を決定することができ，また注目する官能基，もしくは特定の原子の電子状態を考えることができる．

試料は，混合物であってもかまわない．溶液中で平衡関係にある化合物の^{1}H NMRスペクトルを測定することによって，それぞれの化学種の存在割合がわかり，それより平衡定数を算出することも可能である．ただし，NMR法の定量精度は残念ながらあまり高くない．

シム調整

高分解能NMR測定においては，磁場の均一性が最も重要となる．試料周辺の磁場の均一性を保つために，調整用の微小磁場を発生させるシムコイルが設置されており，サンプル交換のたびにこのコイルの調整（shimming）が必要となる．最近の装置では3軸磁場勾配装置が装備されており，シム調整が非常に簡便になっている．

3.1.6 ¹H NMR スペクトル

¹H 核は存在比（99.9％以上）も高く，感度に相当する磁気回転比も適当である．核スピンの値も 1/2 であって鋭いシグナルピークが現れ，良好なスペクトルを短時間で得ることができる．ただ，ピークが現れる範囲が十数 ppm と比較的狭く，複雑な化合物ではピークが重なって現れる場合が多い．一方，スピン-スピン相互作用によるピークの分裂が観測され，情報量が多い．ここで，横軸に相当する化学シフト値（δ：ppm）が小さくなることを高磁場シフト，大きくなることを低磁場シフトと呼んでいる．

図 3.8 に代表的なスペクトルを示す．

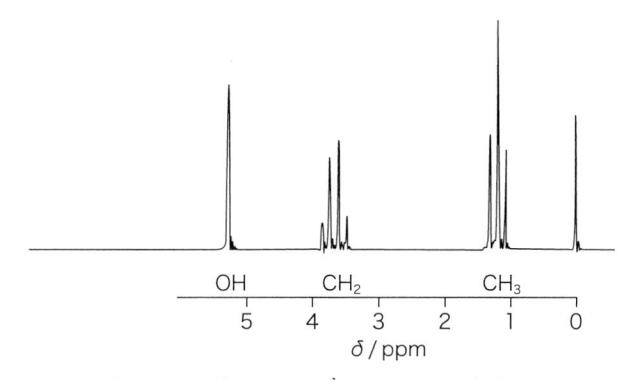

図 3.8　エタノールの ¹H NMR スペクトル

環境が異なるグループ（ここでは高磁場側よりメチル基，メチレン基およびヒドロキシ基）ごとに水素核のシグナルが現れており，それぞれのシグナルは隣接炭素に結合した水素原子の数により（水素原子の数 +1）本に分裂している．すなわち，メチル基は隣接する CH_2 基のために 3 本に，メチレン基は隣接する CH_3 基のために 4 本に分裂している．ただし，通常の測定条件では，ヒドロキシ基におけるスピン-スピン相互作用は観測されない．シグナルの化学シフト値は，データ集や代表的な官能基のシフト表を参照すると，すべてそれらの範囲内に収まっている．分子内水素結合をもつ化合物については，10 ppm を超えるところ（だいたいは 11 〜 12 ppm）に現れている．ただ，重水素化溶媒の D 水素と置換することにより，現れない場合もある．さらに，試料または溶媒中に水が含まれる場合は，そのシグナル（多くの場合は幅の広いピークとなる）が現れるが，その位置は溶媒の種類，濃度および溶液の pH などによって大きく変化する．シグナル強度は積分曲線から積分値（それぞれのピーク面積の割合）として表され，それぞれの官能基の水素原子数に簡単に対応させることができる．

3.1.7 ¹³C NMR スペクトル

¹³C 核は存在比が ¹H 核に比べ著しく低く（約 1％），感度に相当する磁気

回転比（γ）も小さいため，水素核を基準とした相対的感度は約5700分の1である．ただ，核スピンの値が^{1}H核と同じく1/2で，鋭いシグナルピークが現れる．良好なスペクトルを得るためには長時間の測定が必要であるが，ピークが現れる範囲が200 ppm以上あり，高分子化合物など非常に複雑な化合物を除き，ピークが重なって現れる場合はほとんどない．一般的な測定法では，^{1}H核を別に照射して^{13}C核の感度向上をはかっているため，隣接核の影響によるピーク分裂は観測されない．まず，^{13}C核の存在割合が小さい（約1%）ことから，観測^{13}C核の隣に^{13}C核が存在する確率が非常に小さくなり，実際の測定ではこれによるピークの分裂は現れない．それに対し，存在確率という点からすると，観測^{13}C核に直接結合した^{1}H核および隣接炭素に結合した^{1}H核とのスピン-スピン相互作用によるピークの分裂が観測されることになる（実際にこのような測定法がある）．しかしながらこのようなスペクトルは，^{13}C核のピークが小さくなるとともに化学シフトが近いシグナル間でピークの重なりなどが起こり，非常に複雑になる．そのため，一般的には^{13}C核と^{1}H核間のスピン-スピン相互作用が起こらないようにラジオ波の照射（すべての^{1}H核の化学シフト領域への強い照射，または^{1}H核のスピンを繰り返しすばやく反転させるパルス系列などのブロードバンドデカップリング COM：complete decoupling）を行い，観測^{13}C核によるシグナルが1本になるような測定法が用いられている．代表的な官能基のシグナルの現れる順は，^{1}H NMRスペクトルの場合とよく似ているが，化学シフトに影響を及ぼす因子は異なっている．

図3.9に代表的なスペクトルを示す．

環境が異なるグループごとに，炭素核のシグナル（ここでは，高磁場側よりメチル基，フェニル基側のメチレン基，カルボニル基側のメチレン基，p位フェニル炭素，o位フェニル炭素，m位フェニル炭素，第4級フェニル炭素およびカルボニル基）が離れた位置にそれぞれ鋭い1本のピークとして現

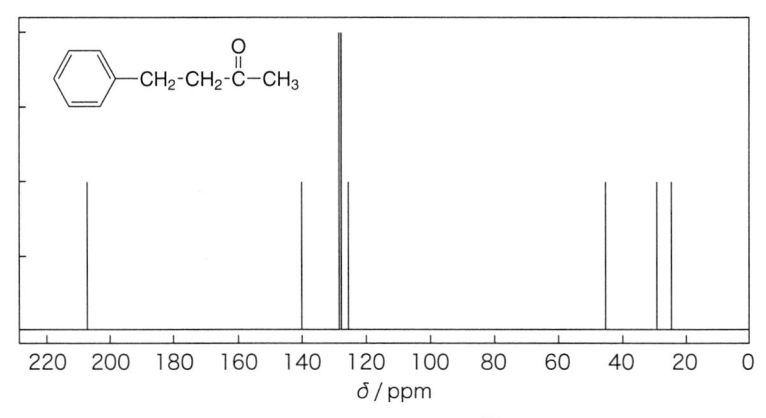

図3.9 4-フェニルブタン-2-オンの^{13}C NMRスペクトル

れている．これらは有機化合物の骨格を示しており，未知試料の分子構造を求めるために必要な情報を提供してくれる．シグナルの化学シフト値は，データ集や代表的な官能基のシフト表を参照すると，すべてそれらの範囲内に収まっている．当然のことながら，水素原子と結合していない第4級炭素についてもシグナルが現れる．ただし，緩和時間がほかの炭素核よりも長いことと水素核のデカップリングによる増感がないため，ほかの炭素核のシグナルと比較して強度が低い．測定条件（パルス設定が不適当など）が悪い場合は，ピークとして検出できないこともある．このように通常の ^{13}C NMR スペクトルでは，シグナル強度と存在比が一致していないために定量的な取扱いが難しい．ただし，末端のメチル基や炭化水素鎖のメチレン炭素などの同種炭素間では，比較が可能である．炭素を含む重水素化溶媒を用いた場合，溶媒分子の炭素による特徴的な複数のシグナルが現れ，そのピークを基準にすることもできる．

　^{13}C NMR スペクトルでは，緩和時間を比較的簡単に測定することができる．それより有機分子骨格の運動性について議論することができるとともに，関連化合物との比較により，分子内の官能基間の相互作用についても議論できる．

3.1.8　そのほかの測定法

　NMR 測定の対象物質は広がりつつあり，低分子の有機物質だけにとどまらない．一般的に反磁性物質であれば，通常の測定が可能である．まず考えられるのは，正八面体6配位型 Co(III)，平面4配位型 Ni(II)，平面4配位型 Pt(II) などの反磁性錯体である．配位子と錯体の ^{1}H および ^{13}C NMR データを比較することにより，錯体分子の立体構造とともに，配位子から中心金属イオンへの電子供与性の程度（すなわち配位結合の強さ）を評価することができる．場合によっては，錯体生成反応速度，錯生成平衡定数や配位子交換反応速度などを決定することもできる．ただし，NMR 測定には一定の時間がかかるため，速い反応には対応できないか誤差が大きくなる．

　温度制御した窒素ガスを試料管に吹きつけることによって試料溶液の温度を変化させ，NMR 測定を行うことができる．これは温度可変測定と呼ばれており，ピーク形状の変化（低温で鋭い2本のピークが，温度上昇に伴ってしだいにブロードな1本のピークとなり，さらに高温にすると鋭い1本のピークになるなどが観測されている）に基づいて速度論的考察がなされている．

　おもに無機化合物を対象とした，多(他)核 NMR もかなり行われるようになってきている．たとえば，観測されている核として ^{14}N, ^{15}N, ^{17}O, ^{19}F, ^{23}Na, ^{27}Al, ^{31}P, ^{35}Cl, ^{59}Co, ^{109}Ag, ^{195}Pt などがある．これらは比較的測定が容易な核であるが，それでもそれぞれ存在比，磁気回転比，核スピンなどの条

件が大きく異なっている．また，化学シフト範囲が10,000 ppmを超えるものもあるので，測定には注意を要する．核スピンが1以上の核は，核四極子モーメントをもつため緩和が短くなり，線幅の広いシグナルとなる．有機化合物中のハロゲンやリン，窒素原子なども数多く測定されており，測定原子上の電子密度の変化が議論されている．^{1}H核や^{13}C核の測定用とは別の，多核測定用の専用プローブが必要である．

最近では，^{1}H-^{1}H COSY（水素核間の相関を調べる），NOESY（水素核どうしの空間的な関係を調べる），^{13}C-^{1}H COSY（直接結合している炭素核と水素核を判別する）などの二次元スペクトルも比較的簡単に測定できるようになってきた．これを用いて，溶液中の複雑な生体分子の立体構造などが議論されている．ただし，これも測定にはかなりの時間を要する．

固体状態でのNMR測定もかなり一般的になってきた．多核も対象となっているが，まだ^{13}C核の場合がほとんどである．固体状態でのピークの広幅化を改善し，溶液状態に近い高分解能のスペクトルを得るためには，高電力デカップリング装置とマジックアングル回転装置が必要である．固体試料用の特別の容器を用い，それを外部磁場に対し54.7°〔マジックアングル（図3.10）という．この角度では化学シフトの異方性を無視できる〕をなす方向に傾けて高速で回転させる（MAS：Magic Angle Spinning）．また，水素核に90°パルス（ここでは適当なラジオ波と考えてよい）を照射したのち，水素核が得た磁化を炭素核へ移動する交差分極（CP：Cross-Polarization）を用いて，^{13}C核の感度を向上させている．固体^{13}C NMRといえばほとんどこの手法が用いられており，CP/MAS ^{13}C NMRスペクトルのように表記されている．固体NMRでは，溶液NMRにおいて分子運動のために平均化されて見えなくなっている双極子相互作用[†]や四極子相互作用[†]などが観測できる．また，結晶構造によって隣接分子の影響を受けて非等価になっていると，溶液状態では1本であったピークが固体状態で2本に観測されることになる．固体状態では，溶液状態に比べてシグナルが大きくシフトする場合もある．とくに分子間に水素結合が存在する場合，固体では運動が制限されているため非常に大きなシフトが観測されている．試料に対して適当な溶媒がない場合，固体NMRスペクトルは強力なツールとなる．土壌中の腐食物質や高分子材料などの分析が行われており，有用なデータを提供している．

化学の分野ではほとんど使用されていないが，医学の分野で一般的に用いられているイメージング（MRI：Magnetic Resonance Imaging）は，コンピュータ断層撮影法に応用した磁気共鳴画像法であり，NMR法の応用例の一つである．これは，生体内の水分子の運動性（緩和時間）の違いを画像化している．水分子の運動性は，その水分子が正常な臓器内に存在しているか，または腫瘍部に存在しているかによって異なり，これを利用して臓器の形状

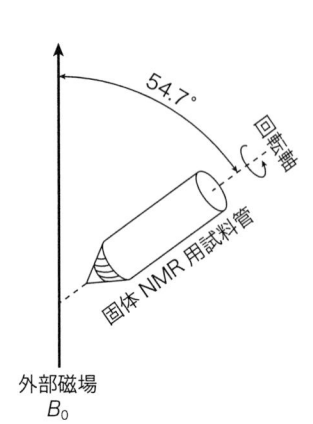

図3.10 マジックアングル

双極子相互作用
双極子-双極子相互作用ともよばれ，電気双極子間および磁気双極子間の相互作用がある．一つの双極子がつくる場に置かれたもう一つの双極子がもつポテンシャルエネルギーによって，相互作用の大きさが表される．極性分子間はこの相互作用が働いており，分子の立体構造や電子状態に影響を及ぼすことが知られている．また磁気双極子相互作用は，磁気共鳴においてシグナルピークの形状に大きな影響を及ぼす．マジックアングルスピニング（MAS）法によって，磁気双極子相互作用によるシグナルピークの分裂を消去することができる．

を知ることが可能である．

3.2 電子スピン共鳴(ESR)法

3.2.1 原理(不対電子，超微細構造，微細構造)

　不対電子一つをもつ試料が磁場中におかれると，エネルギーの異なる二つの状態（ゼーマン分裂）が現れる．これは，核スピンをもつ原子核の場合と同様である．ただし，電子の質量が小さく速度が大きいために，外部磁場との相互作用も大きい．このことが，核磁気共鳴の測定において，一般的に不対電子をもつ常磁性物質が対象とならない最も大きな理由である．外部磁場との相互作用も大きいため，外部磁場を核磁気共鳴の場合のように非常に大きくする必要もなく，また使用される電磁波としてはラジオ波よりもエネルギーの高いマイクロ波が用いられている．スペクトルの形から定性分析が，シグナル強度から定量分析が行える．次の式で示される g（分光学的分離定数，分光学的分裂因子）値がシグナルピークの中央位置であり，物質固有の値を示す．g 値は自由電子では 2.0023 であり，有機フリーラジカルも似た値をとる．標準試料であるジフェニルピクリルヒドラジル(DPPH)の g 値は 2.0036 である．しかし，遷移金属イオンでは 2 から大きくはずれた値をとることが多く，また希土類金属イオンにおいては 1〜6 までの大きな範囲で変化する．

$$\Delta E = g\beta H_0 = h\nu \tag{3.3}$$

　　g：分光学的分離定数(分光学的分裂因子)，β：ボーア磁子
　　H_0：外部磁場の大きさ，ν：マイクロ波の周波数

　対象が常磁性化学種のみであり，適用範囲が限られる．反磁性物質である高分子フィルムに放射線を照射して，生成したラジカルの挙動を追跡することができる．また医学や生化学の分野では，測定できない反磁性化学種に安定的にラジカル(不対電子)を保有できる化合物を結合させることによって，間接的に定量するスピンラベル法が用いられている．そのほかにスピンプローブ法，スピントラップ法などの手法がある．

　ここで，電子スピンと外部磁場との相互作用をもう少し詳しく考えてみる．原子や分子が不対電子をもつときは，電子の自転(スピン)によって磁場を生じ，小さな磁石と考えることができる．スピンの状態には±1/2 の二つの状態があるが，外部磁場がないときは，これらはエネルギー的に同じ状態である．これらがある一定の外部磁場におかれると，ゼーマン分裂によって図 3.11 に示したように外部磁場の大きさに比例したエネルギーの差をもつ二つの状態が生じる．このエネルギー差の相当する電磁波（ここではマイク

四極子相互作用
1 以上の核スピン（I）をもつ原子核は，電気四極子モーメントをもち，電場勾配のあるところに置かれると原子核の向きによってエネルギーが変わるため，エネルギーの分裂が起こる．そのため，NMR と同様に共鳴吸収現象を観測することができ，これは核四極共鳴（Nuclear Quadrupole Resonance, NQR）とよばれている．この相互作用は，観測している原子核が十分に速く等方的に運動していると平均化されて観測されなくなるので，測定試料は固体に限定される．四極子によるシグナルピークの分裂の大きさは，一般に双極子相互作用よりも大きい．

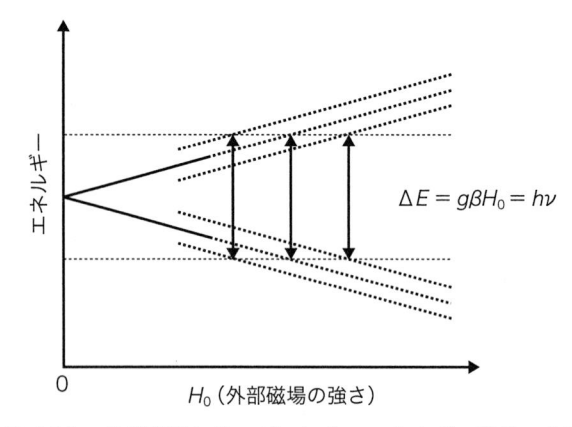

図3.11　外部磁場と核スピンによるエネルギー準位の分裂

$\Delta E = g\beta H_0 = h\nu$

ロ波）が照射されると，吸収が起こり，低いエネルギー状態にあるスピンが高いエネルギー状態に変化する．ただし，熱的平衡時では，どちらの状態にもほぼ同数（低いエネルギー状態のほうがわずかに多い）のスピンが存在するために，核磁気共鳴の場合と同様に飽和と緩和現象を考慮する必要がある．

さらに，不対電子は核スピンとも相互作用し，シグナルの分裂が観測される．これを超微細構造と呼んでいる．核スピンが1/2の核に不対電子1個が含まれている場合は，1本のシグナルが2本のピークに分裂する．これは，以下のように考えることができる．電子スピンが±1/2，核スピンが±1/2の状態があり，それらを組み合わせると合計四つの状態（低エネルギー状態が二つと高エネルギー状態が二つ）となる．そしてマイクロ波を吸収して状態変化するとき，許容される選択律によって二つの場合が生じることになる．一般的に核スピンIであるn個の原子核が不対電子に同等に相互作用する場合には，$(2nI+1)$個のピークに分裂する．遷移金属イオンや希土類イオンを含む化合物および錯体，安定なビラジカルをもつ化合物などのように，不対電子が複数存在する場合は，電子スピン間にも相互作用が生じ，スペクトルはさらに複雑になる．これを，微細構造と呼んでいる．このように，ESRスペクトルではスペクトル形状が複雑になることが予想される．そこで，これらの相互作用による小さなピーク形状変化を見逃さないために，一般的にESRスペクトルは一次微分のかたちで表される．

3.2.2　装置と測定

① 装　置

図3.12にESR装置の概略図を示す．試料は，均一な磁場のなかに置かれる．強力な磁場を発生させるために，電磁石が用いられている．数百～数千mTの磁力をもつ電磁石と，数～数十GHzのマイクロ波を用いる機種が一

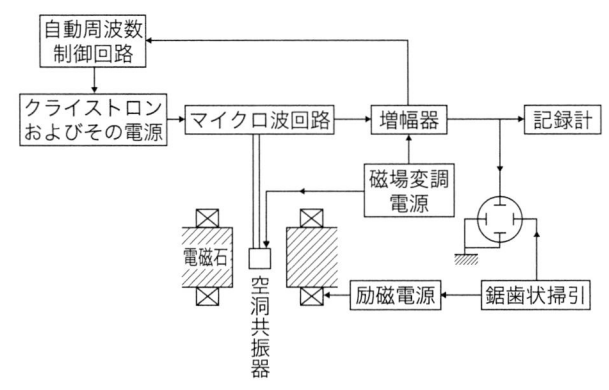

図 3.12　ESR 装置の概略図

般的である．そのほかに磁場の強さを微調整するための磁場掃引コイル，マイクロ波の発振器と検出器があり，これらを制御し，データを解析するコンピュータ部がある．マイクロ波の周波数を広い範囲で変化させることが困難なので，一定周波数のマイクロ波を用いて，磁場を掃引してスペクトルを得ている．NMR 法の場合と同様に，ESR 法も感度がかなり悪い．S/N 比向上のために，磁場掃引の際に一定振動数で磁場の強度を変動させ，出力信号が振動磁場と同じ振動数をもつように工夫している．この出力信号を，位相検出増幅することによって結果的に感度を向上させている．それを出力すると，スペクトルはマイクロ波吸収曲線の一次微分のかたちとなり，一般的にはこれをそのまま ESR スペクトルとして，定性および定量分析に用いている．

② 測　定

一般的に ESR 法は，気相，液相，固相などどのような試料でも測定が可能である．固相試料，とくに単結晶試料においては，異方性が生じることが多い．平面 4 配位錯体などのように軸対称性をもつ化合物では，外部磁場が試料化合物の主軸に平行な場合と，垂直の場合でシグナルの位置（通常は g 値として表す）が異なり，それぞれ $g_{\parallel}$ と $g_{\perp}$ のように表される．また，試料の分子運動を停止させる必要がある場合は，試料溶液を液体窒素などで冷却し，凍結させて測定することもある．

一般的に，内径が 3～5 mm の石英セルが用いられる．試料量は溶液の場合，数百 μL～数 mL 程度である．ESR 測定では，試料によっては測定ができない濃度（もしくは物質量）範囲がある．標準試料としては，最も典型的な有機フリーラジカルであるジフェニルピクリルヒドラジル（DPPH）が用いられている．これをキャピラリーに入れ，試料セルに付着させて同時に測定する．DPPH によるピークの位置と試料によるピークの位置との差により，試料の g 値を求める．

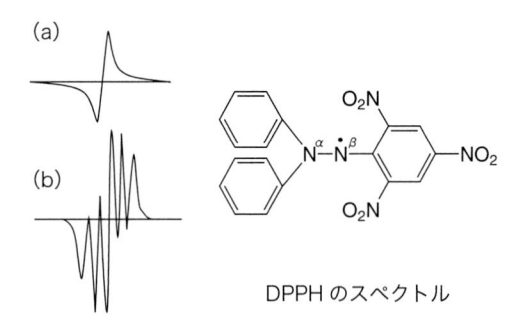

図3.13 ジフェニルピクリルヒドラジル(DPPH)の
固体(a)および溶液(b)のスペクトル

③ ESR スペクトル

ESR スペクトルより得られるパラメータとして，g, A（超微細結合定数），D（微細構造定数）などがあるが，これらの数値によって試料中の常磁性化学種の同定ができる．

図3.13 に代表的な例として，標準試料でもあるジフェニルピクリルヒドラジル(DPPH)の固体および溶液のスペクトルを示す．

固体状態では1本のピークが現れているのに対し，ベンゼン溶液中ではピークが5本に分裂している（さらに高分解能の装置では，より複雑な分裂が観測されている）．固体状態においては，近接した複数の分子での不対電子間の交換相互作用が強いためであると考えられている．一方，溶液中の結果より，一つの不対電子が窒素原子上にあり，結合した二つの窒素原子と同等に相互作用(均等に移動)していると考えられている．すなわち，窒素の核スピン I は 1 であり，2個の窒素原子核が不対電子に同等に相互作用しているので，ピークは $(2nI+1) = 2 \times 2 \times 1 + 1 = 5$ 個に分裂している．

3.2.3 そのほかの測定法

比較的新しい手法として，電子-核二重共鳴分光法（ENDOR：Electron-Nuclear Double Resonance）とスピンエコー法の一種である ESEEM 分光法（Electron-Spin-Echo Envelope Modulation）があり，錯体化学や生物無機化学などの分野で用いられている．ENDOR 法は，ESR 法と NMR 法の2種の磁気共鳴を組み合わせた方法である．不対電子と相互作用している核のNMR信号を，ESRシグナルの強度変化によって検出している．これより，不対電子と相互作用している核の同定，核と不対電子との相互作用の強さ，超微細結合定数の決定などが可能となる．ESEEM 分光法は，連続したパルス状のマイクロ波を試料に照射し，パルス光照射時から測定までの遅延時間を変えて，スピンエコーシグナルの変化を測定する．これより，不対電子が存在している核との相互作用を除く超微細相互作用（区別するため

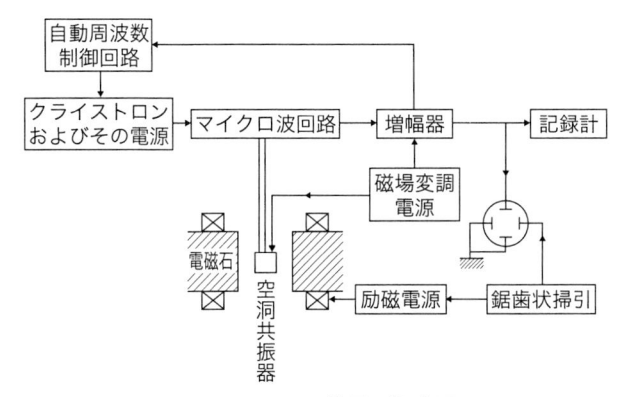

図 3.12　ESR 装置の概略図

般的である．そのほかに磁場の強さを微調整するための磁場掃引コイル，マイクロ波の発振器と検出器があり，これらを制御し，データを解析するコンピュータ部がある．マイクロ波の周波数を広い範囲で変化させることが困難なので，一定周波数のマイクロ波を用いて，磁場を掃引してスペクトルを得ている．NMR 法の場合と同様に，ESR 法も感度がかなり悪い．S/N 比向上のために，磁場掃引の際に一定振動数で磁場の強度を変動させ，出力信号が振動磁場と同じ振動数をもつように工夫している．この出力信号を，位相検出増幅することによって結果的に感度を向上させている．それを出力すると，スペクトルはマイクロ波吸収曲線の一次微分のかたちとなり，一般的にはこれをそのまま ESR スペクトルとして，定性および定量分析に用いている．

② 測　定

一般的に ESR 法は，気相，液相，固相などどのような試料でも測定が可能である．固相試料，とくに単結晶試料においては，異方性が生じることが多い．平面 4 配位錯体などのように軸対称性をもつ化合物では，外部磁場が試料化合物の主軸に平行な場合と，垂直の場合でシグナルの位置（通常は g 値として表す）が異なり，それぞれ $g_{\parallel}$ と $g_{\perp}$ のように表される．また，試料の分子運動を停止させる必要がある場合は，試料溶液を液体窒素などで冷却し，凍結させて測定することもある．

一般的に，内径が 3～5 mm の石英セルが用いられる．試料量は溶液の場合，数百 μL～数 mL 程度である．ESR 測定では，試料によっては測定ができない濃度（もしくは物質量）範囲がある．標準試料としては，最も典型的な有機フリーラジカルであるジフェニルピクリルヒドラジル（DPPH）が用いられている．これをキャピラリーに入れ，試料セルに付着させて同時に測定する．DPPH によるピークの位置と試料によるピークの位置との差により，試料の g 値を求める．

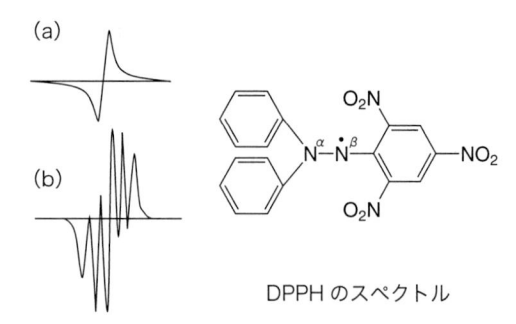

図 3.13 ジフェニルピクリルヒドラジル(DPPH)の
固体(a)および溶液(b)のスペクトル

③ ESR スペクトル

ESR スペクトルより得られるパラメータとして，g, A（超微細結合定数），D（微細構造定数）などがあるが，これらの数値によって試料中の常磁性化学種の同定ができる．

図 3.13 に代表的な例として，標準試料でもあるジフェニルピクリルヒドラジル(DPPH)の固体および溶液のスペクトルを示す．

固体状態では 1 本のピークが現れているのに対し，ベンゼン溶液中ではピークが 5 本に分裂している（さらに高分解能の装置では，より複雑な分裂が観測されている）．固体状態においては，近接した複数の分子での不対電子間の交換相互作用が強いためであると考えられている．一方，溶液中の結果より，一つの不対電子が窒素原子上にあり，結合した二つの窒素原子と同等に相互作用（均等に移動）していると考えられている．すなわち，窒素の核スピン I は 1 であり，2 個の窒素原子核が不対電子に同等に相互作用しているので，ピークは $(2nI+1) = 2 \times 2 \times 1 + 1 = 5$ 個に分裂している．

3.2.3 そのほかの測定法

比較的新しい手法として，電子 - 核二重共鳴分光法（ENDOR：Electron-Nuclear Double Resonance）とスピンエコー法の一種である ESEEM 分光法（Electron-Spin-Echo Envelope Modulation）があり，錯体化学や生物無機化学などの分野で用いられている．ENDOR 法は，ESR 法と NMR 法の 2 種の磁気共鳴を組み合わせた方法である．不対電子と相互作用している核の NMR 信号を，ESR シグナルの強度変化によって検出している．これより，不対電子と相互作用している核の同定，核と不対電子との相互作用の強さ，超微細結合定数の決定などが可能となる．ESEEM 分光法は，連続したパルス状のマイクロ波を試料に照射し，パルス光照射時から測定までの遅延時間を変えて，スピンエコーシグナルの変化を測定する．これより，不対電子が存在している核との相互作用を除く超微細相互作用（区別するため

superhyperfine と呼ばれる)を評価することができる．

■ 章末問題 ■

3.1 ^{1}H 核と ^{13}C 核の磁気回転比 (γ) の値は，それぞれ 2.675×10^4 G^{-1} s^{-1}, 6.726×10^3 G^{-1} s^{-1} である．ここで，47000 G の磁場中でそれぞれの核が吸収するラジオ波の共鳴周波数を求めよ．

3.2 NMR 法においては，水素核に比べ炭素核の感度が非常に悪いことが知られている．水素核の感度を 1 としたときの炭素核の相対感度を求めよ．ただし，感度は測定核の同位体存在比に比例し，磁気回転比 (γ) の 3 乗に比例するとされている．

3.3 ここに，(a) 1-クロロ-3-メチルブタン と (b) 1-クロロ-2-メチルブタン がある．それぞれの ^{1}H NMR スペクトルを測定したとき，予想されるピークの数およびスピン-スピン相互作用による分裂の様子を記述せよ．

3.4 (a) 安息香酸メチルと (b) 酢酸フェニルの ^{1}H NMR および ^{13}C NMR スペクトルを測定した．これらをそれぞれ区別するためには，どのような点(二つのスペクトルで大きく異なると思われること)に注目すればよいか答えよ．

3.5 ベンゼンに電子吸引基または電子供与基を一つ導入したとき，それらの ^{1}H NMR スペクトルにおいて，ベンゼン水素によるピークの数，スピン-スピン相互作用による分裂，ピーク積分値，およびピークの化学シフトの順序を予想せよ．

第II部 4章 X線または電子線をプローブとする分析法
XRF, SEM-EDX, XPS, AES, XAFS

4.1 分析法の原理と実際上の特徴

　XRF, SEM-EDX, XPS, AES, XAFSなどの略称で呼ばれる分析法は，X線または電子線を分析したい試料に照射したとき，内殻電子の電離に伴って生じる一連の現象をとらえる分光分析法である．したがって，X線または電子線をプローブとする分析法と呼ばれる．プローブとは電子ビームなどを「探針」にたとえてさすいい方である．表4.1に本章で扱う分析法の略語の意味を示す．原理的には図4.1に示したように，どれも似たような方法であるが，分析の操作という点ではまったく異なる二つのグループに大別できる．簡単な操作で大量の試料を分析（ルーチン分析）できるXRFやSEM-EDXと，測定時間は短いが測定準備に時間が必要なXPS, AES, XAFSという分類になる．

　XRFは空気中もしくはロータリーポンプ†の真空中で測定する．SEM-EDXは10^{-4} Pa（10^{-6} Torr）†程度の真空で測定するが，試料ホルダーは素手で持って装置につけてもかまわない．XPSやAESは10^{-7} Pa程度の超高真空中で測定するので，試料ホルダーは素手では扱えず，ピンセットや手袋で

ロータリーポンプ
油回転真空ポンプとも呼ぶ．10^{-2} Torr（≒1 Pa）程度の真空まで到達できる真空ポンプ．

Torr（トル）
水銀柱の高さで表した気圧．1気圧は単位面積当たり760 mmの高さの水銀柱にかかる重力と同じ力がかかるので760 Torr．1 Torr = 1 mmHg = 133 Pa．現在はSI単位系を用いるので，約2桁大きな数字になるPa（パスカル）を使うが，psi（ポンド・パー・スクエア・インチ）なども日本以外では広く使われている．1 Pa = 1 N/m^2．単位は小文字で書くという規則があるので，torrと表すこともある．

表4.1　本節で扱う分析法の略称，読み方

XRF	蛍光X線分析 エックス・アール・エフ	X-Ray Fluorescence spectrometry
SEM-EDX	走査電顕-エネルギー分散X線分析 セム・イー・ディー・エックス	Scanning Electron Microscope-Energy Dispersive X-ray spectrometry
XPS	X線光電子分光 エックス・ピー・エス	X-ray Photoelectron Spectroscopy
AES	オージェ電子分光 エー・イー・エス	Auger Electron Spectroscopy
XAFS	吸収X線微細構造 ザフス	X-ray Absorption Fine Structure

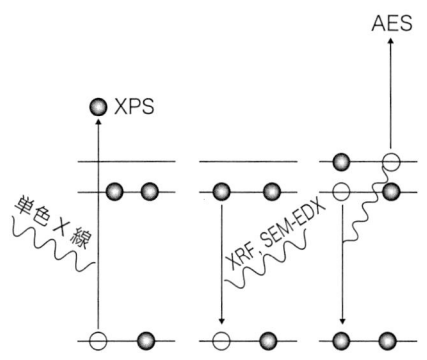

図 4.1 XRF, SEM-EDX, EPS, AES, XAFS
XRF：入射光は白色 X 線，SEM-EDX と AES：入射光は電子ビーム．

扱う．XPS や AES では，長く空気中にあったステンレス鋼を測定すると酸素と炭素のピークしか見えない．表面酸化層や表面に吸着した汚れのためである．XAFS は回転対陰極型 X 線装置†でも測定は不可能ではないが，通常はシンクロトロン放射光†施設のビームラインを用いて測定する．分析することが多い通常の希薄試料の測定には，回転対陰極装置では 1 週間以上を要するが，シンクロトロン放射光施設なら 10 分程度，場合によっては数秒で十分である．しかし，試料ごとに条件を最適化する必要があるため初心者には測定が難しい．

XRF，XPS，XAFS の三つの分析法では X 線を入射させる．入射 X 線のサイズで分析可能な空間分解能が決まる．X 線管を用いる場合は数 cm，シンクロトロン放射光を用いる場合には 1 μm 程度まで小さく絞ることができる．SEM-EDX と AES では電子線を入射させる．電子ビームは電場で絞ることができるので，空間分解能は SEM-EDX で 1 μm，AES では数十 nm といわれている．電子ビームは電場で表面上をスキャンして，画像イメージをディスプレー上に示すことができる (図 4.2)．二次電子像や反射電子像も表示できる．同じ電子ビームの加速電圧は，SEM-EDX では 1 kV から 30 kV 程度，AES は数 kV を用いる．電子ビームは数十 nm 程度の深さまで固体中に進入し液滴状に広がる (図 4.3)．X 線の脱出深さは数百 nm 以上，オージェ電子の脱出深さは 1 nm * 程度である．オージェ電子分光では入射電子が液

回転対陰極 X 線管
大電流を流して強力な X 線を発生させる X 線管．対陰極 (陰極の反対の極，陽極ともいう) が発熱し，水で冷やすだけでは融けるので，回転させる．

シンクロトロン放射光
光速度に近い電子を磁場で曲げて X 線を発生させる加速器．

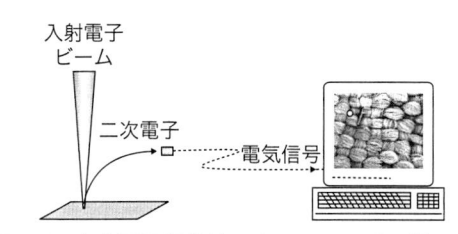

図 4.2 走査電子顕微鏡によるイメージングの原理

入射電子ビーム

オージェ電子

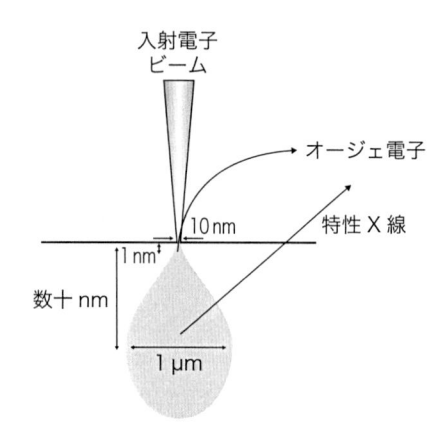

特性X線

10 nm
1 nm
数十 nm
1 μm

図 4.3 信号の深さと空間分解能の関係

滴状に広がる前の段階で発生するオージェ電子を捕捉するので，空間分解能が十 nm 程度に小さく，しかも表面敏感(深さ 1 nm)な分析法となる．SEM-EDX は入射電子が液滴状に広がった部分から発生する X 線を捕捉するので，空間分解能は 1 μm* 程度で少し深い(数十 nm)．

電子ビームを入射させる方法では，絶縁物は帯電するので表面に炭素を蒸着したほうがよいといわれているが，最初はまずそのまま測定してみてもよい．図 4.4 は SEM-EDX の二次電子像で，眼鏡ふきの布を炭素の蒸着など導電処理をせずに観察したものである．

二次電子像で白っぽく見える部分は帯電していることを意味するが，図 4.4 の程度なら問題ない．反射電子像を見ることができる装置では，原子番号が大きいほど電子を強く反射するので明るく見える．原子番号が近いときにはコントラストがつかない．

* 1000 μm=1 mm，1000 nm=1 μm．

図 4.4 眼鏡ふきの二次電子像

4.2 XRF

4.2.1 装置

X線管,分光のための分光結晶,検出器からなる波長分散型蛍光X線装置と,X線管,分光・検出機能を兼ね備えた半導体検出器からなるエネルギー分散型の2種類に大別できる.波長分散型(図4.5)は,ブラッグの式 $2d\sin\theta = n\lambda$ という関係で,波長 λ を結晶の角度 θ によって分光してゆく.d は分光結晶の面間隔,n は自然数で回折の次数を表す.通常は $n=1$ である.エネルギー分散型は,半導体に入射したX線が,電子‐正孔対をそのエネルギーによって何個発生するかによってX線のエネルギーを知る方法である(図4.6).シリコンでは1対の電子・正孔対発生に3.8 eVを要するので,6 keVのX線がシリコン半導体に入射すると,約1600対の電子・正孔対が発生する.実際には統計的な過程によって1600±40個くらいのガウス分布となってエネルギー分解能が悪くなる.高電圧で電子と正孔を引き離して電荷パルスとして取りだし,そのパルスを電気抵抗に流し,電圧を測定することによってX線のエネルギーを知る.オームの法則により,電気抵抗器に電流を流すと電圧降下が生じるが,抵抗器は電流を電圧に変換する装置だと考えることができる.X線のエネルギーは電圧パルスの高さになり,X線の強度はパルスの数になる.X線のエネルギーは元素に特有で,元素定性分析ができる.また,X線のパルス数は共存元素の影響がなければ濃度に比例するので元素定量分析ができる.

X線のエネルギーと軌道のエネルギーの関係を図4.7に示す.

4.2.2 分析例

原子吸光用 Ti, Cr, Cd 1000 ppm* 標準液を等体積で混合したもので,金属濃度ではそれぞれが333 ppmの試料の分析例である.硫酸酸性水溶液のため,Sは1.3%の濃度である.これを6 μmのマイラー膜を張った液体用セルに入れ,全元素を簡単分析した結果を図4.8に示した.S, Ti, Cr

* 1000 ppm = 0.1%

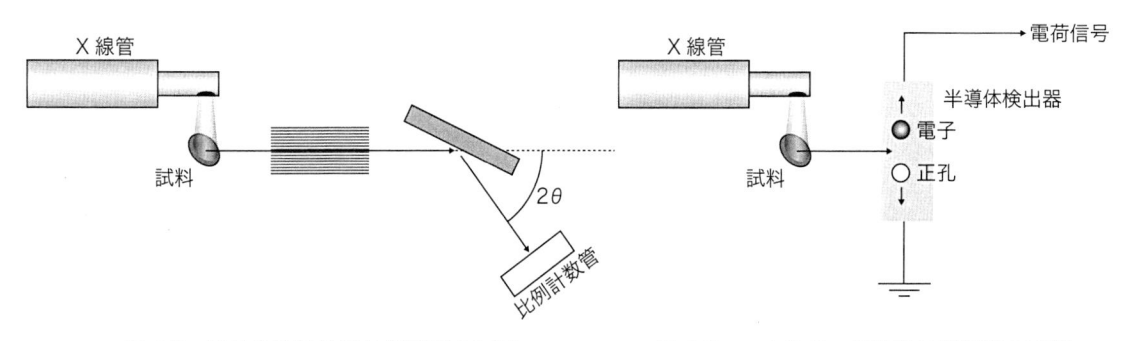

図 4.5 波長分散型蛍光X線装置の原理

図 4.6 エネルギー分散型X線装置の原理

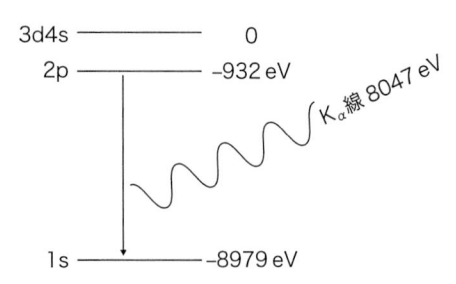

図 4.7　銅のエネルギー準位と特性 X 線のエネルギーの関係

と Rh 管からの入射 X 線およびそのコンプトン散乱線がわかるが，Cd は検出されていない．定量結果として S 1.55%，Ti 352 ppm，Cr 332 ppm，H_2O 98.4% が得られた．Zr フィルターをメニューで選択して同じ試料を測定すると，図 4.9 に示したように Cd のピークが測定できる．分析結果は Cr 570 ppm，Cd 68 ppm，Cu 68 ppm，Zn 39 ppm，Rh 7.6 ppm，H_2O 99.9% となった．Zr の L 吸収端のために S と Ti が検出されず，何らかの原因で混入した不純物の Cu と Zn が新たに検出された．Cd は実際の数分の 1 の濃度で過小評価されている．分析目的の元素に応じてフィルターを入れた場合と抜いた場合の両方の分析値を使う必要がある．これらの分析値は標準試料や検量線を作成せずに分析した結果であるが，検量線を作成すれば定量精度は著しく改善される．図 4.8 の測定条件で Ti，Cr，Fe の 333 ppm 濃度の試料を測定し，定量分析メニューのみを変更して金属酸化物として分析する[*1]と，SO_3 84.9%，TiO_2 4.3%，Cr_2O_3 4.6%，Fe_2O_3 6.1% となった．水溶液の分析メニューで分析する[*2]と S 1.39%，Ti 325 ppm，Cr 332 ppm，Fe 361 ppm，H_2O 98.5% という正しい結果を得ることができた．軽元素は蛍光 X 線では検出できないが，コンプトン散乱ピークを検出することによって軽元素量を見積もり，金属酸化物と仮定したときの酸素や，水溶液とした

[*1] 元素がすべて酸化物からなる固体と仮定して定量計算すること．

[*2] 主成分が水で，微量の元素が溶解していると仮定して定量計算すること．

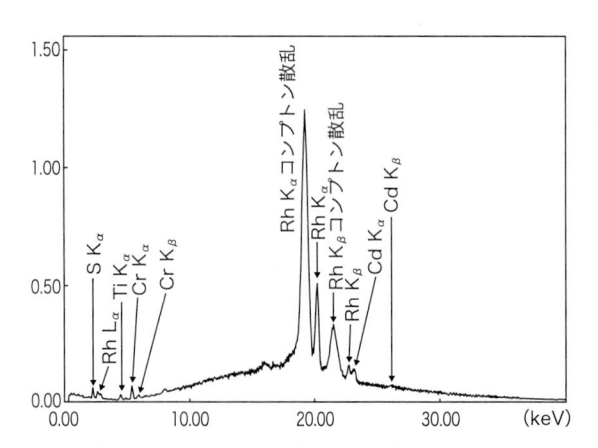

図 4.8　Ti, Cr, Cd 水溶液の XRF スペクトル
Ti 333 ppm, Cr 333 ppm, Cd 333 ppm, S 1.3%.

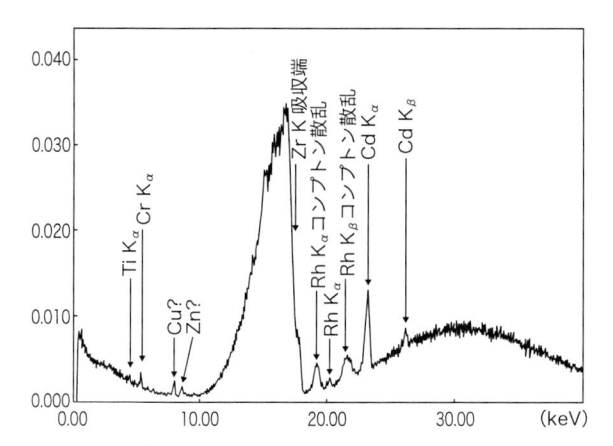

図 4.9 Zr フィルターを入れて図 4.8 の測定を行った XRF スペクトル

ときの水の総量を決定している．したがって，どういう試料かをメニューによって正しく入力することが，正しい分析結果を得るために重要となる．

4.2.3 卓上・ポータブル蛍光装置

最近 10 年ほどの流行として，デスクトップ型の蛍光 X 線装置が広く使われはじめた（図 4.10 a）．このタイプの卓上型装置は，毒物混入事件によって全国の救命救急病院へ配備された．

またここ数年，ハンディー型の元素センサーが登場した．昔のハンディー型超小型蛍光 X 線装置は放射性同位元素を用いる方式であったが，最近の特徴は小型 X 線管を用いる方式に変わったことである（図 4.10 b, c）．放射性同位元素の代わりに X 線管を使うので，利用の範囲が広がっている．

たとえば土壌に含まれる有害元素の濃度を測定したいとき，定量分析では，濃度既知の土壌標準試料であらかじめ検量線（X 線のカウント数と濃度の関係のグラフ）をつくっておき，未知の土壌を測定して濃度を求めるのが常識であったが，最近の蛍光 X 線分析装置では，ハンディー装置でも定量プログラムが進歩して，目的の試料のみを測定すれば，濃度が液晶画面に表示される．装置自体の準備も簡単で，電源投入後 30 秒ほどで測定が開始できる．また，数十 ppm が問題なく測定できる検出感度を達成している．同一メーカーのものでも合金用，プラスチック用，土壌用などに用途が分かれ，内蔵の X 線管の種類，X 線吸収フィルター，定量プログラムなどに違いがあるので価格にも幅がある．400 万円台から 700 万円台というところである．プログラムの改良やフィルター元素の改良なども頻繁で，性能が半年で大幅に向上しているのが現状である．たとえばナイトンの装置は，X 線管にフィラメントが使われていたので電池の消耗が激しかったが，半導体レーザー照射によって電子放出させる方式に変わって電池が長持ちするようになった．

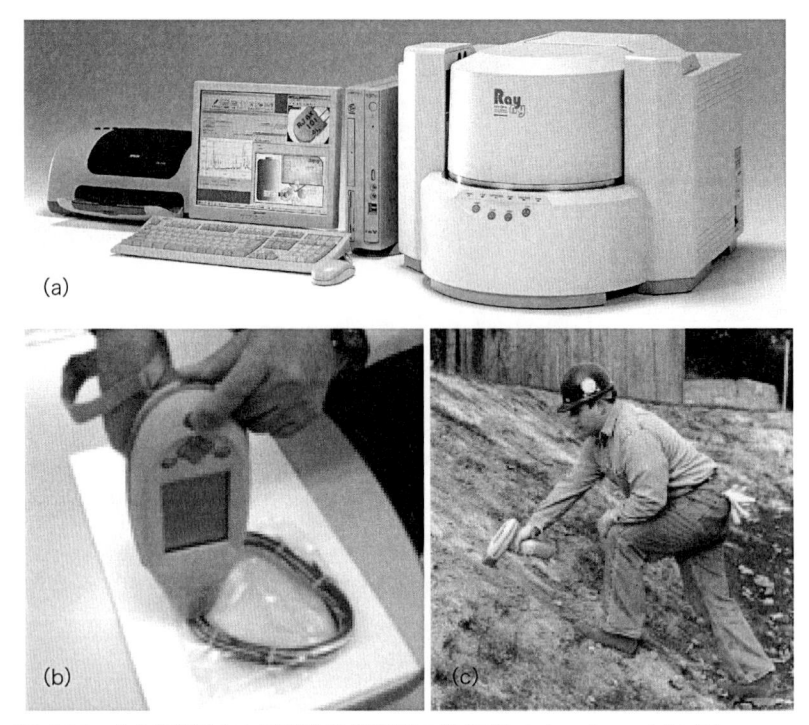

図 4.10　(a)島津製卓上型蛍光 X 線装置の例(同社のホームページより)
(b)ハンディー型装置「ナイトン」で電気コード被覆のプラスチック中有害元素を測定しているところ(リガクのホームページより)
(c)ハンディー蛍光 X 線装置(理学電機(株)遠山惠夫氏提供)

RoHS
Restriction of Hazardous Substances．EU の特定有害物質使用制限令．カドミウム，鉛，水銀，六価クロム，不燃材としての臭素などの使用を禁止する欧州連合の法令．類似の化学物質の使用を制限する法令として廃自動車令 ELV と電気・電子機器廃棄物指令 WEEE もある．

　こうしたハンディー装置は，「元素センサー」とも呼ばれるように使い勝手がよい．プラスチック用のものは，電気メーカーの部品仕入れ担当者が中国などへ直接持参し，RoHS[†]などで問題になる有害元素が含まれていないか，契約前にその場でチェックするという使い方も可能である．合金用のハンディー装置は，建築現場で指定どおりの鋼種が使われているかどうかチェックしたり，スクラップ買いつけ現場での値段の交渉に使ったりといった用途もある．

　プラスチック用 Niton ハンディー装置を用いて BCR680 というプラスチック標準試料(非 PVC 型)チップ試料を液体セル(水溶液などを測定するための試料ホルダーで，マイラー膜の窓がついた使い捨ての密閉容器)に入れて測定した結果を表 4.2 に示す．検量線は作成する必要がなく，測定時間 30 秒で分析結果が液晶画面に表示される．認証値とよく合っていることがわかる．プラスチック標準試料はチップ状なので，平板状ならばより認証値に近い値を得ることが可能となる．1 ppm は 100 万分の 1 であるから 1 グラムのプラスチック中の 25 マイクログラムの水銀が 30 秒で検出でき，量もわかるということを意味している．

表 4.2　BCR680 プラスチック標準試料を Niton で分析した結果

	30秒間の分析値 ± 2σ (ppm)	認証値(ppm)
Cd	123 ± 17	140.8
Pb	102 ± 17	107.6
Br	834 ± 10	808
Hg	23 ± 10	25.3
Cr	197 ± 92	115.8

4.2.4　X線回折装置

X線回折は粉末状の未知物質の結晶構造を知ることによって，化学組成を分析する方法である．50年ほど前の市販装置には，波長分散型蛍光X線装置と粉末X線回折装置が兼用となっており，蛍光X線のブラッグ結晶の位置に粉末試料を置くことによってX線回折パターンを測定する装置があった．このように，蛍光X線とX線回折とは原理が同一で，分光結晶を既知とするか未知とするかの違いがあるのみである．

① ブラッグ(Bragg)の式

X線回折の基本はブラッグの式である．二つの結晶面でそれぞれ全反射された波が干渉し，強めあう条件からブラッグの式 $2d\sin\theta = n\lambda$ を導くことができる．入射したX線の波長 λ と，結晶の面間隔 d とが同じ程度の大きさであることが実験上重要である．

無限に長い正弦波で表されるX線が結晶に定常的に入射し，反射されていると仮定する．X線管からでる銅の K_α 線は，線幅が 2 eV 程度であり，ハイゼンベルグの不確定性原理から，原子が発光している時間は 10^{-16} 秒程度であると考えられる．その間にX線の電場は1000回ほど振動する．したがって，定常的に正弦波が結晶に入射していると考えてもよいことがわかる．

入射したX線は結晶面で部分的に反射される．点Aと点Bとでそれぞれ部分的に反射されたX線がCDへ達したとき，光路差は AB + BC − AD = $2d\sin\theta$ である(図 4.11)．これが波長の整数倍なら，二つの反射の光は互いに強めあうので，$2d\sin\theta = n\lambda$ となる．これがブラッグの式である．この

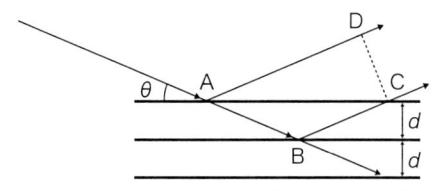

図 4.11　ブラッグの式の波動論による導出

式により，回折の角度 θ を測定すると，結晶の格子面間隔を知ることができる．面による反射の強度は，結晶サイズや反射面などによって変化するので，混合物の定量分析には注意が必要である．

デュアン（W. Duane）によって 1923 年に導入された粒子説に基づくブラッグの式の導出法は面白い．量子力学では，定常状態はゾンマーフェルト（A. Sommerfeld）の量子化規則

$$\oint p_k \mathrm{d}q_k = n_k h \tag{4.1}$$

で表される（1916 年）．ここで，q_k は一般化された座標，p_k はそれと共役な運動量である．n 個の粒子がある場合，k は $1 \sim 3n$ の整数値をとる．また積分は定常状態の 1 周で積分する．h はプランク定数，n_k は整数である．デュアンはこのゾンマーフェルトの量子化条件をブラッグ反射に応用した．

光子の運動量は $h\nu/c$ だから，光子の運動量の z 軸方向成分は $h\nu \sin\theta/c$ である（図 4.12）．ここで c は光速度である．z 軸方向は結晶面間隔 d ごとに同じ状態が繰り返されるので，ゾンマーフェルトの量子化規則は，

$$\int_0^d p_z \mathrm{d}z = n_z h \tag{4.2}$$

と書き表すことができる．この積分は簡単に求められて，$p_z = n_z h/d$ となる．これが z 軸方向の運動量に許される状態である．

一方で光子から結晶への運動量の移動は z 軸成分が逆転するので，

$$2 \frac{h\nu}{c} \sin\theta \tag{4.3}$$

となる．$\lambda = c/\nu$ であることを使えば，この運動量変化は，

$$\frac{2h}{\lambda} \sin\theta \tag{4.4}$$

となる．これが結晶の運動量変化 $p_z = n_z h/d$ に等しいとすると，

$$\frac{2h}{\lambda} \sin\theta = \frac{n_z h}{d} \tag{4.5}$$

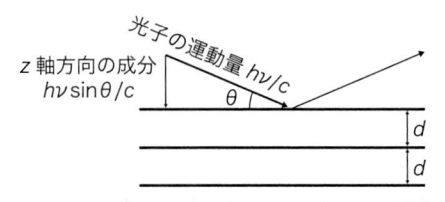

図 4.12　ブラッグの式の粒子説による導出

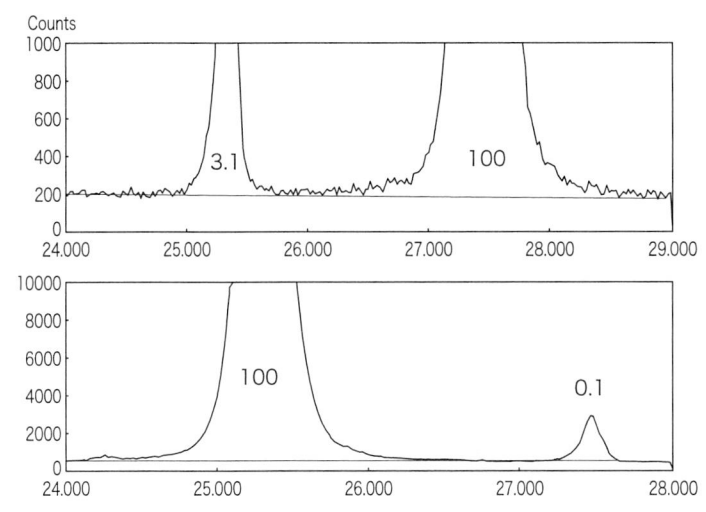

図 4.13 関東化学の TiO₂ とメルクの TiO₂ の X 線回折パターンの違い
(上)ルチル，(下)アナターゼ．

したがって，$2d\sin\theta = n_z\lambda$ となり，ブラッグの式を得ることができた．

簡単な結晶では単純立方格子，BCC(体心立方)，FCC(面心立方)，ダイヤモンド構造など，その結晶構造によって，現れない反射ピークがある．消滅則といわれる．したがって，結晶構造によって決まった回折パターンが現れる．これを使って結晶構造を知ることが可能である．

蛍光 X 線分析では解析が難しい物質として，TiO_2 のルチルとアナターゼの判別(図 4.13)，CuO と Cu_2O などの混合物の混合比の分析が可能である．

X 線回折パターンとデータベースの回折パターンを照合することにより，未知物質の同定ができる．結晶に異方性がなければ，回折ピークは，データベースに近い結果が得られるので，同定は容易である．扁平な結晶形をもつ場合には，試料ホルダーに粉末をつめる場合に圧迫すると，一定の方向が優先的に配向するので(優位配向性)，特定の回折ピークが強くなり，データベースとは違う強度分布となることがあるので注意する．

■ 章末問題 ■

4.1　10 keV のエネルギーの X 線の波長を求めよ．

4.2　10 keV のエネルギーの X 線を Si(2 2 0)面に反射させたときの 2θ を求めよ．ただし Si はダイヤモンド型結晶構造で格子定数 $a = 5.43$ Å である〔ヒント：Si(2 2 0)の $2d = 3.84$ Å〕．

4.3　図 4.7 で銅の 2p 電子を 1.5 keV の X 線で光イオン化したとき，光電子のド・ブロイ波長を求めよ．

第II部 5章 マイクロ波を用いた機器分析

5.1 電波と物質の相互作用

電波は光と同じ電磁波の仲間で，光に比べて波長がきわめて長いのが特徴である．0章の図2に示すように，マイクロ波の波長域は1mmから1mの範囲にある．化学反応に用いられるのは波長12.2 cm，周波数2.45 GHzのマイクロ波で，一般家庭の電子レンジで用いられているものと同じである．この波長は，産業，医学，科学分野の目的に利用するIMS[†]電波波長として定められている．また，0章の図1に示すように，マイクロ波も電場と磁場を形成して進行する．

物質はマイクロ波に対して次の3通りの状態を示す（図5.1）．金属（とくにAl）はマイクロ波を反射するため，マイクロ波を伝播する導波管や，空間的に封じこめたりする反応器，空洞共振器などとして利用される．一方，ガラスやテフロンはマイクロ波を通すので，反応容器として用いられる．水や極性溶媒，イオン性物質はマイクロ波を吸収して発熱するので，マイクロ波

> **IMS 波数帯**
> マイクロ波加熱の実用化に際して使用できる周波数帯は電波法により指定されており，IMS周波数（IMS: Industrial, Science, Medical）と呼ばれる．IMS周波数帯では，433.92 MHz, 2.45 GHz, 5.8 GHz, 24.125 GHz が許容されている．通常のマイクロ波加熱には2.45 GHzの周波数が用いられる．

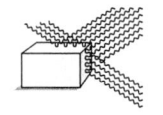

金属はMWを反射する ⇒ MWの伝送，閉じ込め（反応器）

ガラスやテフロン，CO_2 はMWを透過する ⇒ 反応容器，冷却剤

水や極性溶媒，イオン性物質はMWを吸収する ⇒ 溶媒，反応試薬

図5.1　いろいろな物質とマイクロ波(MW)の関係

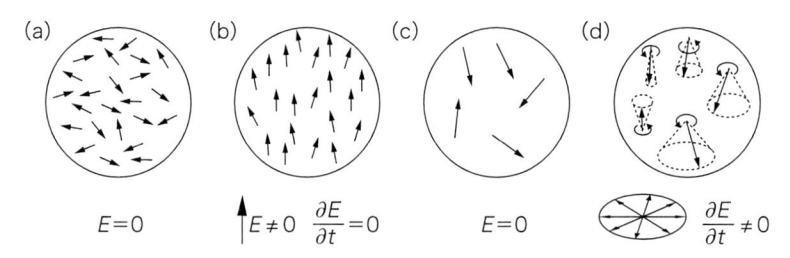

(a) $E=0$　(b) $\uparrow E \neq 0$　$\dfrac{\partial E}{\partial t}=0$　(c) $E=0$　(d) $\dfrac{\partial E}{\partial t} \neq 0$

図 5.2　電場中の水分子の配向
(a)電場がない場合，(b)静電場中，(c)電場がない場合，(d)動的な電場中(マイクロ波の場合) [1].

効果が著しい物質である．マイクロ波の下におかれた水の分子は，無配向（ばらばら）の状態から，マイクロ波の電磁界によって配向をそろえた状態に変わる．図5.2には静的電場中での強い水の配向 (b) と，動的な電場中の水のゆるい配向 (d) を示している．マイクロ波の振動電場中 (2.45 GHz) では (d) の状態と考えられる．ただし，マイクロ波の電磁界では光の共鳴とは異なっていることに注意してほしい．

有機物は極性基がマイクロ波を吸収して，反応部を活性化させる．マイクロ波を吸収する物質には誘電性があるので，誘電体と電波との相互作用から化学反応に対するマイクロ波の効果が説明できる．物質がマイクロ波電磁界に置かれたとき，物質から発生する熱量は式5.1によって表される．すなわち式5.1によって誘電損失を生じ，誘電性が失われる．誘電損失が生じると電場のエネルギーが熱エネルギーに変わり発熱する．この現象を誘電加熱と呼ぶ．

$$P = \dfrac{1}{2}\sigma|E|^2 + \pi f \varepsilon_0 \varepsilon''|E|^2 + \pi f \mu_0 \mu''|H|^2 \quad (5.1)$$

P [W/m³]：単位体積あたりに発生する熱量，$|E|$ [V/m]：電界，σ [S/m]：導電率[†]，f [Hz]：マイクロ波の周波数[†]，ε_0 [F/m]：真空中の誘電率，ε''：誘電損率[†]，$|H|$ [A/m]：磁界の強さ，μ_0 [H/m]：透磁率，μ''：磁気損率[†]．

物質がマイクロ波を吸収して発する誘電加熱を考える．溶媒では式5.1の第2項によって誘電過熱の大きさが決まる．大まかにいえば，誘電率 ε' の大きいものが選択的にマイクロ波加熱されることになる．表5.1に，マイクロ波照射による溶媒の温度上昇を示す．

イオン性物質の誘電加熱は式5.1の第1項による．極性物質の誘電加熱は第2項による．イオンを含む溶液の誘電加熱は，第1項と第2項の両方の寄与があるため，増大する．

固体の発熱は第1項による．磁性をもつ固体では第3項の寄与が大きくな

導電率（電気伝導度）σ
物質の電気伝導のしやすさを表す物性値．単位はジーメンス／メートル (S/m) である．ここではさまざまな周波数におけるイオン伝導率を示す．

マイクロ波周波数 f
電波の1秒あたりの振動数 $f=(1/\mathrm{sec})$ の単位をHzで表す．

誘電率 ε'
液体物質の真空中の誘電率 ε_0 に対する比誘電率で，電荷をためる能力の尺度を示しており，マイクロ波の周波数と温度に依存する値である．

誘電損率 ε''
マイクロ波入力が熱に変換された量を表わす．誘電体の性質が失われるという意味から誘電損率と呼ばれる．溶媒とマイクロ波の相互作用による発熱の指標として有用な指標である．定義からわかるように誘電率 ε'，誘電損率 ε'' は無次元数である．

誘電正接 $\tan\delta$
マイクロ波エネルギーが熱に変換される効率を表し，次式で定義される．
$\tan\delta = (2\pi f \varepsilon'' E)/(2\pi f \varepsilon' E)$
$= \varepsilon''/\varepsilon'$

比透磁率 μ'
磁束密度とそれに対応する磁化力の比（磁束密度／磁化力）であり，磁力線をどれだけ通しやすいかを表している．真空中の透磁率 μ_0 との比 $\mu' = \mu/\mu_0$ を比透磁率という．

透磁損率 μ''
物質の透磁率が熱として失われる割合を示す．

表5.1 マイクロ波照射による溶媒の温度上昇[2]
(10 cm³, 500 W)

溶媒	温度(℃)		沸点(℃)	誘電率 ε'
MW 照射時間	30 秒	60 秒		
水	62	104	100	80.1
エチレングリコール	134	176	188	37.7
エチルアルコール	81	85	78	24.5
トルエン	32	34	111	2.4
ヘキサン	20	23	68	2.0

表5.2 マイクロ波照射による固体の温度変化[3]

物質	温度(℃)	時間(分)
Al	577	6
C	1283	1
NiO	1305	6.25
*CaO	83	30
*Fe_2O_3	88	30
*Fe_3O_4	510	2

試料 25 g を 1 kW 電子レンジ，1000 cm³ ビーカー中の水と一緒にマイクロ波照射．＊は 5 g の試料を 500 W でマイクロ波照射．

る．表5.2に固体の誘電加熱の程度を，マイクロ波照射による温度上昇で示す．

このように，物質がマイクロ波電磁界に置かれたとき，物質のマイクロ波選択性により反応が進行するため，従来の反応では見られない迅速性や，高効率性が顕著になる．とくに誘電損失による触媒的効果を示すことから，マイクロ波熱触媒ということもできる[4]．マイクロ波が反応を促進するもう一つの要因として，マイクロ波電磁界下での双極子相互作用による遷移状態の変化があげられる．有機反応は反応活性な置換基間の双極子-双極子相互作用により生じる．この現象はマイクロ波の非熱効果といわれ，とくに活性化状態における双極子-双極子配列は電磁界の影響を受けやすいので，反応座標中の活性状態を考慮した説明がなされている[5]．また局所的なホットスポットの形成が反応物質付近を高温にする場合もある．

マイクロ波化学の特徴をもう一度まとめる．
- 反応時間の驚異的短縮　　⇔　従来法の 1/100 〜 1/20
- 環境にやさしい化学技術　⇔　無溶媒，無害な溶媒で合成
- 省エネルギー　　　　　　⇔　消費電力の削減，作業時間の短縮
- 新規物質の創成　　　　　⇔　新しい化学プロセスの提供
　　　　　　　　　　　　　　　(例)ナノテクノロジーへの展開

5.2 発光試薬のマイクロ波合成

5.2.1 蛍光試薬のマイクロ波合成と発光——フルオレセインとルミノール
(a) フルオレセインの無溶媒合成

無水フタル酸は硫酸触媒のもとでフェノール類とポリフェノール類を生成する．ここでは硫酸触媒を用いないフルオレセインの無溶媒，無触媒マイクロ波合成を紹介する(図5.3)．

装置：電子レンジ，電子天秤または上皿天秤

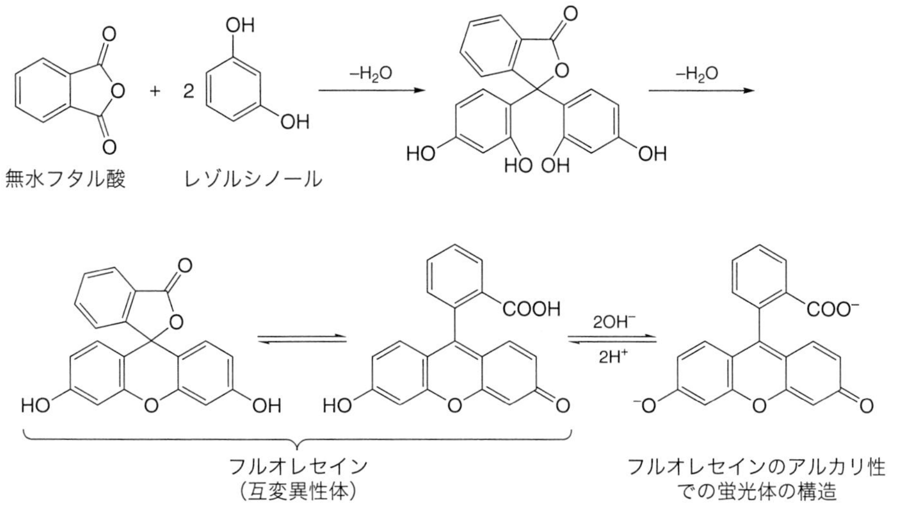

図5.3 フルオレセインの合成反応スキーム

器具：ビーカー（コニカルビーカー），時計皿，軍手，保護めがね
試薬：無水フタル酸，レゾルシノール

【実験法】 無水フタル酸粉末500 mg，レゾルシノール粉末750 mgを200 cm³のビーカーに入れ，時計皿でフタをして700 WでMWを照射すると，2分で溶融しはじめ淡黄色を示す．3分で完全に溶融し（オレンジ色），5分で橙赤色に変わる．

生じた固体をNaOH溶液に入れると鮮やかな黄緑色の蛍光を発する．

・フルオロセインによる塩化物イオンの検出

フルオレセインは塩化物の検出や定量試薬として用いる．この方法はフルオレセイン陰イオンのハロゲン化銀に対する吸着反応によって終点を判別する方法[5]でFajans法と呼ばれる．Cl⁻を含む溶液をAg⁺溶液で滴定する場合，当量点以前では[(AgCl)·Cl⁻]⁻が，当量点以後では[(AgCl)·Ag⁺]⁺の沈殿が生じる．フルオレセイン陰イオンは，当量点以前においては沈殿粒子に吸着されず，溶液は黄緑色の蛍光を示す．当量点をすぎてAg⁺が過剰になると，[(AgCl)·Ag⁺]⁺はフルオレセイン陰イオンを吸着してピンク色の沈殿が生じる．合成したフルオレセインを用いて身のまわりの物質（水道水，調味料など）の塩化物イオン濃度を測定する．

・Fajans法による塩化物イオンの定量
(1) 100 cm³のコニカルビーカーに塩化物イオンを含む試料溶液10.00 cm³を入れる．

(2) これにイオン交換水 20 cm³ と 0.2％フルオレセインエタノール溶液を 3 滴加え，硝酸銀溶液で滴定する．

(3) 溶液の蛍光が消失し，沈殿がわずかに赤みを帯びていた点を終点として，溶液中に含まれる塩化物イオンの濃度を求める．

フルオレセインは眼科検診やコンタクトレンズ用試薬に用いられている．

(b) ルミノールのマイクロ波合成

ルミノール(3-アミノフタルヒドラジド)は 3-ニトロフタル酸とヒドラジンの混合物を加熱脱水して得られるニトロフタルヒドラジドの還元で生成する．生成したニトロフタルヒドラジドは希酸には不溶で，アルカリで脱プロトン化してエノール化したジアニオンになる．アルカリ溶液を亜ジチオン酸ナトリウム(ハイドロサルファイト)で還元すると，ルミノールが生成する[6]．高沸点(沸点 290 ℃)のトリエチレングリコール中，マイクロ波照射で短時間合成が可能である(図 5.4)．

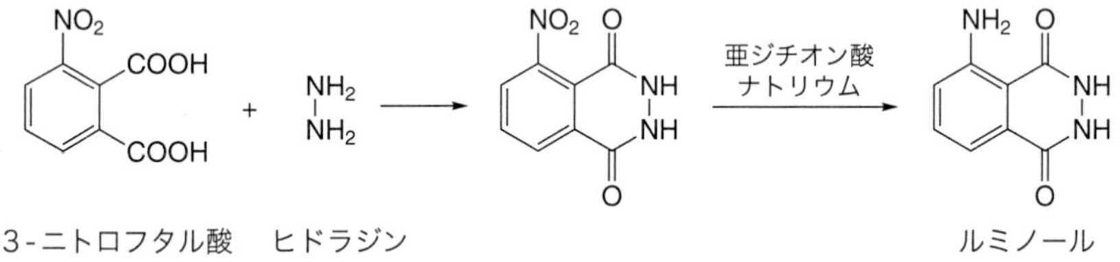

図 5.4 ルミノールの合成反応スキーム

装置：電子レンジ，電子天秤または上皿天秤
器具：ビーカー，メスシリンダー，メスピペット，ガラス棒，ロート，軍手，実験用手袋，保護眼鏡
試薬：3-ニトロフタル酸($C_8H_3O_6N$)　　　0.9 g
　　　8％ヒドラジン(N_2H_4)水溶液　　　1.6 cm³
　　　トリエチレングリコール($C_6H_{14}O_6$)　　2.4 cm³

【実験法】3-ニトロフタル酸 0.9 g，8％ヒドラジン 1.6 cm³，トリエチレングリコール 2.4 cm³ を 50 cm³ ビーカーに入れ，電子レンジ 200 W で 2 分加熱し，生じた濃黄色油状物質に熱湯 3 cm³ を加えて放冷．吸引ろ過により得られた黄色沈殿に 10％-NaOH 1 cm³ を，ついで亜ジチオン酸ナトリウム 0.61 g を加えると，溶液は淡黄色を呈する．この溶液をさらに 30 秒 MW 照射したのち，室温に冷却して酢酸 0.8 cm³ を加え，水道水で冷却すると淡黄色油状物質が得られる．ブラックライトを当てると青い蛍光を発する．

図 5.5　ルミノールの発光過程の反応スキーム

・ルミノールの発光反応

A 溶液：ルミノール（40〜60 mg），10％水酸化ナトリウム溶液 2 cm^3，水 18 cm^3

B 溶液：3％ヘキサシアノ鉄（III）酸カリウム溶液 4 cm^3，3％過酸化水素水 4 cm^3，水 32 cm^3

A 溶液 5 cm^3 を水 35 cm^3 で薄めて，暗いところで A 溶液と B 溶液を同時に三角フラスコに注ぎ込むと，瞬間的に青紫色の化学発光が生じる（図 5.5）.

A 溶液と過酸化水素と血液の溶液を混ぜると青色の化学発光が生じる．この発光は犯罪捜査に利用されている[7]．

5.2.2　蛍光錯体を短時間で合成

第 5 周期，第 6 周期の遷移金属であるルテニウム（Ru）やイリジウム（Ir）は，有機試薬（配位子）といろいろな錯体を生成する．これら重元素の錯体は高輝度発光を示すので，発光材料としても多くの研究がなされている．しかし，通常の錯体合成法は非常に時間がかかり，収率が悪い．マイクロ波合成法ではきわめて短時間に合成ができる[8]．ドライアイスの冷却効果を利用し，電子レンジを用いて Ru(II) 錯体のマイクロ波合成を行う．その後，グリーンモティーフや半導体 HPA マイクロ波精密反応装置などのマイクロ波反応装置を用いてスマート合成を体験する．

装置：電子レンジ，マイクロ波反応装置，電子天秤
器具：ビーカー 300 cm^3（2 個），蒸発皿 1 個，ビーカー 100 cm^3（コニ

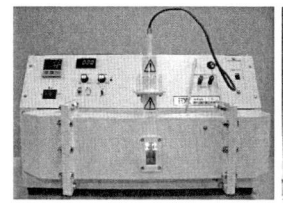

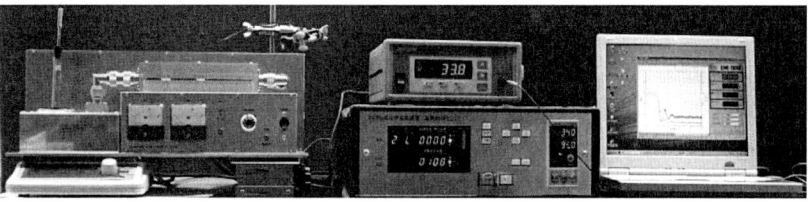

グリーンモティーフ　　　　　　　半導体マイクロ波精密反応装置

カルビーカー）（1個），時計皿，軍手，保護眼鏡，マイクロ波反応装置用ガラス容器

試薬：RuCl$_3$・3H$_2$O，2,2′-ビピリジン(bpy)，エチレングリコール，NaPF$_6$，NaClO$_4$，NaBF$_4$などの飽和水溶液，ドライアイスの塊

【実験法】 RuCl$_3$・3H$_2$O 53 mg，bpy 135 mg（1：3），エチレングリコール10 cm^{3}を反応容器に入れ，MWを照射する．反応溶液の色は褐色から透明な濃オレンジ色に変わる．数分間MW照射したのち，温時にろ過して黒色不溶物があれば除去する．オレンジ色のろ液にKPF$_6$やNaClO$_4$の飽和水溶液を加えると，オレンジ色の沈殿が生じる．

錯体の合成では，出発物質として用いられる金属塩化物のマイクロ波吸収がよいためにマイクロ波の効果が増すと考えられる．

ビピリジンはピリジン環が二つ結合した物質でπ結合性をもち，電子受容性が大きい配位子である．また，エチレングリコールはアルコールとしてRu(Ⅲ)を還元する役目をする．このため，反応中にRu(Ⅲ) → Ru(Ⅱ)の還元反応が進み，Ru(Ⅱ)錯体が生成する．

$$RuCl_3 + 3bpy + e \longrightarrow Ru(bpy)_3^{2+} + 3Cl^- \xrightarrow{PF_6^-} Ru(bpy)_3(PF_6)_2$$

Ru(bpy)$_3^{2+}$は鮮やかな橙色を示し，酸化されると緑色に変わる．

合成された錯体はブラックライトでオレンジ色の光を発する．この試薬は酸素センサーとして使用されている．また，可逆的な電極反応を示すので，電気化学センサーとしても使われている．マイクロ波合成実験で得られる錯体は純度が高いため，one-pot合成でそのまま研究試薬として用いることができる．

5.3 マイクロ波誘導プラズマ(MIP)発光分光分析

マイクロ波エネルギーを利用して生成するプラズマ，すなわちマイクロ波プラズマとは，周波数300 MHz以上（2450 MHzを用いることが多い）のマイクロ波領域を利用した高周波放電プラズマである．この放電プラズマの発生方法により，容量結合マイクロ波プラズマ（capacitively coupled microwave plasma, CMP）とマイクロ波誘導プラズマ(microwave induced plasma, MIP）の二つの型に分類される．CMPはマグネトロンによって発生したマイクロ波電力を矩形導波管を用いて伝播させ，先端が尖った単極電極の先端部分にプラズマを形成させる．発光分光分析に利用される光源では，シースガス[†]として，1～10 L/minのアルゴンあるいは窒素を供給して電

> シースガス(sheath gas) CMPにおいて，単極電極（Th-W合金）の周囲に流すガスのこと．この場合には，電極先端部にプラズマを形成するためのガスであり，同時にプラズマの高温による電極の溶融を防ぐための冷却（雰囲気）ガスとしても働く．

力200〜数百Wでプラズマを点灯する．一方，MIPは，空洞共振器(resonant cavity，共鳴キャビティー)内部の電界によって細管（内径1〜3 mm）内に無電極放電を生じさせたもので，電力50〜200 W，プラズマガスとして0.03〜0.7 L/minのアルゴンまたはヘリウムを使用する．このように，CMPおよびMIPともに，低電力で点灯・維持されるので，プラズマに導入される試料としては，ガス状試料，微量の溶液(エアロゾル)試料，あるいは脱溶媒した試料がおもな測定対象になる．とくに，MIPが分析用の励起光源(あるいはイオン化源)として注目されるようになったのは，1976年にビーネッカー（Beenakker）が開発した共鳴キャビティー（以下，Beenakkerキャビティーと呼ぶ）により，大気圧下でヘリウムプラズマを生成できるようになってからである[9]．ここではヘリウムMIPと，Okamotoキャビティーを利用した高出力窒素MIPを励起光源とする発光分光分析による微量元素の定量方法の開発に力点をおいて概説し，高出力窒素MIPをイオン源とする質量分析については割愛する．

5.3.1 Beenakkerキャビティー

このキャビティーの概略[9]を図5.6に示す．銅製または真鍮製のキャビティーは円筒状で，その内径は共鳴周波数で決まり，一般的に用いられる周波数2.45 GHzのとき約93 mmである．また，その厚さはエネルギー密度に反比例することから，10〜30 mmの範囲が最適とされている．キャビティーの内部には円筒軸方向の交番電界と，径方向の電界と$\pi/2$位相のずれた交番磁界とが形成され，キャビティーの中心軸上で最大となる．石英あるいはアルミナ製のトーチ(放電管)は，内径約1〜1.5 mm，外径3〜8 mmで，キャビティーの中心軸上に配置する．このキャビティーとトーチを用いると，ヘリウムやアルゴンの大気圧MIPを生成することができる．このプラズマは，ICPのようなドーナツ状ではなく，また供給できるマイクロ波電力は最大でも数百Wなので，分析試料溶液のエアロゾルを連続・直接的にプラズ

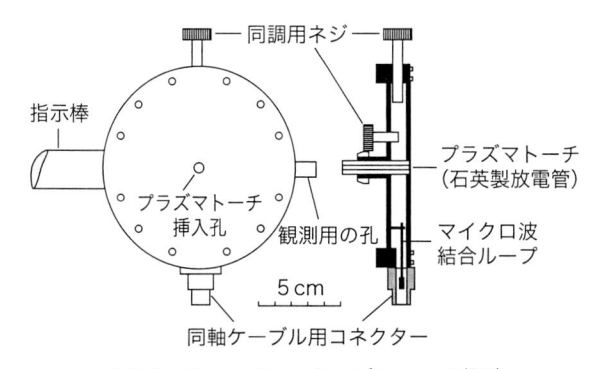

図5.6 Beenakkerキャビティーの概略

マ中に導入することはできない．しかしながらヘリウム MIP では，高い励起エネルギー（19.81 eV）の準安定状態ヘリウム原子による励起が期待できるので，大きな励起エネルギーやイオン化エネルギーをもつ非金属元素の発光スペクトルの測定が可能となり，このプラズマの大きな特長となっている．一般的には，試料溶液中の分析元素を何らかの方法によってガス化してプラズマ中に導入する方法が採用される．

5.3.2 Okamoto キャビティー

図 5.7 に Okamoto キャビティーの断面[10]を示す．このキャビティーは高出力（大電力）（最大 1.5 kW）が供給でき，ドーナツ状の窒素や酸素，さらには空気のプラズマを大気圧下で生成することができる．このキャビティーは，負荷とのインピーダンス整合（マッチング）をよくするために，扁平導波管（8.4 mm × 109.2 mm，インピーダンス 約 50 Ω）を用い，その中心部に円錐状の内導体と円筒状の外導体の先端に設けたフロントプレートからなるモード変換器で構成されている．このように，キャビティーはすべて金属（銅）で構成され，マイクロ波電力も導波管を用いて供給し，整合もよくとれる（反射電力をほぼ零にすることができる）ため，1 kW 以上のマイクロ波電力をプラズマ生成に用いることができる．この結果，ドーナツ状のプラズマの形成が容易になり，ICP と同様に，溶液試料のエアロゾルを直接かつ連続的にプラズマ中に導入することが可能になった．なお，この場合に用いられるトーチは石英製の同心状の二重管で，その外管（内径：窒素，酸素および空気のときは約 10 mm，アルゴンのときには約 4 mm である）と内管（先端部の外径は太く，窒素，酸素および空気のときは約 9 mm，アルゴンのときには約 3 mm である）から成る．内管にはキャリヤーガス（約 1 L/min）とともに分析試料のエアロゾルを，外管には接線方向からプラズマガス（約 10 L/min）

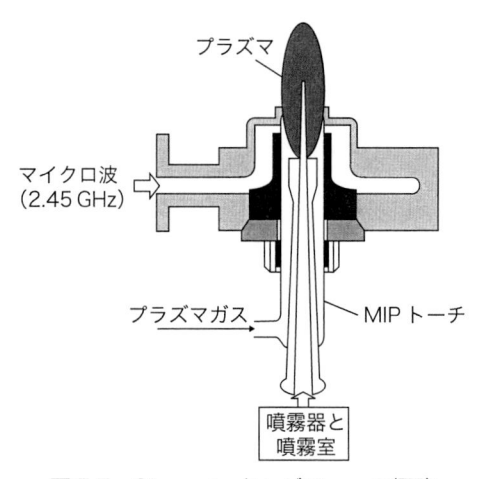

図 5.7　Okamoto キャビティーの概略

を供給し，プラズマの生成とともにその安定化をはかる．このような構成にすると，ドーナツ状の大気圧プラズマを安定に生成することができる．

5.3.3 水素化物生成-MIP発光分光分析

一般的なMIP発光分光分析の市販装置は見当たらないので，自作することができるOkamotoキャビティーを取り入れて各部分を実験室的に組み立て，使用している水素化物生成-高出力窒素MIP発光分析装置の概略[11]を図5.8に示す．

このようなOkamotoキャビティーでは，大気圧でドーナツ状の窒素をはじめ酸素や空気およびアルゴンのプラズマを1 kW以上の高出力（大電力）でも安定に生成することができる．窒素をはじめ酸素や空気のプラズマを生成するとき，これらのガスは放電を開始しにくいので，まず放電しやすいアルゴンガスを用いてプラズマを発生させる．実際の窒素プラズマの点灯の手順を以下に示す．最初にプラズマガスとしてアルゴンを12 L/min以上流し，マイクロ波出力を400 W以上に設定する．この状態でテスラコイルを用いてトーチの上方に火花を飛ばし，アルゴンプラズマを点灯する．その後，出力を900 W以上に増加し，ほぼ同時にプラズマガスをアルゴンから窒素に切り換えると，窒素（100%）プラズマが点灯・維持される．このとき，導波管間に設置されたスリースタブチューナーの設定は，窒素などのプラズマとほぼ整合するように調節しておき（アルゴンプラズマに対しては不整合状態），窒素プラズマに切り換えたのち，反射電力†がほぼ完全になくなるように微

> **反射電力**
> （reflected power）
> マイクロ波発生電源（心臓部はマグネトロン）から空洞共振器に伝播（電送）されるエネルギー（出力電力ともいう）のうち，プラズマの生成・維持に利用されず，空洞共振器内で反射されてマイクロ波発生電源にもどってくるもの．あまり大きくなるとマグネトロンが損傷・破壊されるため，プラズマ点灯時にはマイクロ波の同調を十分に行う必要がある．

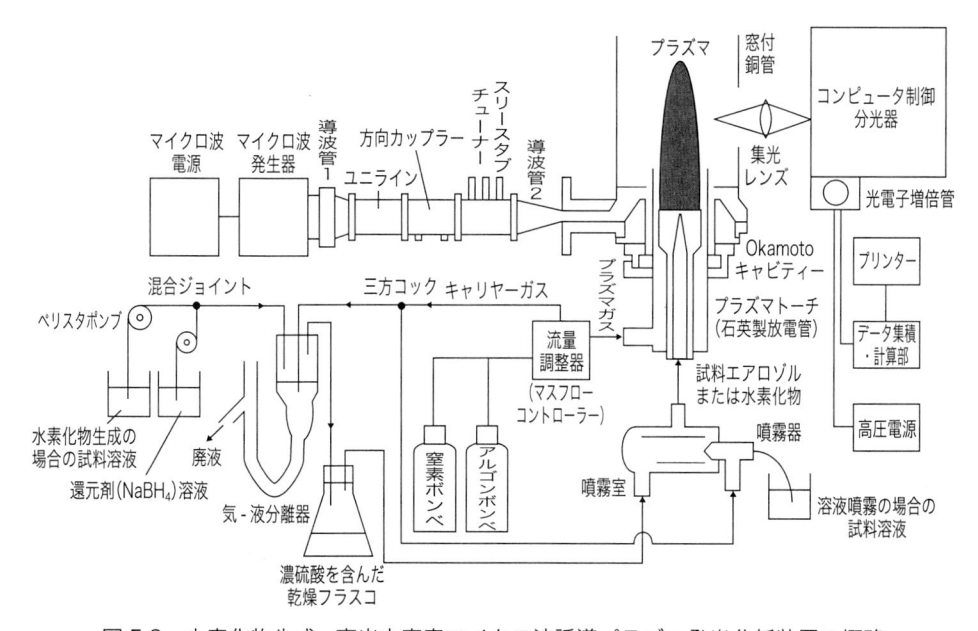

図5.8 水素化物生成-高出力窒素マイクロ波誘導プラズマ発光分析装置の概略

調整する．そして，約10分程度プラズマを安定させたのち，実際の測定を開始する．

次に，実際に試料を導入して測定する操作を以下に述べる．図5.8に示すように，まず波長設定（選択）のために試料導入に溶液噴霧法を適用した場合には，試料溶液を同軸型ネブライザーで吸い上げ，生成した測定元素を含む溶液のエアロゾルを直接キャリヤーガスとともにプラズマ中に導入する．また，試料導入に水素化物生成法を適用した場合は，試料溶液と還元剤である水素化ホウ素ナトリウム溶液をペリスタポンプで連続的に送液し，ミキシングジョイントで混合する．この後に還元反応によって生成した気体状の水素化物は，気-液分離器で溶液マトリックスから分離されたのち，水分を除去するための硫酸トラップを経てキャリヤーガスとともに噴霧室のドレイン口から導入する．プラズマから放射された光をレンズで集光し，モノクロメーターで分光したのち，光電子増倍管で電気信号に変換されたシグナルをコンピュータで処理し，プリンターでデータ記録する．

すでに，日常分析に汎用されているアルゴンをプラズマガスに用いる誘導結合プラズマ(ICP)と比べて，ここで述べたマイクロ波誘導プラズマ(MIP)は，発光分光分析の励起光源として興味深く，いくつかのユニークな特長をもつが，現時点ではこれらの特性を発揮・利用するには至らず，必ずしも分析化学の分野で市民権を得るまでに発展・普及していないが，すでに高出力窒素MIPをイオン源とする質量分析，いわゆるMIP質量分析の市販装置は現場で活用されていることを付記しておく．本節に関する詳細については参考文献[12～14]に詳しい．

■ 章末問題 ■

5.1 次の物質（同量）にマイクロ波を照射すると物質の温度はどうなるか．温度が上がりやすい順番を示し，その理由を述べよ．
    A)液体の水，B)氷，C)オリーブ油，D)食塩水

5.2 表5.2でFe_2O_3とFe_3O_4の温度上昇の違いについてその理由を考察せよ．

5.3 プラズマガスにヘリウムを用いるマイクロ波誘導プラズマでは，金属元素のみならず，励起することが非常に困難な非金属元素の発光スペクトルを高感度に測定することができる．その理由を考察せよ．

第III部

電気を用いた機器分析法

第III部 0章 電気化学反応の基礎

電気を用いる機器分析法(電気分析法)は，物質の電気化学反応を利用する分析法である．利用される電気化学反応には，酸化還元，イオン移動，電気伝導などがあるが，本書では最も一般的な酸化還元とイオン移動，つまり電子やイオンの電荷移動に基づく電気分析法を中心に解説する．電荷移動は，固液(電極｜溶液)界面や液液(油｜水)界面で起こり，その反応速度(すなわち電流)が界面のガルバニ電位差(電極電位や界面電位差)に依存する反応である．そして電気分析法には，電位を規制して電流を測定するモード(電位規制電解法)と，電流を規制して電位を測定するモード(電流規制電解法)の二つがある．前者の例として，サイクリックボルタンメトリーに代表されるボルタンメトリー法(1章)があり，後者の特殊な例として，イオン選択性電極(2章)の電位を，電流を流さない条件下で測定するポテンショメトリー法がある．この章では，このような電気分析法の基礎となる電気化学反応について，固体電極での酸化還元反応を例にとって概説する．しかし，その基本的概念は液液界面を用いるボルタンメトリーや，イオン選択性電極にも共通するものである．

電極に電圧をかけると何が起こる？

いま，2本の電極を電解質溶液に入れ，電極間に電池をつないである電圧をかけた場合を考えてみよう．電圧をかけた瞬間は，図1に示すように，一方の電極から他方の電極まで一定の電位差が直線的にかかっている．ここで，より負の電位がかかっている電極を負極(negative electrode)，より正の電位がかかっている電極を正極(positive electrode)と呼ぶ．このように電解質溶液内に電位勾配がかかることによって，溶液中の陽イオンは負極側へ，陰イオンは正極側へ動く．仮に，電解質も溶媒も与えられた電圧では電解さ

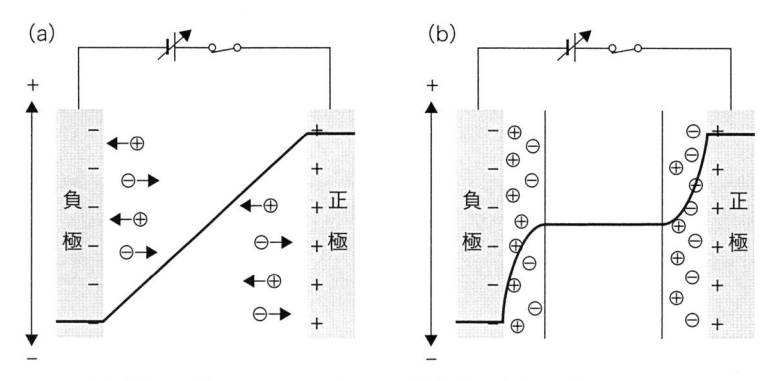

図1 (a) 電極に電圧をかけた瞬間の電位分布, (b) 数十 ms 後の電位分布

れなければ,電極には電解による電流は流れず,電極表面での電荷分離による充電電流だけが流れる.充電電流が流れる時間は,溶液の組成や電気抵抗,電極表面の状態などによって変わるが,一般に数十 ms 程度である.このように短時間に充電電流が流れることによって,図1(b)に示すように,負極の表面には陽イオンが相対的に過剰になり,一方,正極の表面には陰イオンが過剰になる.各電極の表面の内側は,負極では電子が過剰,正極では逆に不足し,それぞれの電極表面の電荷が溶液側の過剰イオンの電荷と向かい合うような状況になる.このような電極表面の電気的な構造を電気二重層という.

電気二重層が形成されると…?

いったん電気二重層が形成されると,外部電源から加えた電圧は(よほど大きくないかぎり)各電極の表面近傍の溶液にかかり,電極から離れた溶液内には電圧はほとんどかからない.電気二重層の厚みは非常に薄く,0.1 M の 1-1 電解質溶液*では約 1 nm,水分子数個分にすぎない.このように非常に薄い層内に電極に加えた電圧がほとんどかかるため,もし溶液中に酸化還元される分子が存在すれば,電極表面に形成された電位勾配を利用して電子授受が起こることになる.つまり,電気二重層が形成されてはじめて電極に電圧がかかり,電極反応が起こるのである.

図1(b)において,負極と正極に加わる電圧の割合は,電流が流れない場合は両電極のキャパシタンス†の大小関係で決まるが,電解電流が流れる場合は,それぞれの電極で起こる電極反応の特性に依存し,電極反応の進行に伴って時間とともに各電極にかかる電圧が変化してしまう.また,電流が流れると,溶液内に溶液抵抗による電位勾配も形成されてしまう.このような状況は,ボルタンメトリーのような電気化学測定を行う際にきわめて都合が悪い.そこで,もう1本の電極(参照電極)を溶液に入れ,これを用いて,電極反応を観察する電極(作用電極)の電位を制御し,流れた電流は残った電極

* イオン性物質を水などの極性溶媒に溶かして得られる電気伝導性をもつ液体を電解質溶液と呼ぶ.なお,NaCl のように1価陽イオンと1価陰イオンとからなる電解質を 1-1 電解質という.

† キャパシタンス
静電容量または微分容量とも呼ばれ,電極表面の電気二重層がどれだけの電荷を蓄えられるかを表す量である.

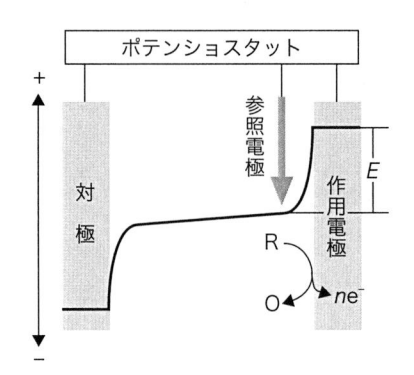

図2 三電極系

(対極)を用いて検出する．これが三電極系(図2)と呼ばれるものであり，これに用いられる装置がポテンショスタットである．この装置は参照電極と作用電極との間に目的の電圧を与えるが，参照電極には電流をほとんど流さない．作用電極に流れた電流はすべて対極に流れるように，対極にかかる電圧を自動的に制御する．参照電極の先端を作用電極の近くに設置すれば，溶液抵抗によるオーム降下(溶液内に生じる電位勾配)による損失も小さくでき，理想的な電極電位の制御が可能となる．

電極電位を変えたら何が変わる？

電極に電位をかけると電極表面に電気二重層(電位勾配)が形成され，これが電極反応を引き起こすと述べたが，具体的に電位勾配が何に影響を及ぼすのであろうか？ この答えを得るには，電極反応にかかわる荷電粒子，すなわち電子と酸化還元種(イオンの場合)の化学ポテンシャルの電位依存性に着目する必要がある．

まず，電子の化学ポテンシャルは，電極相(M)の内部電位(ϕ^M)に依存し，次式で与えられる．

$$\tilde{\mu}_e^M = \mu_e^M - F\phi^M \tag{1}$$

ここでμ_e^Mは電子と電極物質との化学的結合に起因する項，Fはファラデー定数(96485 C mol^{-1})である．$\tilde{\mu}_e^M$は，電子の電気化学ポテンシャルと呼ばれる．

一方，イオン性の酸化還元種の電気化学ポテンシャルは，溶液相(L)の内部電位(ϕ^L)に依存し，次式で与えられる．

$$\tilde{\mu}_i = \tilde{\mu}_i^o + RT\ln a_i + z_iF\phi^L \tag{2}$$

ここで，$\tilde{\mu}_i^o$はイオンiの標準状態の化学ポテンシャル，a_iおよびz_iはイオ

ンiの活量および電荷数である．

式1と2に示したように，電子もイオンも化学ポテンシャルが内部電位の影響を受ける．しかし通常，電極電位Eは溶液相の内部電位を基準とした電極相の内部電位として定義される．

$$E \equiv \phi^M - \phi^L \tag{3}$$

電位はそもそも相対的なものであるから，$\phi^L = 0$とすれば，電極電位Eを変化させることはϕ^Mを変化させたと考えればよい．つまり，式1で与えられる電子の電気化学ポテンシャル$\tilde{\mu}_e^M$を変化させたことになる．たとえば，E（すなわちϕ^M）を正に大きくすると，$\tilde{\mu}_e^M$は負に大きくなり，電極内の電子のポテンシャルは低くなる．このとき，電極は溶液側から電子を奪おうとし，酸化反応が起こりやすくなる．逆にEを負に大きくすると，$\tilde{\mu}_e^M$は正に大きくなり，電極内の電子のポテンシャルは高くなる．このとき，電極は溶液側へ電子を与えようとし，還元反応が起こりやすくなるのである．

電極反応

上述のように，電極電位を変化させることによって，電極内の電子の反応性を変えることができる．ボルタンメトリーなどの測定では，電極電位を制御することによって，以下のような電極反応を起こし，これによって流れる電解電流（ファラデー電流）を検出する．

$$O^{z+} + ne^- \rightleftharpoons R^{(z-n)+} \tag{4}$$

ある電極で式4の反応が左から右に進行し，還元電流が流れたとすると，その電極を陰極（カソード；cathode）と呼ぶ．逆に，反応が右から左に進行し，酸化電流が流れたとすると，その電極を陽極（アノード；anode）と呼ぶ．このように「陽極・陰極」という用語は，電極反応の進行方向（酸化か還元か）によって定義される．したがって，電極の電位が正か負かという定義に基づく「正極・負極」という用語と混同してはならない．なお，電池の場合（放電時）は必然的に正極が陰極，負極が陽極となるが，電解では正極が陽極，負極が陰極となり，逆になる．

図3に，最も単純な電極反応の基本過程を示す．まず，電極反応の主体は電極｜溶液界面での電子移動であり，この過程を電荷移動過程と呼ぶ．この電荷移動によって電極表面と電極近傍の溶液相との間に酸化還元種の濃度差が生じ，物質移動が起こる．この過程を物質移動過程と呼ぶ．このように，電極反応は電荷移動過程と物質移動過程からなり，それぞれの過程は以下に述べる法則によって支配される．

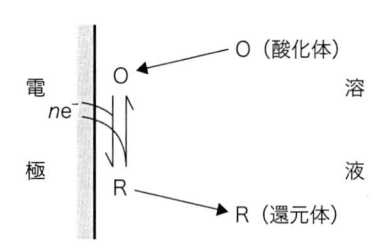

図3 最も単純な電極反応の基本過程

物質移動過程

　一般に，溶液中の分子の移動は，濃度勾配による拡散と，これに加えて正味の電荷をもつイオンの場合，電位勾配による泳動によって引き起こされる．しかし，通常のボルタンメトリー測定では，電極反応に関与しない電解質，いわゆる支持電解質(たとえばKCl)を多量に溶液に添加するため，たとえ電流が流れても溶液中に電位勾配がほとんど形成されず，物質移動に対する泳動の寄与は無視できる．したがって，酸化還元種の物質移動は拡散のみによって起こることになる．

＊ 流束ともいう．

　拡散によって酸化還元種が溶液中を移動する際，そのフラックス＊ J (単位時間に単位断面積を通過する物質量；$mol\ cm^{-2}\ s^{-1}$) は，フィックの第一法則に従う．

$$J = -D\left(\frac{dc}{dx}\right) \tag{5}$$

ここで，D および c は酸化還元種の拡散係数 ($cm^2\ s^{-1}$) と濃度 ($mol\ cm^{-3}$)，x は電極からの距離(cm)である．電解電流 I は電極表面($x=0$)での J と次式の関係にある．

$$I = \pm nFAJ_{x=0} \quad (-は酸化体，+は還元体の場合) \tag{6}$$

ただし，A は電極表面積である．このように，電解電流は酸化還元種の電極表面での濃度勾配に比例する．

　さらに，溶液中での酸化還元種の拡散は，以下の式で表されるフィックの第二法則に従う．

$$\frac{\partial c}{\partial t} = D\frac{\partial^2 c}{\partial x^2} \tag{7}$$

この式は，任意の時間(t)と場所(x)における拡散種の濃度を記述する方程式であり，拡散方程式と呼ばれる．

電荷移動過程

電荷移動，すなわち電極表面での電子移動は，ビーカーのなかの均一反応と異なり，不均一反応である．このため，式4の正方向の速度定数k_fおよび逆方向の速度定数k_bの次元は，均一系一次反応の速度定数のs^{-1}と異なり，$cm\ s^{-1}$となる．また，電極反応の場合，反応速度定数が電極電位の関数であることが重要である．k_fおよびk_bはそれぞれ以下に示すバトラー・ボルマー (Butler-Volmer)式で与えられることが知られている．

$$k_f = k°\exp\left[-\frac{\alpha nF}{RT}(E-E°')\right] \qquad (8)$$

$$k_f = k°\exp\left[\frac{(1-\alpha)nF}{RT}(E-E°')\right] \qquad (9)$$

ここで，$k°$は標準速度定数と呼ばれる電極反応の速度論的容易さを表すパラメータ，またαは移動係数 ($0 < \alpha < 1$) と呼ばれるパラメータであり，通常0.5付近の値をとる．なお，$E°'$は式量電位と呼ばれ，後述する標準酸化還元電位と以下の関係にある．

$$E°' = E° + \frac{RT}{nF}\ln\frac{\gamma_O}{\gamma_R} \qquad (10)$$

ただし，γ_Oおよびγ_Rは酸化体および還元体の活量係数[†]であり，$\gamma_O \approx \gamma_R$であれば，$E°' \approx E°$と近似できる．このように，$k_f$と$k_b$は$E$をそれぞれ負または正に大きくすることによって，指数関数的に増大させることができる．反応の速度定数を任意に変えられるのは，電極反応の大きな特長である．

なお，電解電流は，k_fとk_bを用いて以下の式で与えられる．

$$I = -nFA[k_f c_O(0,t) - k_b c_R(0,t)] \qquad (11)$$

ここで，$c_O(x,t)$および$c_R(x,t)$ ($x = 0$) は，それぞれ酸化体と還元体の表面濃度である．

電極反応系の可逆性

電極反応系は，物質移動過程と電荷移動過程の速度の大小によって，以下のように分類される．

(1) 可逆系：物質移動過程の速度 ≪ 電荷移動過程の速度
(2) 非可逆系：物質移動過程の速度 ≫ 電荷移動過程の速度
(3) 準可逆系：(1)と(2)の中間の場合

活量係数
活量aと濃度cの関係 ($a = \gamma c$) を表す係数．希薄溶液ではγは1に近いが，イオン性物質の場合，濃度を高くするとイオン-イオン間の静電相互作用によりγは1より小さくなる傾向を示す．

(1)は，電荷移動過程が非常に速い場合で，たとえ電極表面で電解反応が起こり($I \neq 0$)，平衡にあった酸化体と還元体の濃度間に摂動が生じても，電極表面では瞬時に平衡状態にもどる．したがって，酸化体と還元体の電極表面の濃度の間には，見かけ上，ネルンスト(Nernst)式が常に成立している．

$$E = E^{\circ\prime} + \frac{RT}{nF} \ln \frac{c_O(0,t)}{c_R(0,t)} \tag{12}$$

可逆系では，電極反応のトータルの反応速度，すなわち電解電流は物質移動の速度によって決まり，物質移動が拡散であれば拡散律速と呼ばれる．

一方，(2)の非可逆系では，電荷移動が非常に遅いため，過電圧(Eの平衡電位からのずれ)を十分に大きくしなければ，電解電流を観察することはできない．したがって，非可逆系では正反応か逆反応のどちらかが無視できる．

実際の電極反応は，(1)と(2)の中間のものが多く，(3)の準可逆系に分類される．この場合，電流-電位曲線などの解析から，E°，n，Dなどの基本的パラメータに加えて，k°やαなどの速度論的パラメータも得ることができる．

なお，(1)～(3)の分類は，測定法のタイムスケール(ボルタンメトリーの場合の電位掃引速度など)に依存する．たとえば，通常の掃引速度によって可逆波が観察される系でも，掃引速度を大きくすることによって準可逆系になることがある．

■章末問題■

0.1 電子とイオンの電気化学ポテンシャルを用いて，式12のネルンスト式を導け．

0.2 式8，9，11を用いて，電極反応が平衡であればネルンスト式が成り立つことを証明せよ．

0.3 20 cm³中の1.0 mMの酸化還元物質を，大きな電極を用いてすべて電解したところ，3.86 Cの電気量が流れた．流れた電気量がすべてこの物質の電極反応に使われたとし，この電極反応の電子数を求めよ．

第III部 1章 ボルタンメトリー

1.1 電気化学測定法の分類

表1.1に，おもな電気化学測定法について，(ア)電極系に外部から加える印加信号，(イ)これに対する電極応答，および(ウ)通常表示するグラフ形式を示した．ここに示した方法以外に，回転電極を用いる対流ボルタンメトリー，目的物質を電極上に濃縮して微量定量を行うストリッピングボルタンメトリー，交流電圧を用いる交流インピーダンス法などさまざまな手法があるが，これらの詳細については参考文献などを参照されたい．

表1.1の1～5の手法は電位規制電解法で，ポテンショスタットを用いる．このうち2～4は電位に対して電流を表示する測定法であり，これらを総称してボルタンメトリーと呼ぶ．5も1～4と同様ではあるが，区別してポーラログラフィーと呼ばれる．水銀を用いるため，近年あまり使用されなくなったが，ボルタンメトリーの"元祖"(ヘイロフスキーと志方[*1]によって1924年に発明された)としての歴史的意義が高い．なお，6のみが電流規制電解法であり，これにはガルバノスタットを用いる．本章では，おもにボルタンメトリーの方法・原理・解析法について概説する．

1.2 装 置

図1.1に典型的な三電極セルの一例を示す．試験溶液に，作用電極，参照電極，および対極の3本の電極を浸し，必要に応じて窒素ガスなどを通気して脱気する．参照電極は，図のように先端を細く曲げたガラス管(ルギン細管)を用いて，その先端を作用電極の近くに設置するようにする．これにより，溶液抵抗によるオーム降下の影響[*2]を小さくすることができる．ボルタンメトリー測定ではポテンショスタットに上記の3本の電極を接続し，

* 2人については，序章にも記述がある．チェコのプラハに留学した志方は，ヘイロフスキーと協力して水銀滴下電極の電流-電位曲線の自動記録装置(ポーラログラフ)を発明．この発明により，ヘイロフスキーが1959年にノーベル化学賞を受賞．志方は1956年に恩賜賞を受賞．

* 作用電極と参照電極の先端との間の実効的な溶液抵抗 R_{sol} に電流値 I を乗じた分 (IR_{sol}) だけ，実際の電極界面にかかっている電圧 E が小さくなる．市販のポテンショスタットには，オーム降下を自動的に補償する正帰還回路が備わっているものもある．

表 1.1　おもな電気化学測定法

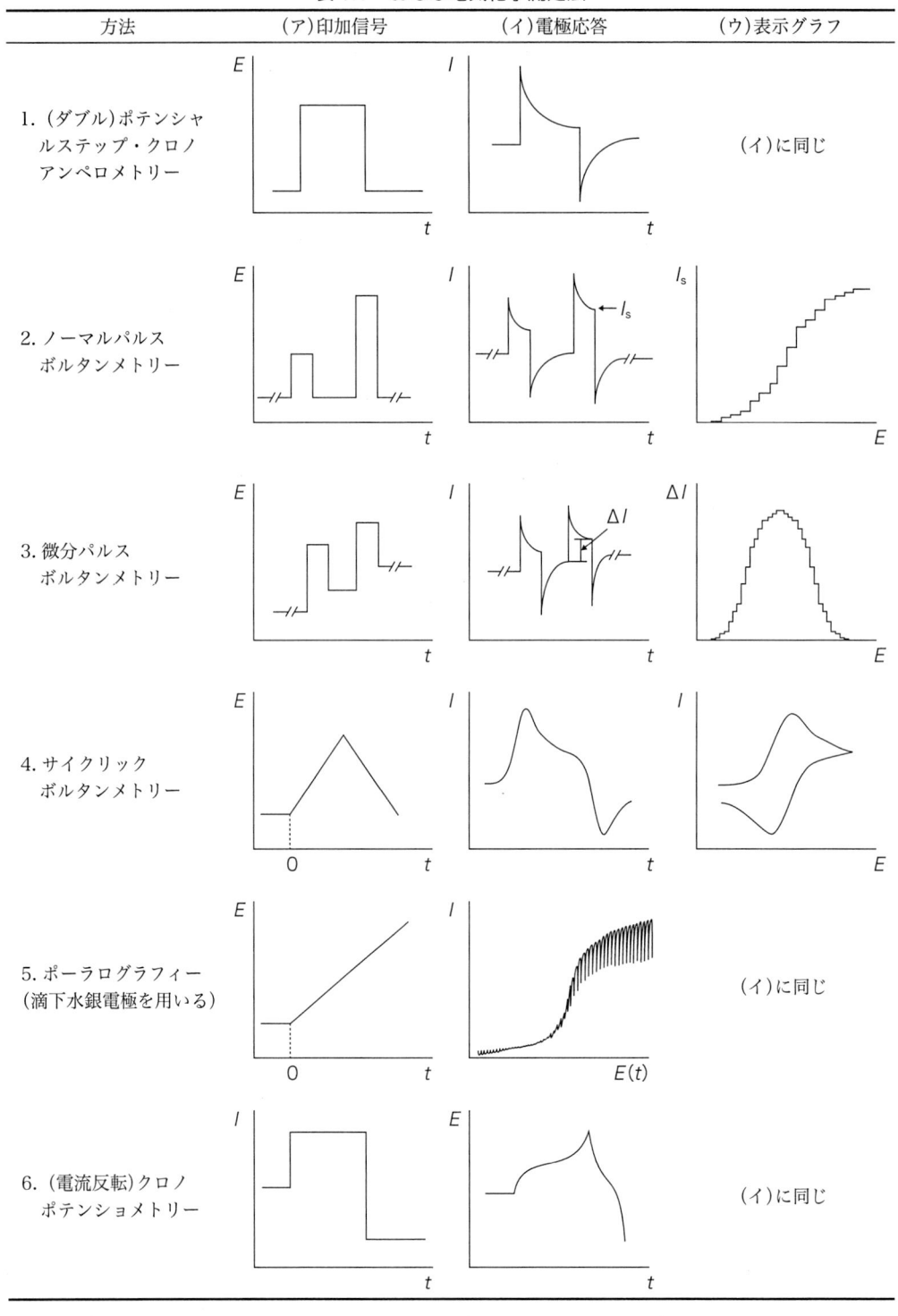

方法	(ア)印加信号	(イ)電極応答	(ウ)表示グラフ
1. (ダブル)ポテンシャルステップ・クロノアンペロメトリー	E-t ステップ波形	I-t 応答	(イ)に同じ
2. ノーマルパルスボルタンメトリー	E-t パルス波形	I-t 応答, I_s	I_s-E 階段状曲線
3. 微分パルスボルタンメトリー	E-t 階段パルス波形	I-t 応答, ΔI	ΔI-E ピーク状曲線
4. サイクリックボルタンメトリー	E-t 三角波	I-t 応答	I-E 曲線
5. ポーラログラフィー(滴下水銀電極を用いる)	E-t 直線掃引	I-$E(t)$ 応答	(イ)に同じ
6. (電流反転)クロノポテンショメトリー	I-t ステップ波形	E-t 応答	(イ)に同じ

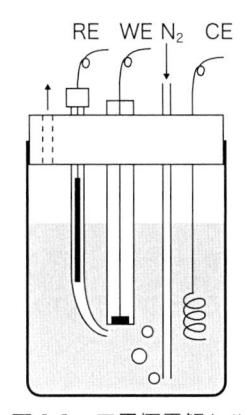

図1.1 三電極電解セル
WE：作用電極, RE：参照電極, CE：対極.

参照電極に対する作用電極の電位を規制して，作用電極に流れる電流を対極を用いて検出する．このようにして検出された電流は，印加電位とともにポテンショスタットから記録計(最近はパソコンを用いることが多い)に出力され，電流-電位曲線などが記録される．

1.3 電極

かつてポーラログラフィー全盛時は，滴下(または吊り下げ)水銀電極が多く用いられていた．これは，電極界面が更新でき，精度の高い測定ができるためであった．しかし，水銀の陽極酸化の電位が比較的低いため，電極・溶媒・電解質による電解電流がほとんど流れない電位領域，すなわち分極領域(または電位窓)が正電位側で狭く，高い酸化電位をもつ電極反応には適用できなかった．このため，近年では高純度のものが容易に得られ，加工も容易な白金電極や金電極がよく用いられている．白金電極は水銀電極に比べて正電位側の電位窓がSHE(後述)基準で+1.5 V近くまで広がるが，一方，水素過電圧†が小さいので負側の電位窓が狭い．また，最近は各種炭素材料(パイロリティックグラファイト，グラッシーカーボン，カーボンペーストなど)が電極材料としてよく用いられるようになった．一般に炭素電極は電位窓が広く，使いやすい電極である．実際の測定に際しては，対象となる電極反応や目的に応じて作用電極を適宜選択する．なお，固体電極の場合，再現性のよい測定をするためには，電極表面を測定のたびに前処理(研磨，電位掃引など)する必要がある．詳細は省くが，固体電極の上に金属酸化物，高分子膜，自己組織化膜，酵素，抗体などを固定化し，電極にさまざまな機能を付与した修飾電極も開発されている．

参照電極としては，カロメル電極($Hg \mid Hg_2Cl_2$)や銀-塩化銀電極($Ag \mid$

水素過電圧
電極で水素を発生させるためには，熱力学的に予想される平衡電位よりも負に大きな電位を電極に印加する必要がある．このときの電極電位の平衡電位からのずれを水素過電圧と呼ぶ．

AgCl）がよく用いられる．飽和 KCl 水溶液中のそれぞれの参照電極の平衡電極電位は，国際基準に定められた標準水素電極（SHE）に対し，+0.241 V および +0.197 V である．

対極としては，通電により電極が溶出しないようなものであればよく，コイル状に巻いた白金線などがよく用いられる．

1.4　ポテンシャルステップ・クロノアンペロメトリー[*1]

*1　potential-step chrono-amperometry.

この手法は頻繁に用いられるものではないが，ボルタンメトリーの原理を理解するための基礎として重要である．この手法では，図 1.2 に示すように外部から一定の電圧を作用電極に印加し，電解によって流れる電流変化を測定する．

最初，電極電位を電極反応の起こらない電位 E_i に保っておき，電解が起こる電位 E に電極電位をステップさせる．この直後，充電電流 I_{ch} が流れるが，きわめて短時間のうちに減衰する[*2]．このように速やかに電極表面に電気二重層が形成され，電極表面に電位がかかり，電解が始まる．0 章の式 4 の反応が起こる場合，電極表面で酸化体が消費され，還元体が生成する．酸化体は溶液内部から拡散（式 7 に従う）によって補給されるので反応は進むが，反応の進行とともに電極表面の酸化体の濃度分布は図 1.3 のように変化する．ただし，この図では酸化体の表面濃度が常に 0 になるような電解条件を仮定した．このように電解が進むにつれ，電極表面での酸化体の濃度勾配は小さくなり，電流が徐々に小さくなる（0 章の式 5 および式 6 を参照）．

*2　目的物質を含まないブランク溶液の測定では，この充電電流に加えて，溶存酸素のような不純物，溶媒，電解質などの電解電流を含む残余電流が流れる．目的物質の電解電流は，全電流から残余電流を差し引いて求める．

ネルンスト式が成り立つ可逆系では，電流 - 電位 - 時間の関係は次式で与えられる．

$$I(t) = -\frac{nFAc_O^*}{\left\{\dfrac{\exp[nF(E-E^{o\prime})/RT]}{\sqrt{D_R}} + \dfrac{1}{\sqrt{D_O}}\right\}\sqrt{\pi t}} \quad (1.1)^{*3}$$

*3　t を一定にした場合の電流－電位曲線は，ノーマルパルスボルタンメトリーの可逆波に相当する．

ただし c_O^* は酸化体の母液濃度である．$E \ll E^{o\prime}$ となると，酸化体の表面濃度

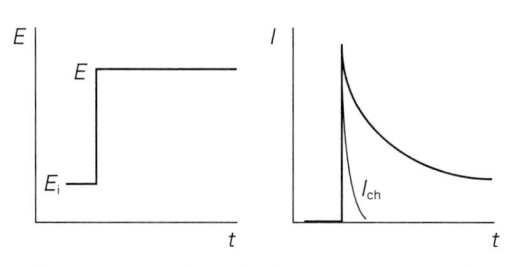

図 1.2　ポテンシャルステップ・クロノアンペロメトリーの原理

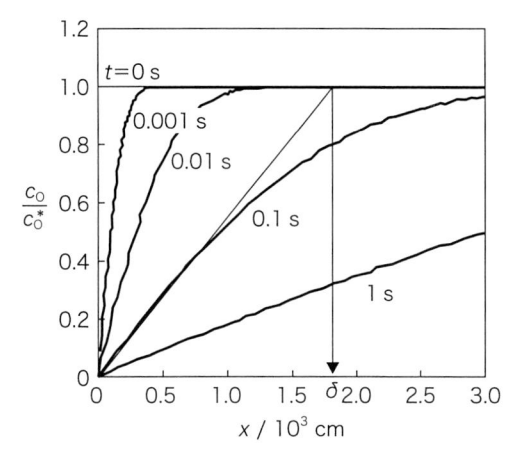

図 1.3 電極表面の酸化体の濃度分布の変化

酸化体の表面濃度が常に 0 の場合．縦軸の酸化体濃度(c_O)は母液濃度(c_O^*)に対する比で表した．還元体の濃度分布は，酸化体と上下逆さまのようになる．なお，図中の矢印は，電解開始後 0.1 s でのネルンストの拡散層の厚み($\delta = \sqrt{\pi D_O t}$)を示す．

は 0 となり，電流の大きさは E に依存しない最大値に達する．このときの電流を限界電流といい，コットレル式で表される．

$$I_{\lim}(t) = -nFAc_O^* \sqrt{\frac{D_O}{\pi t}} \tag{1.2}$$

このコットレル式は，可逆系ではない準可逆系や非可逆系であっても，十分に印加電位を大きくして反応種の表面濃度が 0 になるような"拡散律速"の条件では成立する．一般に，拡散律速の電流値は，電解時間の平方根に反比例する．

式 1.2 に現れる $c_O^* \sqrt{D_O/\pi t}$ は，0 章の式 6 からわかるように，電極表面での酸化体のフラックスであり，$c_O^*/\sqrt{\pi D_O t}$ が濃度勾配に相当する．図 1.3 の $t = 0.1$ s の場合の補助線のように反応種の濃度が直線的に変化すると仮定*すると，濃度勾配が形成される層，すなわち拡散層の厚さは $\delta = \sqrt{\pi D_O t}$ となる．

* 拡散層に対するネルンストの仮定という．

1.5 サイクリックボルタンメトリー(CV)

図 1.4(a) に示すように，電極電位を初期電位(E_i)から掃引速度(v)で反転電位(E_λ)まで掃引したのち逆転し，E_i までもどしたときに流れる電流を測定する．E_i を電極反応が起こらない電位に，また E_λ を電極反応が拡散律速になるような電位に設定すると，図 1.4(b) のような電流-電位曲線(ボルタモグラム)が得られる．

図 1.4(b) は，可逆系で得られるボルタモグラム(可逆波)の理論曲線である．

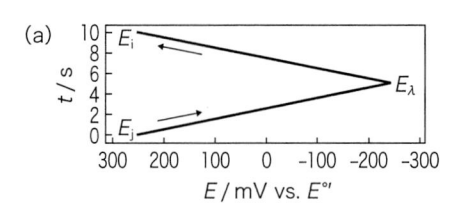

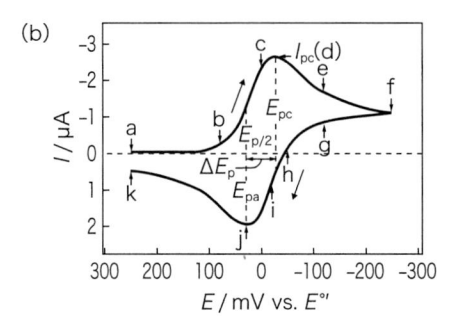

図 1.4 CV の電位掃引(a)と可逆波(b)
$c_O^* = 1$ mM, $c_R^* = 0$ mM, $v = 0.1$ V s^{-1}, $n = 1$, $D_O = D_R = 1 \times 10^{-5}$ cm^2 s^{-1}, $A = 0.01$ cm^2, $T = 25$ °C.

E_i では電流は流れないが(a点), E が $E°'$ に近づくにつれ 0 章の式 12 のネルンスト式に従って酸化体が還元体に変わり, これによる還元電流が指数関数的に増大しはじめる(b点). $E = E°'$ では $c_O(0,t) = c_R(0,t)$ となり(c点), この点を過ぎると $c_O(0,t)$ の変化量が低下しはじめ, 一方, 拡散層が時間とともに厚くなるため, 還元電流はピークを示してから減少しはじめる(d点). E がさらに負になると, $c_O(0,t)$ は事実上 0 のままであり, この電位領域では電流は $1/\sqrt{t}$ に比例して減少する(e〜f点).

逆掃引した場合も, f点ですでに電極表面に酸化体と還元体の濃度勾配が形成されていることを除けば, 順掃引の場合と状況は似ている. 折り返し直後は, $c_O(0,t) = 0$ のまま還元反応が進行しており, 拡散層が広がるとともに還元電流が減少する(f〜g点). E がさらに正になり $E°'$ に近づくと, ネルンスト式に従って $c_O(0,t)$ がふたたび増大するため, 還元電流が急激に減少し, h点で一瞬, 電流が 0 になる. その後, 還元反応よりも再酸化反応が優勢になり(i点), 順掃引と同様にj点で酸化電流はピークに達し, しだいに減衰する. 最後に E_i に電位がもどっても, 溶液側に拡散した還元体が完全には再酸化されきらないので, しばらく酸化電流が流れたままになる(k点).

可逆波の場合, 順掃引での還元波のピーク電流値(I_{pc})は, 次のように表されることが, 数値計算* によって明らかになっている.

$$I_{pc} = -(2.69 \times 10^5) n^{3/2} A D_O^{1/2} v^{1/2} c_O^* \quad (25 \text{°C}) \tag{1.3}$$

ただし単位は, I_{pc}(A), A(cm^2), D_O(cm^2 s^{-1}), v(V s^{-1}), c_O^*(mol cm^{-3}) である. このように, I_{pc} は c_O^* に比例するので, 定量分析が可能になる. また,

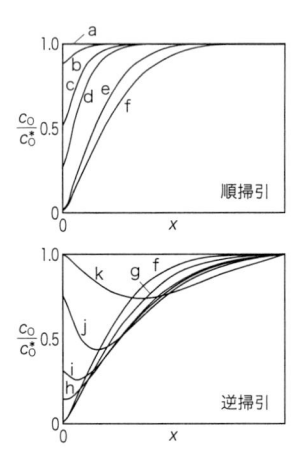

順掃引および逆掃引における酸化体の濃度分布
図中の記号は図 1.4 に対応する.

* R. S. Nicholson, I. Shain, Anal. Chem., **36**, 706 (1964).

I_{pc} は n ではなく $n^{3/2}$ に比例することに注意しよう．なお，可逆波では I_{pc} が $\sqrt{v}$ に比例するが，準可逆系や非可逆系でもピーク電流値が実際上 $\sqrt{v}$ に比例する場合がある．

可逆波かどうかの判定は，還元ピーク電位 (E_{pc}) と酸化ピーク電位 (E_{pa}) の差，いわゆるピーク電位差 ($\Delta E_p = E_{pa} - E_{pc}$) で行うとよい．数値計算によると，逆掃引の波形は $n(E_{pc} - E_\lambda)$ に多少依存するが，通常の $n(E_{pc} - E_\lambda) = 150$ mV 程度の条件では，ΔE_p の理論値は掃引速度によらず $(59/n)$ mV (25°C) になる．ただし，高い掃引速度において電流値が大きくなると，オーム降下により ΔE_p が大きくなることがある．この場合は，E_{pc} と E_{pa} を $\sqrt{v}$ に対してプロットし，$\sqrt{v}$ を 0 に外挿してオーム降下を補正するとよい．

E_{pc} と E_{pa} の中間の電位は中点電位〔$E_{mid} \equiv (E_{pa} + E_{pc})/2$〕と呼ばれ，ポーラログラフィーにおける可逆半波電位[†] ($E_{1/2}^r$) に近似される．

可逆半波電位
限界電流の半分の電流値を示す電位．

$$E_{mid} \approx E_{1/2}^r = E^{\circ\prime} + \frac{RT}{nF}\ln\sqrt{\frac{D_R}{D_O}} \qquad (1.4)$$

通常，$D_O \approx D_R$ なので，E_{mid} は $E^{\circ\prime}$ に近似でき，さらに E° に近似できる（cf. 0 章の式 10）．このようにして決定される E° は酸化還元種に固有の値であるので，定性分析が可能になる．

準可逆系や非可逆系では，電荷移動速度が物質移動速度よりも遅いか同程度であるため，電位掃引に応じて表面濃度がネルンスト式の"平衡"に達するのに時間的遅れを生じる．このため，可逆波に比べて電流値が小さくなり，波形が掃引速度 v に依存して変化する．図 1.5 に準可逆系のボルタモグラム（準可逆波）の波形を示す．準可逆波の波形は，移動係数 α と D が一定であれば，$k^\circ/\sqrt{v}$ で決定される．したがって，v 一定条件下での k° 減少に伴う波形変化は，k° 一定条件下での $\sqrt{v}$ 増大の場合と同じになる（ただし，電流値は $I/\sqrt{v}$ になる）．図のように，v 一定条件下では k° の減少に伴い，還元ピー

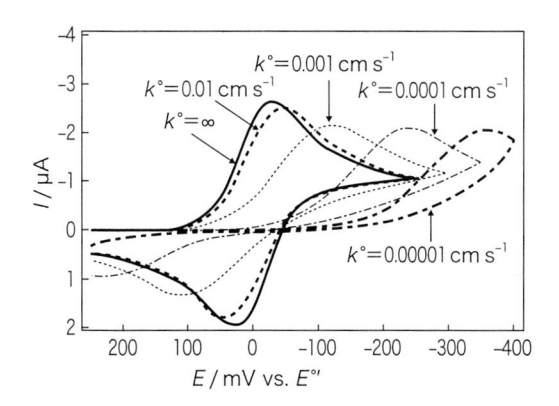

図 1.5　CV の準可逆波
k° と α (= 0.5) 以外のパラメータは図 1.4 と同じである．

クは負電位側へシフトし，ピーク電流値は一定値に向かって減少する．一方，酸化ピークも同様に減少しながら正電位側へシフトする．このような変化は，ある特定の電極反応系に注目した場合，つまり $k°$ 一定条件では，$\sqrt{v}$ の増大に対応する．準可逆波の ΔE_p は，このように $\sqrt{v}$ の増大に伴って大きくなる特徴がある．準可逆波では，ΔE_p があまり大きくない限り，低掃引速度での E_{mid} から $E°'(\approx E°)$ を見積もることができる．さらに，ピーク電位のシフトから，電極反応の速度論的パラメータ（$k°$ と α）を求めることもできる．ただし，オーム降下も同様にピーク電位をシフトさせる効果があるので，十分な注意が必要である．

図 1.5 に示した $k° = 0.00001 \text{ cm s}^{-1}$ ($v = 0.1 \text{ V s}^{-1}$) の場合よりも $k°/\sqrt{v}$ がさらに小さくなると，逆掃引におけるピークが実際上，観察されないようになる．このように逆掃引においてピークを示さない波を非可逆波という．しかし，一般に"非可逆波"と呼ばれるもののほとんどは，電子移動反応に後続化学反応を含む以下のような反応機構(EC機構)による．

$$O + ne^- \rightleftharpoons R \tag{1.5}$$
$$R \longrightarrow X \tag{1.6}$$

もし，電子移動によって生じた生成物 R が電気化学的に不活性な物質 X に非可逆的に変化すると，ボルタモグラムは図 1.6 のようになる．化学反応の速度定数 k が大きくなるにつれ，再酸化波は小さくなり，ついには観察されなくなる．このように化学反応が非常に速ければ，"非可逆波"が観察されるのである．このような場合，原理的には v を増大させることによって相対的に化学反応の寄与を小さくし，電子移動の過程のみによるボルタモグラムを抽出することができる．

上で述べた例のほかにも，酸化還元種が電極表面に吸着する系，多電子移動系，触媒反応を伴う系など，多種多様なボルタモグラムを示す電極反応系

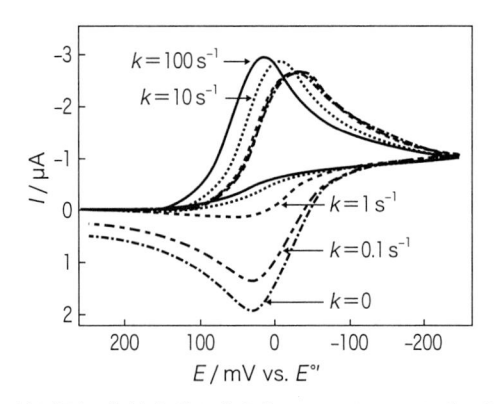

図 1.6 R 消滅型の後続化学反応を伴うサイクリックボルタモグラム
k 以外のパラメータは図 1.4 と同じである．

がある．CVでは，反応系に特有のボルタモグラムの形や掃引速度などに対する依存性から，電極反応のメカニズムに関する有用な知見が得られる．このため，無機・有機合成，電池，金属腐食，生体分子，医薬品などの研究に汎用されている．

■ 章末問題 ■

1.1　Ag｜AgCl｜飽和KCl参照電極を用いるCV測定によって，ある可逆系の電極反応の中点電位が+0.164 Vと測定された．この電極反応のSHEに対する$E°$を評価せよ．

1.2　1.0 mM Ru(NH$_3$)$_6^{3+}$水溶液中のグラッシーカーボン電極(表面積0.071 cm^2)を用いるCV測定で，1電子反応の可逆波が得られた．この可逆波の還元ピーク電流値は，100 mV s^{-1}の掃引速度において-8.1 μAであった．Ru(NH$_3$)$_6^{3+}$の拡散係数を求めよ．

1.3　CVの準可逆波のピーク電位幅が，掃引速度を小さくするにしたがって20 mVに近づいた．この電極反応の電子数を予測せよ．

1.4　CV測定において，掃引速度を遅くすると，逆掃引の酸化電流ピークが順掃引の還元ピークに比べて小さくなった．反応機構を推定せよ．

1.5　O + ne$^-$ ⇌ Rの後続化学反応において，電気化学的に不活性な化学種Z(過剰)により，R + Z ⟶ O (+ X)のようにRからOが再生される場合，サイクリックボルタモグラムはどのようになるか考察せよ．

1.6　酸化還元物質が電極表面に吸着し，溶液中に存在しない場合，電子移動速度が十分速ければ，吸着種の式量電位($E°_{ad}$)に対して左右対象なボルタモグラムが得られる．この吸着波のピーク電流値は$\sqrt{v}$ではなくvに比例する．そして，順掃引と逆掃引のピーク面積は等しくなるが，このピーク面積は何を意味するか考察せよ．

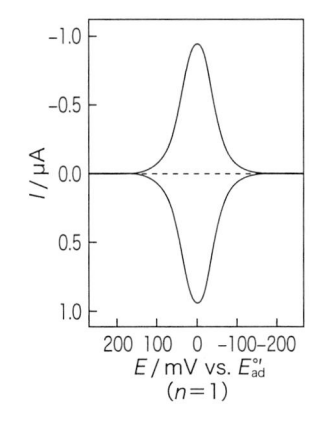

第Ⅲ部 2章 イオン選択性電極 (ISE)

イオン選択性電極は医療計測，工業計測，環境計測などの分野で幅広く実用化されている．この分析法は試料溶液に電極を浸漬するだけで，特定のイオンの活量を迅速に非破壊で検出できるという優れた特徴をもち，現在もさまざまな用途に応じた応用例が数多く報告されている．

2.1 分析法の原理・特徴

特定のイオンに選択的に応答する電極をイオン選択性電極（Ion-Selective Electrode：ISE）という．ISE の先端には，特定のイオンと選択的に相互作用する感応物質（イオン交換体など）を含むイオン感応膜が取りつけられている．このイオン感応膜と測定溶液の界面では，特定のイオンが感応物質と相互作用することによりイオン感応膜に取り込まれ，電荷分離が生じる．その結果，特定のイオンの活量に応じた電位が発生する．図 2.1 に示すように，

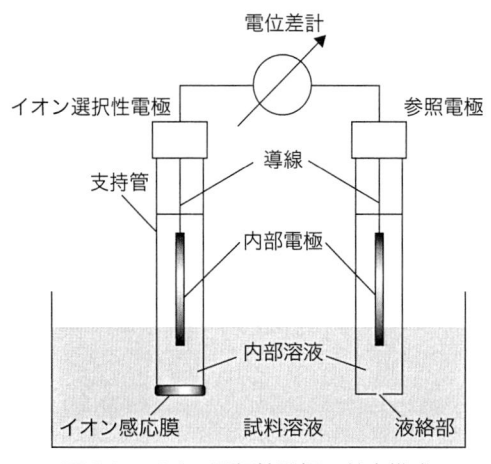

図 2.1 イオン選択性電極の基本構成

ISEと参照電極を接続し，目的イオンを含む電解溶液や血清などの生体試料に浸すと，両電極間にイオンの活量に応じた電位が生じる．発生する電位を測定することにより，測定溶液中のイオンの活量†の定量が可能となる．この両電極間に生じる電位は，理想状態において式2.1のネルンスト(Nernst)の式により表される．

$$E = E_0 + \frac{RT}{z_i F} \ln a_i = E_0 + 2.303 \frac{RT}{z_i F} \log a_i \tag{2.1}$$

E：電位(V)，E_0：系の基準電位(V)，z_i：目的イオンの価数，
F：ファラデー定数($96,485$ C mol^{-1})，R：気体定数(8.3145 J mol^{-1} K^{-1})，
T：絶対温度(K)，a_i：目的イオン活量

この式は，イオンの活量の対数値と電位の間に直線関係が成り立つことを示し，その直線範囲は一般に4～6桁と幅広い．たとえば，25℃で1価の陽イオンを理想的な条件で測定する場合，その傾きは59.2 mVとなる．また，その応答は迅速であり，通常の測定では1分以下，優れたものでは数秒で測定が可能である．

式2.1は目的イオン以外に電極電位に影響を及ぼすイオンが存在しない場合に成り立つ式であるが，実際の測定ではほかの共存イオンが電位に影響を及ぼす場合が多い．その場合の電極間に生じる電位は，式2.2に従うとされている．

$$E = E_0 + 2.303 \frac{RT}{z_i F} \log \left\{ a_i + \sum_{i \neq j} k_{ij}^{\text{pot}} (a_j)^{z_i/z_j} \right\} \tag{2.2}$$

この式はニコルスキー・アイゼンマン(Nicolsky-Eisenman)の式と呼ばれ，a_j，z_jは共存するイオンの活量および価数を示す．k_{ij}^{pot}は選択係数と呼ばれ，目的イオン(i)の分析を行う上で，jイオンの妨害の程度を示す値である．この選択係数の値が小さいほど目的イオンへの選択性が高い．

ISEの種類

ISEの基本構造は図2.1に示したように，電極本体を形成する支持管，先端に取りつけられているイオン感応膜，発生した電位を誘導する内部溶液，内部電極，導線により構成されている．また，被覆線型イオン選択性電極(Coated-Wire Ion-Selective Electrode, CWISE)のように，内部溶液を用いず，直接，電極にイオン感応膜が被覆されたISEも使用されている．ISEは取りつけるイオン感応膜の種類により，固体膜電極と液体膜電極の二つに大別することができる．さらに，前者はガラス膜電極，単結晶膜電極，無機

活　量

電解質水溶液において，濃度が濃くなるにつれて陽イオンと陰イオンとの間に静電的相互作用が生じ，その一部が未電離のように振る舞う．その結果，理想溶液における濃度と実際濃度に誤差が生じる．その誤差を補正した濃度が活量である．

表 2.1　ISE の種類

イオン選択性電極	固体膜電極	ガラス膜電極
		単結晶膜電極
		無機塩膜電極
	液体膜電極	イオン交換膜電極
		ニュートラルキャリヤ膜電極

塩膜電極に，後者はイオン交換膜電極，ニュートラルキャリヤ膜電極に分類することができる（表 2.1）．また，現在では，液体膜型電極はポリ塩化ビニルなどの高分子を支持体として用いる可塑化高分子†膜が一般的に用いられている．

可塑化高分子
高分子との相溶性に優れた可塑剤を高分子と混合することで得られ，硬い高分子（プラスチック）が柔軟性，成形加工性をもつ．

- **ガラス膜電極**　ガラス薄膜をイオン感応膜とした電極で，Na_2O-CaO-SiO_2 の組成をもつガラス膜が開発されて以来，水素イオン濃度（pH）を測定するために広範囲に使用されている．また，ガラス膜の組成によりナトリウムイオンやカリウムイオンに対して応答を示すものもある．
- **単結晶膜電極**　単結晶をイオン感応膜とした電極で，代表例としてフッ化ランタン（LaF_3）の単結晶を膜としたフッ化物イオン ISE がある．
- **無機塩膜電極**　感応物質としてハロゲン化銀（AgX）や AgX と硫化銀（Ag_2S）の混合物などの無機塩を含む膜をイオン感応膜とした ISE である．AgCl のような溶解度積の小さい塩を高温で加圧形成した均一固体膜電極と，感応物質をポリ塩化ビニル（PVC），シリコーンゴムなどに分散させた不均一固体電極がある．この種の電極はハロゲン化物イオン ISE としての応用例が多い．

膜溶媒
液体膜電極の膜溶媒にはセバシン酸ジオクチル，o-ニトロフェニルエーテル，フェニルホスホン酸ジオクチルなどが用いられる．

- **イオン交換膜電極**　イオン交換体を疎水性有機溶媒（膜溶媒†）に溶解させ高分子膜化させたものをイオン感応膜とする ISE である．イオン交換体の代表的な化合物として，カルシウムイオンに対する感応物質であるジデシルリン酸カルシウムなどがある．また，第 4 級アンモニウム塩は塩化物イオンに対する感応物質として用いられている．図 2.2 にそれぞれの構造式を示す．
- **ニュートラルキャリヤ膜電極**　電気的に中性で，イオンと選択的に安定な錯体を形成する有機化合物はニュートラルキャリヤと呼ばれており，これを膜溶媒に溶解させ，高分子膜化させたものをイオン感応膜とする

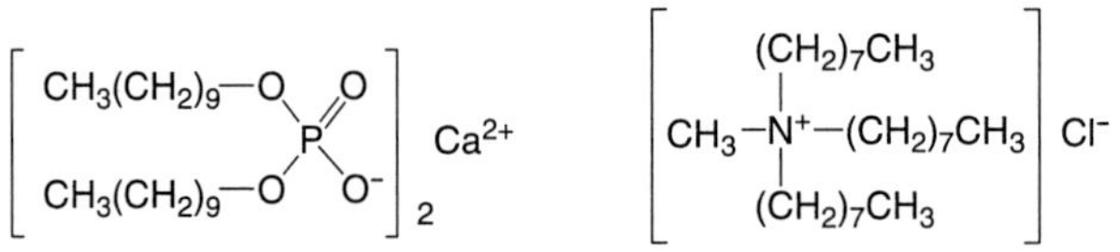

$$\left[\begin{array}{c} CH_3(CH_2)_9-O \\ \diagdown P \diagup O \\ CH_3(CH_2)_9-O O \end{array}\right]_2 Ca^{2+} \qquad \left[\begin{array}{c} (CH_2)_7CH_3 \\ CH_3-N^+-(CH_2)_7CH_3 \\ (CH_2)_7CH_3 \end{array}\right] Cl^-$$

ジデシルリン酸カルシウム　　　　第 4 級アンモニウム塩

図 2.2　イオン交換体の構造

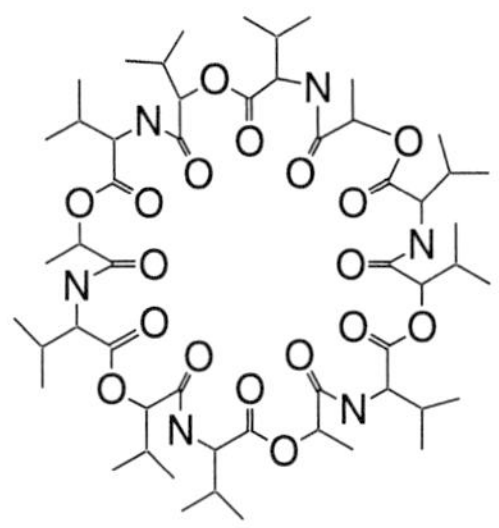

図 2.3 バリノマイシンの構造 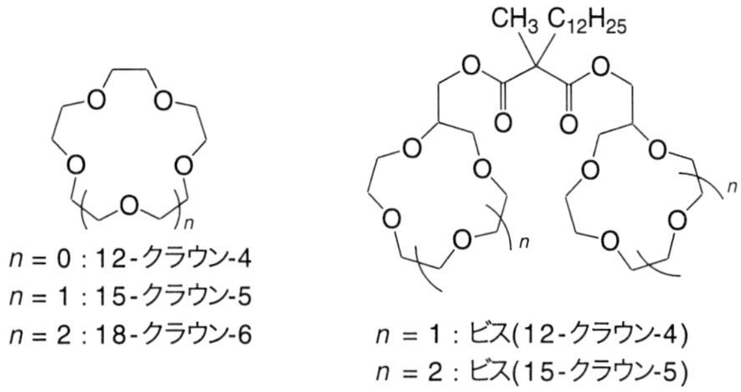　　図 2.4 クラウンエーテルの構造

ISE である．ニュートラルキャリヤの多くは環状の分子構造をしており，孔径に合ったイオン径をもつイオンと安定な錯体を形成する．代表的なニュートラルキャリヤとして，K^+ に高い選択性を示すバリノマイシン，アルカリ金属イオンなどに選択性を示すクラウンエーテルなどが知られている．バリノマイシンは放線菌の培養液から抽出される天然化合物で，図 2.3 に示すような構造をもつ物質である．一方，クラウンエーテルは人工（合成）の環状ポリエーテルであり，環サイズに合ったイオンと選択的に相互作用を示す．とくに，二つのクラウンエーテルを分子内にもつビス（クラウンエーテル）誘導体は優れたイオン選択性を示す（図 2.4）．

2.2 分析方法および注意点

ISE の測定には，図 2.1 に示したように ISE と参照電極とを組み合わせて測定溶液に浸し，両電極に発生する電位を測定する．ここで，式 2.1 からわかるように，得られる電位はイオン濃度ではなく活量に依存するため，濃度を測定する際にはこの差異を考慮する必要がある．活量 a と濃度 C の関係は式 2.3 により示される．ここで，C_i はイオン i の濃度，f_i は活量係数である．

$$a_i = f_i C_i \tag{2.3}$$

測定溶液にはイオン強度調整溶液を加え，イオン強度を一定にして測定することが望ましい．用いる ISE の種類によっては pH の影響があるため，pH 緩衝液†を使用する必要がある．また，他のイオンの妨害を考慮しなければならない場合，妨害となるイオンを除去するための前処理が必要となる．そのため，用いる ISE の性能と妨害イオンの存在をあらかじめ把握しておく必要がある．

参照電極には，塩化カリウムを内部溶液とする銀 - 塩化銀電極が広く用いられている．しかし，内部溶液の塩化カリウムが測定に影響を与える場合には，液絡部が二重になったダブルジャンクション型電極を用いることが望ま

緩衝液
溶液の pH を一定に保つ作用をもつものである．多くは，高濃度の弱酸とその共役塩基，または弱塩基とその共役酸を含む溶液である（例：CH_3COOH-CH_3COOLi，NH_3-NH_4Cl 系）．用途や必要な pH 範囲に応じ，さまざまな種類のものがある．

しい．また，電位差計には高入力抵抗($10^{12} \sim 10^{14}\,\Omega$)をもった pH メーター，イオンメーターなどが用いられる．

測定条件として，正確な電位を測定する場合には恒温槽を用い，電極系および試料溶液の温度を一定にする．また，安定な電位を得るために，一定速度で試料溶液を撹拌する必要がある．

定量方法

未知濃度の試料溶液中のイオンの定量は，以下に記す方法により可能である．

・検量線法　各種活量の目的イオンを含む標準液を用いて，目的イオンに対する ISE の電位を測定する．この測定電位を活量の常用対数に対してプロットし，図 2.5 のような検量線を作成する．次に，試料溶液についての電位を測定し，作成した検量線により目的イオンの活量を換算する．電位測定には試料溶液と標準液の溶液組成，測定温度などをほぼ等しくする必要がある．また，試料溶液の活量 $a_x(f_x c_x)$ (電位 E_x) が，活量 $a_1(f_1 c_1)$ と $a_2(f_2 c_2)$ (電位 E_1 と E_2) を示す 2 種類の標準液の活量範囲内となる条件下 (図 2.6) においては，次の式 2.4 から濃度を算出することもできる．

$$-\log f_x c_x = -\log f_1 c_1 + \frac{E_1 - E_x}{S} \tag{2.4}$$

ここで，式 2.4 中の S は以下の式 2.5 で表され，検量線の傾きを示す．

$$S = \frac{E_1 - E_2}{\log f_1 c_1 - \log f_2 c_2} \tag{2.5}$$

・標準添加法　試料溶液に目的イオンの標準液を一定量添加し，添加前後

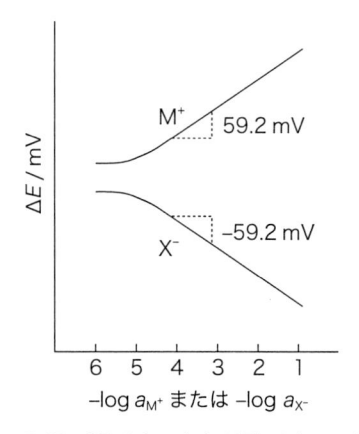

図 2.5　1 価の陽イオンまたは陰イオンに対する検量線

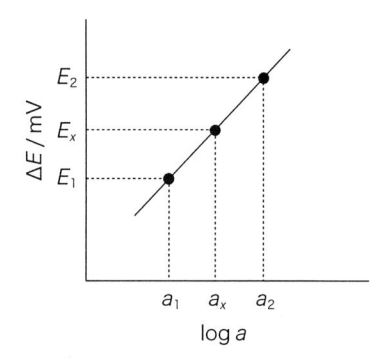

図 2.6 式 2.4 における試料溶液の活量と電位の関係

の測定電位の差から試料溶液中の目的イオンの濃度を求めることができる．この方法は，試料溶液のイオン強度などの溶液の組成変動をあまり考慮する必要がないという特徴がある．

目的イオン（濃度 c_x，活量係数 f_x，体積 v_x）を含む試料溶液の電位を E_x とし，これに高濃度 c_1（c_x の 100 倍程度）の標準液を体積 v_1（少量）だけ添加した溶液（活量係数が f_x から f_1 に変化）の測定電位を $E_x + \Delta E$ とすると，ΔE は式 2.6 のように表される．

$$\Delta E = S \log \frac{f_1}{f_x} \times \frac{c_x v_x + c_1 v_1}{c_x (v_x + v_1)} \tag{2.6}$$

これに $v_x + v_1 \fallingdotseq v_x$, $f_x \cong f_1$ の条件を代入すると式 2.7 が得られる．

$$c_x = \frac{c_1 v_1 / v_x}{10^{\Delta E/S} - 1} \tag{2.7}$$

この式から試料溶液中の目的イオン濃度を計算することができる．ここで，S は目的イオンに対する検量線の傾きを示す(式 2.5)．

2.3 分析例

ISE は，上記に述べたように，イオン感応膜の組成に応じたイオンを検出することが可能であり，さまざまなイオン種に応じた ISE がこれまで開発され，その用途も多岐にわたる．表 2.2 におもな ISE の特性を，表 2.3 にそれぞれの電極の用途例を示す．

表2.2　おもなISEの特性

電極の種類	測定イオン	感応膜の組成	測定範囲(M)	おもな妨害イオン
ガラス膜電極	H^+	$Li_2O\text{-}Cs_2O\text{-}La_2O_3\text{-}SiO_2$	$1 \sim 10^{-14}$	Ag^+, H^+
	Na^+	$Na_2O\text{-}Al_2O_3\text{-}SiO_2$	$1 \sim 10^{-6}$	Ag^+, H^+
	K^+	$Li_2O\text{-}Cs_2O\text{-}La_2O_3\text{-}SiO_2$	$1 \sim 5 \times 10^{-6}$	Na^+, NH_4^+, Li^+ など
単結晶膜電極	F^-	LaF_3	$1 \sim 10^{-6}$	OH^-
無機塩膜電極	Cl^-	$AgCl, AgCl\text{-}Ag_2S$	$1 \sim 10^{-5}$	S^{2-}, Br^-, I^-
	Br^-	$AgBr, AgBr\text{-}Ag_2S$	$1 \sim 5 \times 10^{-6}$	S^{2-}, Br^-, I^-
	I^-	$AgI, AgI\text{-}Ag_2S$	$1 \sim 5 \times 10^{-8}$	S^{2-}
	CN^-	AgI	$10^{-2} \sim 5 \times 10^{-6}$	S^{2-}, I^-
	S^{2-}	Ag_2S	$1 \sim 10^{-7}$	Hg^{2+}
	Ag^+	Ag_2S	$1 \sim 10^{-7}$	Hg^{2+}
	Cd^{2+}	$CdS\text{-}Ag_2S$	$1 \sim 10^{-8}$	Ag^+, Hg^{2+}, Cu^{2+}
	Cu^{2+}	$CuS\text{-}Ag_2S$	$1 \sim 10^{-6}$	S^{2-}, Ag^+, Hg^{2+}
イオン交換膜電極	NO_3^-	Ni^{2+}-バソフェナントロリン/NO_3^- 錯体	$1 \sim 10^{-5}$	$ClO_4^-, I^-, ClO_3^-, Br^-$
	ClO_4^-	Fe^{2+}-バソフェナントロリン/ClO_4^- 錯体	$1 \sim 10^{-6}$	I^-, ClO_4^-
	Cl^-	塩化ジメチルジステアリルアンモニウム	$1 \sim 10^{-5}$	$ClO_4^-, I^-, NO_3^-, Br^-, OH^-$
	BF_4^-	Ni^{2+}-バソフェナントロリン/BF_4^- 錯体	$1 \sim 10^{-5}$	$ClO_4^-, I^-, Br^-, NO_3^-$
	Ca^{2+}	ジデシルリン酸カルシウム	$1 \sim 10^{-6}$	$Zn^{2+}, Pb^{2+}, Fe^{2+}, Cu^{2+}$
ニュートラルキャリヤー膜電極	K^+	バリノマイシン	$1 \sim 10^{-6}$	
	Na^+	ビス(12-クラウン-4)	$1 \sim 5 \times 10^{-6}$	
	NH_4^+	ノナクチン	$1 \sim 10^{-6}$	Na^+, K^+
	Li^+	ジベンジル-14-クラウン-4	$1 \sim 10^{-5}$	Na^+, K^+

表2.3　おもなISEの用途例

電極の種類	測定イオン	用途例
ガラス膜電極	H^+	さまざまな分野におけるpH測定
	Na^+	生体・食物・鉱物中のナトリウムイオン分析
単結晶膜電極	F^-	薬剤・食物・環境水中のフッ化物イオン分析
無機塩膜電極	Cl^-	上水道の管理，食物・樹脂中の塩化物イオン分析
	Br^-	土壌・植物組織の臭化物イオン分析
	I^-	飼料・肥料・薬剤中のヨウ化物イオン分析
	CN^-	メッキ廃液の処理，管理
	S^{2-}	製紙工場，石炭・土壌中の硫化物イオン分析
	Ag^+	写真現像のプロセス管理
	Cd^{2+}	メッキ廃液の処理，教育・学術研究
	Cu^{2+}	メッキ浴のプロセス管理，食物中の銅イオン分析
イオン交換膜電極	NO_3^-	土壌・食物中の硝酸イオン分析，肥料・水耕栽培のプロセス制御
	ClO_4^-	爆発物・火薬の過塩素酸イオン分析
	Cl^-	血液・尿などの生体分析，食物・環境水中の塩化物イオン分析
	BF_4^-	メッキ浴のプロセス制御
	Ca^{2+}	血液中の生体分析，食物・環境水の硬度測定
ニュートラルキャリヤー膜電極	K^+	生体・食物・土壌・鉱物中のカリウムイオン分析
	Na^+	生体・食物・鉱物中のナトリウムイオン分析
	NH_4^+	食品・尿・肥料中のアンモニウムイオン分析
	Li^+	治療患者の血液中のリチウムイオン濃度管理

■ 章末問題 ■

2.1 1価および2価イオンがイオン選択性電極に対して理想的に応答する場合,25.0 ℃および37.0 ℃における理論勾配(検量線の傾き)を計算せよ.
(1) 1価(陽イオン),25.0 ℃　　(2) 1価(陽イオン),37.0 ℃
(3) 2価(陰イオン),25.0 ℃　　(4) 1価(陰イオン),37.0 ℃

2.2 イオン選択性電極の測定において,目的イオンに対する選択性が十分に高い場合,ほかのイオンの影響をほとんど受けずに測定することが可能である.その理由をニコルスキー・アイゼンマンの式2.2を用いて説明せよ.

2.3 イオン選択性電極を用いて,目的イオン(i^+) 1.00×10^{-4} M と妨害イオン(j^+) 1.00 M を含む水溶液の電位を測定したところ,10.0 mV の電位を示した.また,それぞれの濃度が 1.00×10^{-3} M,1.00 M の場合,17.6 mV の電位を示した.この電極の妨害イオン(j^+)に対する目的イオン(i^+)の選択係数を計算せよ.ただし,測定温度は 25.0 ℃ とし,活量と濃度が等しいと仮定する.

2.4 イオン選択性電極の種類とそれぞれの特徴を述べよ.

2.5 イオン選択性電極の1価の金属イオンに対する電位応答を測定したところ,130 mM の水溶液では 10.0 mV,160 mM の水溶液では 15.3 mV の電位を示した.この電位応答(検量線)の傾きを計算せよ.ただし,活量と濃度が等しいと仮定する.

2.6 問2.5で用いたイオン選択性電極により,未知濃度の試料水溶液の濃度を求めたい.この試料溶液の電位測定を行ったところ,出力電位が 12.8 mV であった.この試料溶液の濃度を計算せよ.ただし,活量と濃度が等しいと仮定する.

2.7 未知濃度の1価の金属イオン(M^+)を含む試料水溶液 10.0 mL をイオン選択性電極を用いて測定したところ,出力電位をとして 13.2 mV を示した.この溶液中に含まれる M^+ の濃度を決定するために,1.00 M の M^+ 標準液を 100 μL 添加したところ,その出力電位は 15.7 mV を示した.用いた電極が M^+ に対して理想的に応答し,その傾きが 59.2 mV を示すとき,未知試料に含まれる M^+ の濃度を計算せよ.ただし,溶液の添加に伴う活量係数(f)の変化は無視できるものとする.

付録 Appendix

これだけは知っておきたい
データの見方, 取り扱い方

【測定値とは何か】

測定とは, 器具や装置で, 対象となるべきものを「はかる」ことであり, その結果得られた物理量を測定値と呼ぶ. 分析化学で一般にデータといわれるのは, この測定値そのものや, 測定値から間接的に見積もられる量のことである. 物理量は数値×単位で表され, 通常, 図や表には物理量を単位で徐したあとの数値が記されている. たとえば, 物理量として 2 地点間の距離を記号 d で表すと, d には 2 m, 10 m などのデータが含まれるが, 図表中の多数のデータの一つ一つに単位をつけて表現することはなく, 単位である m で除し d/m と表記したのち, 数値のみを通常記している. 物理量を表す記号はイタリック体で, 単位はローマン体で記す.

【真値と誤差】

われわれは「正しい値」を測定で求めたい. ここでいう「正しい値」を一般に真値と呼んでいる. 測定値は有限の有効数字をもつが, 真値は有限の数値で表すことができない. 測定値から真値を引いて得られた値を誤差と呼ぶ. 誤差には系統誤差と偶然誤差があり, 系統誤差がない条件で無限に多数の回数の測定によって得られた測定値の平均値が真値に一致すると考える.

系統誤差とは測定上の望ましくない条件, 計測器の特徴, 測定者の癖などの原因により, 真値から明らかに異なった値しか得られない状況下で生じる誤差である. たとえば十分に乾燥させていない試薬を秤量し, 溶液をつくると, その濃度は必ず望んだ値よりも小さくなる. この誤差は十分に実験条件を検討すれば防げるが, 原因に気づかないこともしばしばである. また分析法の場合は, 標準試料を比較することで系統誤差の有無および程度を知ることができる.

系統誤差がまったくない状況でも測定値が変動するが, このときの誤差を

偶然誤差と呼ぶ．偶然誤差は現れ方が一定方向に偏らず，統計的に処理することができる．その際，測定値の現れる頻度は平均値で最も高く，平均値を中心に正規分布すると考えられている．

系統誤差が小さな測定の場合に「正確である」，「確度（accuracy）が高い」などといい，偶然誤差が小さな測定の場合「精密である」，「精度（precision）が高い」などという．すなわち，正確ではあっても精密ではなかったり，その逆もまた存在する．正確であり精密な分析値を求めることが重要であるのはいうまでもない．精密な測定に対して「再現性がよい」といわれることがあるが，同じ器具，同じ手順，同じ環境の下で繰り返し測定の結果が互いによく一致する場合（repeatability）と，同じ試料であっても測定者や用いた器具が異なる場合にも結果が一致する場合（reproducibility）の両方が含まれることがあるので注意が必要である．

【有効数字】

50 mLのビュレットの目盛りは0.1 mLごとに刻まれているが，その目盛りを用いて体積を読み取る場合，最小目盛りの1/10までを目分量で読み取る（たとえば10.13 mL）ことが通常行われる．このとき，±0.01 mL程度の読み取り誤差が付随する．すなわち，10.1 mLまでは「確か」であるが，小数点以下第2位の桁は「不確か」とされ，確かな3桁に不確かな1桁を加えて，有効数字は4桁であるとされる．

さて，100 mLのメスシリンダー（目盛りは1 mLごとに刻まれている）で50.0 mL（±0.1 mL）を量り取り，先の10.13 mLに加える場合，誤差が最大の組合せでは60.13 ± 0.11 mLとなり，メスシリンダーのもつ不確かさが大きく反映される．すなわち，データの加減を行うとき，有効数字は不確かな桁で位が高いほうに合わせた桁数となる．

一方，上の数値どうしを誤差が最大の組合せで掛け合わせると，（50.0 ± 0.1）×（10.13 ± 0.01）は506.5 ± 1.51となり，3桁目が不確かとなる．すなわち，一般にデータの乗除では，有効数字は計算に用いる数値のなかで，桁数の最も小さいものによって決定される．計算機を用いて測定値間の乗除を行う過程では，有効数字の桁数を超える値も現れるが，それらのすべてを記すことは無意味である．一方，計算の途中の過程で数字を丸めすぎると，最後の結果に大きすぎる誤差が残ることもあるので，注意が必要である．

【測定値には分布がある】

われわれが健康診断の結果として知らされる赤血球数などは3桁の数字が並んでおり，唯一その数値しか存在しないかのような印象をもたせるが，現実にはすべての測定値には分布がつきものである．たとえば，100 mLの

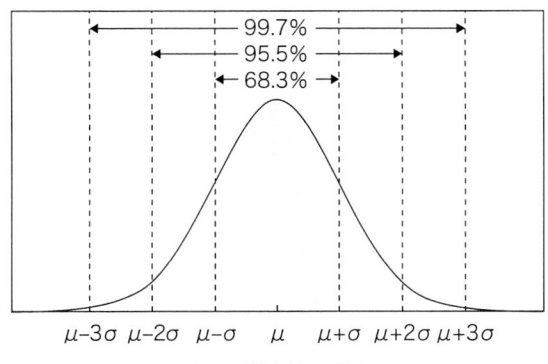

図1　測定値の分布

空のビーカーの目盛りを見ながら水を 100 mL 入れる作業を複数回繰り返すと，いつでも「90 mL ではなく 100 mL 入れた」とはいえても，ビーカーに入れた水の質量を 0.01 g まではかれる天秤ではかると，99.51, 100.75, 100.62, 99.17, 100.91 g などのように変動するのが通常である．

先の例よりももう少し現実の実験に近い例として，10 mL のホールピペットを用いてビーカーへ水を取りだすことを考える．このとき，温度，ビーカーへ取りだされたあとの蒸発，水をだし入れするときのスピードなどによる系統誤差がないと仮定し，取りだした水の質量から体積を算出することを多数回繰り返した場合，測定回数 n で得られたおのおのの測定値を x_i とすると，平均値 $\bar{x}$ は $(\sum_i x_i)/n$ で，標準偏差 s は $\sqrt{\sum_i (x_i - \bar{x})^2/(n-1)}$ で与えられる．

通常の測定で得られる複数個のデータは，無限に多数の測定で得られるデータの一部であり，n を無限に大きくしたとき（母集団）のデータの分布は一般に次式で表される正規分布となる．

$$y = \frac{\exp\{-(x-\mu)^2/2\sigma^2\}}{\sigma\sqrt{2\pi}} \tag{1}$$

ここで y は x の出現する相対頻度，μ および σ は母集団の平均値および標準偏差である．$\mu \pm \sigma$ に母集団のおよそ 68.3%，$\mu \pm 2\sigma$ におよそ 95.5%，$\mu \pm 3\sigma$ におよそ 99.7% の測定結果が含まれることになる（図1）．

測定値そのものや，測定値から得られる分析結果を表記する場合，得られた値として平均値を，変動の大きさとして標準偏差を記す〔すなわち $(\bar{x} \pm s)$ ×単位〕ことがしばしばである．また，標準偏差の代わりに変動係数〔$= (s/\bar{x}) \times 100$，相対標準偏差ともいう，単位は%〕を用いて，測定値の変動を表すこともある．

【誤差の伝播】

おのおのの測定値が $\bar{x} \pm s$ で示されているとき，それらを組み合わせた物

理量のもつ誤差は次のように表される．

[加算と減算の場合]
物理量 y が測定値 a, b, c などを加算と減算で組み合わせた結果得られるとする．

$$y = k + k_a a + k_b b + k_c c + \cdots\cdots \quad (k_a \text{などは定数})$$

a, b, c などの標準偏差を s_a, s_b, s_c などとすると，y の標準偏差 s_y は以下のようになる．

$$s_y = \sqrt{(k_a s_a)^2 + (k_b s_b)^2 + (k_c s_c)^2 + \cdots\cdots} \qquad (2)$$

[乗算と除算の場合]
同様に，物理量 y が測定値 a, b, c などを乗算と除算で組み合わせた結果得られるとする．

$$y = kab/cd$$

このとき，s_y には次の式が成立する．

$$s_y/y = \sqrt{(s_a/a)^2 + (s_b/b)^2 + (s_c/c)^2 + (s_d/d)^2} \qquad (3)$$

(例) 濃度未知の水酸化ナトリウム水溶液を 10.00 mL〔標準偏差 0.02 mL，相対標準偏差(RSD) 0.2%，以下同様〕のホールピペットでコニカルビーカーにとり，0.1000 mol dm^{-3} (0.0002 mol dm^{-3}，0.2%) の塩酸標準溶液をビュレットから滴下したところ，20.0 mL (0.1 mL，0.5%) で滴定終点に達した．
このとき，水酸化ナトリウム水溶液の濃度は 0.200 mol dm^{-3} となるが，RSD は

$$\sqrt{(0.02/10.00)^2 + (0.0002/0.1000)^2 + (0.1/20.0)^2} = 0.0057$$

より 0.57% となる．このとき滴定の技術を RSD で 0.1% まで向上させると，同様の計算から，求めた結果の RSD は 0.3% まで改善される．

[その他の関数形]
y が x の関数であるときは，次のように表される．

$$s_y = |s_x \, dy/dx| \qquad (4)$$

【いくつかの測定値のなかで一つだけ値が異なった．有意の差か，統計的に区別できない差か】

繰り返し測定を行う際，互いに似通った値のなかに，ほかとは少し異なると思える値があることは珍しくない．以下の方法は，Q検定と一般に呼ばれており，ほかとは異なるように見える測定値が現れた場合に，その数値を採用するか否かの判定に利用される．

$$Q = |\text{異なる値} - \text{最近接値}| / (\text{最大値} - \text{最小値}) \quad (5)$$

Qの値が表1の値よりも大きければ，95％の確率で異なる値が棄却されるべきと判定される．

(例)滴定した結果，次の値が得られた．

10.01, 10.03, 10.00, 10.04, 10.12 mL

10.12 mLを棄却すべきかどうかを判定するためのQは次式で求められる．

$$Q = |10.12 - 10.04| / (10.12 - 10.00) = 0.67$$

表1より，測定回数5の場合のQ (95％)の臨界値は0.71であり，0.67はこれを下回るので10.12 mLは棄却すべきではない．

このように測定値は，相当の根拠がないかぎり捨てることはできない．

表1 信頼水準95％でのQの臨界値

測定回数	Q (95％)
3	0.970
4	0.829
5	0.710
6	0.625
7	0.568
8	0.526
9	0.493
10	0.466
11	0.444
12	0.426
13	0.410
14	0.396
15	0.384

【測定値をどう見るか】

われわれはnを無限に大きくすることはできないので，$\bar{x}$とμ，およびsとσは一般に異なる値であるが，有限の系統誤差のない測定結果から，μがどの範囲(信頼区間)にあるのかを次式から推定することができる．

$$\bar{x} - ts/\sqrt{n} < \mu < \bar{x} + ts/\sqrt{n} \quad (6)$$

t (Studentのtといわれる)は自由度〔＝試料数(測定回数)－1〕に応じて異なる．95％信頼限界についての値を表2に示した．

一方，信頼区間を用いて系統誤差の有無を検定することができる．

(例) 亜鉛イオンを10.0 nM含む河川水標準試料を6回測定して，10.6, 10.8, 10.4, 10.5, 9.9, 10.2 nMの結果を得た．この結果は系統誤差がないといえるか．

自由度5，$t = 2.57$，$\bar{x} = 10.4$，$s = 0.316$であるので，$ts/\sqrt{n} = 0.33$となり，式2から95％信頼区間は$10.07 < \mu < 10.73$となる．既知の値である10.0 nMが信頼区間に含まれていないので，95％の確率で系統誤差が

表2 信頼水準95％でのt値

自由度	t (95％)
2	4.30
3	3.18
4	2.78
5	2.57
6	2.45
7	2.36
8	2.31
9	2.26
10	2.23
12	2.18
14	2.14
16	2.12
18	2.10
20	2.09

あると考えられる．

同様に，平均値と既知の値の差が有意か否かの判定にも t が用いられる．

$$t = (\bar{x} - \mu)\sqrt{n}/s \tag{7}$$

上記の例で t の絶対値を求めると 3.10 となり，表 2 の $t = 2.57$ よりも大きいので危険率 5% で平均値と既知の値に有意の差があるといえる．

【分析法の比較】

新しい分析法が開発されようとする場合，現実の試料に適応可能かどうかを判断する一つの方法として，既存の有効な方法との比較がある．その際，同一の試料に対して，それぞれの測定法で複数回測定し，次の方法により判断される．

（例）土壌試料を抽出したあとの鉛濃度を A 法および B 法で測定したところ，以下の結果が得られた．両者に偶然誤差以上の違いが認められるか．

	測定回数(n)	平均値($\bar{x}$)	標準偏差(s)
A 法	6	0.252 ppm	0.041 ppm
B 法	8	0.234 ppm	0.034 ppm

まず，両者の結果の標準偏差間で有意差の有無を判定（F 検定）を行う．A 法および B 法で得られた測定値の標準偏差をおのおの s_A, s_B とする．次式で F を計算する．

$$F = s_A^2/s_B^2 \quad (F > 1 \text{ となるように } s_A, s_B \text{ を組み合わせる}) \tag{8}$$

表 3 のなかから A，B の測定回数に対する F 値を求め，その値が上式より得られた値を上回れば，両方の標準偏差には 95% の確率で有意の差はない．上記の例では $F = 0.041^2/0.034^2 = 1.45$ であり，表 3 より求まる $F(95\%)$

表3　信頼水準95%でのF検定の値

自由度B \ 自由度A	2	3	4	5	6	7	8	9
2	39.00	39.17	39.25	39.3	39.33	39.36	39.37	39.39
3	16.04	15.44	15.10	14.88	14.73	14.62	14.54	14.47
4	10.65	9.979	9.605	9.364	9.197	9.074	8.980	8.905
5	8.434	7.764	7.388	7.146	6.978	6.853	6.757	6.681
6	7.260	6.599	6.227	5.988	5.820	5.695	5.600	5.523
7	6.542	5.890	5.523	5.285	5.119	4.995	4.899	4.823
8	6.059	5.416	5.053	4.817	4.652	4.529	4.433	4.357
9	5.715	5.078	4.718	4.484	4.320	4.197	4.102	4.026

値（A および B の自由度はそれぞれ 5 および 7）の 5.285 よりも小さいので，両者の標準偏差には有意の差がないことになる．

［標準偏差に有意差がない場合］
s_A, s_B を組み合わせて次の s（標準偏差の合併推定値）を求める．

$$s^2 = \frac{(n_A - 1)s_A^2 + (n_B - 1)s_B^2}{(n_A + n_B - 2)} \tag{9}$$

上記の例をこの式に当てはめ s を求めると，$s = 0.037$ となる．続いて次式に基づき t を求める．

$$t = \frac{(\bar{x}_A - \bar{x}_B)}{s\sqrt{\frac{1}{n_A} + \frac{1}{n_B}}} \tag{10}$$

上記の例の場合，$t = 0.898$ となり，表 2 から自由度（$= n_A + n_B - 2$）12 の場合の $t(95\%) = 2.18$ よりも小さいため，両者の平均値には有意の差が認められないことになる．

［標準偏差に有意差がある場合］
F 検定により標準偏差間で有意の差が認められた場合の t 値は次式で求める．

$$t = \frac{(\bar{x}_A - \bar{x}_B)}{\sqrt{\frac{s_A^2}{n_A} + \frac{s_B^2}{n_B}}} \tag{11}$$

この場合，$t(95\%)$ 値を表 2 から求める際の自由度は次式で与えられる．

$$\text{自由度} = \frac{\left(\frac{s_A^2}{n_A^1} + \frac{s_B^2}{n_B^2}\right)^2}{\left[\frac{s_A^4}{n_A^2(n_A - 1)} + \frac{s_B^4}{n_B^2(n_B - 1)}\right]} \tag{12}$$

なお，小数点以下は切り捨てて整数とする．

【相関関係】

試料中の目的物の濃度や含有量に対する検出信号強度の変化をプロットした線を検量線あるいは校正線と呼び，未知試料の信号強度から濃度や含有量を求めるために用いる．このとき，検量線の直線範囲を用いることが通常で

あるが，すべての測定点が厳密に同一直線上に乗ることはまれである．そのため，直線性があると考えられる範囲で，測定点からの誤差が最も少ない直線を $y = ax + b$ としたとき，最小二乗法により求められ得る傾き a は

$$a = \frac{\sum_i \{(x_i - \bar{x})(y_i - \bar{y})\}}{\sum_i (x_i - \bar{x})^2} \tag{13}$$

で与えられる．また，$b = \bar{y} - a\bar{x}$ である．ここで，$\bar{x}, \bar{y}$ は x, y の平均値である．

このとき，測定点がどれくらい直線に一致しているかを見積もるための数値として，次式で計算される相関係数がしばしば用いられる．

$$r = \frac{\sum_i \{(x_i - \bar{x})(y_i - \bar{y})\}}{\{[\sum_i (x_i - \bar{x})^2][\sum_i (y_i - \bar{y})^2]\}^{1/2}} \tag{14}$$

濃度に対する検量線では相関係数が 0.99 を下回ることが少ないが，一般のさまざまなプロットでは，相関係数の値が小さくても相関関係が無視できない場合もある．そこで，相関関係が有意か否かの判定を，次式を用いて行うことができる．

$$t = \frac{|r|\sqrt{n-2}}{\sqrt{1-r^2}} \tag{15}$$

ここで求まる t 値が，表 2 の自由度 $(n-2)$ に対する t (95%) 値より大きければ，95% の確率で相関があることになる．

【ブランクの標準偏差から求める検出限界】

濃度あるいは存在量がきわめて小さい試料について，当該の測定法で検出できているのかどうかが問題になる．「ないのにある」あるいは「あるのにない」とは断じたくない．検出限界もデータの分布を考慮し，「ないのにある」

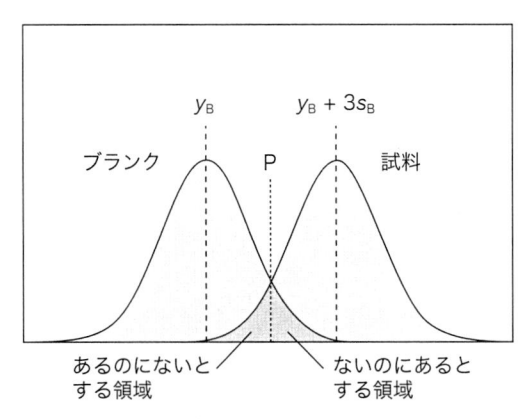

図 2　ブランク信号と検出限界

となる確率や「あるのにない」となる確率に基づいて定められる．図2 (a) はブランク信号の出現する分布を示しており，(b) は (a) にブランク信号の標準偏差の3倍 ($3s_B$) を加えた試料の分布である．ここで，図のPについて，この値よりも大きければ目的物質が存在し，小さければ存在しないと判定することとする．この場合，ブランクの信号，すなわち分析目的物質が存在しないにもかかわらず「ある」と判断してまうデータの全体に対する割合は約7%である．同様に試料の信号であるにもかかわらず，「ない」と判断してしまう割合は約7%である．一般に，ブランク信号に $3s_B$ を加えた場合に対応する濃度や量を検出限界とすることが少なくないが，$3s_B$ でないといけない理由はなく，「検出されなかった」と判断してしまうことがのちのち大きなリスクを背負うことがわかっている場合には，$3s_B$ よりも小さく定義すればよく，逆の場合は大きくすればよい．状況に応じた定義を採用すればよく，検出限界を表記する際には，その算出方法を明確にしておくことが必要である．ちなみに，危険率を5%にする場合は $3.29s_B$ となる．

【回帰線から求める検出限界】

先に述べた最小二乗法により作成された直線(回帰線)を用いて検出限界を求める際，ブランク信号の標準偏差(s_B)を次式で求める．

$$s_B = \left\{ \frac{\sum_i (y_i - \hat{y}_i)^2}{n-2} \right\}^{1/2} \quad (16)$$

ここで，$\hat{y}_i$ は x_i に対応する回帰線上の値である．先に計算した切片 b に $3s_B$ を加えた y の値に対応する回帰線上の濃度が検出限界である．

ここでは，従来の統計的な測定誤差の取り扱いについて述べた．一方，きわめて短時間に行われる測定など，幅広い条件下での測定にも対応できる「不確かさ」の概念については，文献(7)を参照されたい．

■ 章末問題 ■

1　5回の中和滴定の結果，次の値が得られた．平均値，標準偏差，相対標準偏差はいくらか．

　　　10.00, 10.03, 10.08, 10.01, 10.06（単位は mL）

2　海水中のカルシウムイオン濃度を測定したところ，次の値が得られた．すべての値を用いて平均値を求めるべきか．

394, 393, 407, 388, 392, 387 （単位は mg/kg）

3　鉄鋼中のマンガンの含有率が以下のように求められた．系統誤差がないとしたとき，真値を含む信頼区間を求めよ．

0.422, 0.383, 0.373, 0.402, 0.399 （単位は％）

4　食品中のカルシウム含有量を異なる二つの方法で測定した結果を以下に記す．互いの結果に有意の差はあるか(単位は ppm)．

| A法 | 2.30 | 2.22 | 2.20 | 2.11 | 2.25 | 2.28 | 2.21 | 2.19 |
| B法 | 2.38 | 2.19 | 1.98 | 2.33 | 2.18 | 1.95 | 2.22 | 2.26 |

5　次のデータで y_1-x および y_2-x の組合せの相関係数を求めよ．

x/ppb	0	0.10	0.20	0.30	0.40	0.50	0.60	0.70
y_1	0	1.1	1.9	3.1	3.9	5.1	5.9	7.1
y_2	0	0.091	0.167	0.231	0.286	0.333	0.375	0.412

6　低濃度の試料について繰り返し測定し，ブランクの値を差し引いたところ，次のデータが得られた．このデータの標準偏差がブランクと等しいとして，検出限界($3s$)を求めよ．

0.21, 0.23, 0.18, 0.20, 0.20, 0.19, 0.19　（単位 ppb）

7　問5の y_1-x のデータによる回帰線を用いて，ブランク信号の標準偏差を求めたのち，検出限界を算出せよ．

■参考文献■

序章
- アイザック・アシモフ著，小山慶太，輪湖 博訳，『科学と発見の歴史』，丸善 (1992).
- サバドバリー著，坂上正信，本浄高治，木羽信敏，藤崎千代子訳，『分析化学の歴史』，内田老鶴圃 (1988).
- 村上陽一郎監訳，『マクミラン世界科学史百科図鑑』，原書房 (1993).

第Ⅰ部0章
- 津田孝雄，『化学セミナー クロマトグラフィー——分離のしくみと応用』，丸善 (1995).
- 波多野博行，花井俊彦，『新版 実験高速液体クロマトグラフィー』，化学同人 (1988).
- 原 昭二，森 定雄，花井俊彦編著，『クロマトグラフィー分離システム』，丸善 (1981).

第Ⅰ部1章
- 荒木 峻，『ガスクロマトグラフィー 第3版』，東京化学同人 (1981).
- 《高純度化技術体系第1巻》『分析技術』，フジ・テクノシステム (1996).
- 日本分析化学会ガスクロマトグラフィー研究懇談会編，『キャピラリーガスクロマトグラフィー』，朝倉書店 (1997)
- 田中 稔，渋谷康彦，庄野利之，『分析化学概論』，丸善 (1999).

第Ⅰ部2章
1) 日本分析化学会関東支部編，『高速液体クロマトグラフィーハンドブック』，丸善 (2000).
2) 中村 洋監修，『分析試料前処理ハンドブック』，丸善 (2003).
3) 中村 洋監修，『液クロを上手に使うコツ』，丸善 (2004).
4) 宇井信生，岩永貞昭，崎山文夫共編，『化学増刊102 タンパク質・ペプチドの高速液体クロマトグラフィー』，化学同人 (1984).
5) 飯野和美監訳，『パーフュージョンクロマトグラフィー』，日本パーセプティブ (1997).
6) 日本化学会編，《実験化学講座第5版 20-1》『分析化学』，丸善 (2006).
7) 岡田哲男，山本 敦，井上嘉則編著，『クロマトグラフィーによるイオン性化学種の分離分析』，エヌ・ティー・エス (2002).
8) D. T. Gjerde et al., *J. Chromatogr.*, (1983).
9) ダイオネクステクニカルリビュー TR017YS-0092，『イオンクロマトグラフ Q&A その5 イオンクロマトグラフィーにおける検出器について』(2001).
10) ダイオネクステクニカルリビュー TR012-0074，『イオンクロマトグラフ Q&A その3 検量線について』(2000).

第Ⅰ部3章
1) F. E. P. Mikkers, F. M. Everaerts, Th. P. E. M. Verheggen, *J. Chromatogr.*, **169**, 11 (1979).
2) J. W. Jorgenson, K. D. Lukacs, *Anal. Chem.*, **53**, 1298 (1981).
3) S. Hjerten, *J. Chromatogr.*, **270**, 1 (1983).
4) 寺部 茂，ぶんせき，**1991**, 599.
5) 寺部 茂，ぶんせき，**1994**, 281.
6) 本田 進，寺部 茂編，『キャピラリー電気泳動——基礎と実際』，講談社サイエンティフィク (1995).
7) S. Terabe, *Trends Anal. Chem.*, **8**, 129 (1989).
8) S. Terabe, "Micellar Electrokinetic Chromatography," Beckman, Fullerton, CA, USA (1992).
9) S. Terabe, K. Otsuka, K. Ichikawa, A. Tsuchiya, T. Ando, *Anal. Chem.*, **56**, 111 (1984).
10) S. Terabe, K. Otsuka, T. Ando, *Anal. Chem.*, **57**, 834 (1985).
11) K. Otsuka, S. Terabe, *Bull. Chem. Soc. Jpn.*, **71**, 2465 (1998).
12) 大塚浩二，ぶんせき，**1998**, 522.
13) K. Otsuka, *Electrochemistry*, **69**, 624 (2001).
14) J. P. Quirino, S. Terabe, *Science*, **282**, 465 (1998).

参考文献

第Ⅰ部4章
- 《高純度化技術体系第1巻》『分析技術』，フジ・テクノシステム (1996).
- J. R. Chapman 著，土屋正彦，田島　進，平岡賢三，小林憲正訳，『有機質量分析法』，MARUZEN & WILEY (1995).
- R. M. Silverstein, F. X. Webster, 荒木　峻，山本　修，益子洋一郎，蒲田利紘訳，『有機化合物のスペクトルによる同定法　第6版』，東京化学同人 (1999).

第Ⅱ部0章
- 中原勝儼編，《日本分光学会測定法シリーズ》『13 分光測定入門』，学会出版センター (1987).
- 泉　美治ほか監修，『機器分析のてびき　第2版』，化学同人 (1996).
- 日本化学会編，《実験化学講座第5版9》『物質の構造Ⅰ　分光(上)』，『10巻　物質の構造Ⅱ　分光(下)』，丸善 (2005).

第Ⅱ部1章
- R. P. Haugland, "Handbook of Fluorescent Probes and Research Products," 9th Ed., Molecular Probes, Eugene (2002).
- 南原利夫，奥田　潤編，『INTEGRATED ESSENTIALS 臨床化学』，南江堂 (1987).
- 長野哲雄，長田裕之，菊池和也，上杉志成編，『ケミカルバイオロジー』，蛋白質 核酸 酵素10月号増刊，Vol. 52, No. 13 (2007).
- K. Imai, S. Uzu, T. Toyo'oka, *J. Pharm. Biomed. Anal.*, **7**, 1395 (1989).
- K. Shimada, K. Mitamura, *J. Chromatogr. B*, **659**, 227 (1994).

第Ⅱ部2章
- 鈴木正巳，『機器分析実技シリーズ 原子吸光分析法』，共立出版 (1984).
- 原口紘炁，『ICP発光分析の基礎と応用』，講談社サイエンティフィク (1986).
- 大道寺英弘，中原武利 編，《日本分光学会 測定法シリーズ19》『原子スペクトル測定とその応用』，学会出版センター (1994).
- 河口広司，中原武利編，《日本分光学会 測定法シリーズ28》『プラズマイオン源質量分析』，学会出版センター (1994).

第Ⅱ部3章
- 山崎　昶，『核磁気共鳴分光法』，共立出版 (1984).
- A. E. Derome 著，竹内敬人，野坂篤子訳，『化学者のための最新NMR概説』，化学同人 (1991).
- 宗像　惠，北川　進，柴田　進著，『多核NMR入門——状態分析へのアプローチ』，講談社サイエンティフィク (1991).
- R. J. Abraham, J. Fisher, P. Lotus 著，竹内敬人訳，『^{1}H および ^{13}C NMR 概説』，化学同人 (1993).
- 阿久津秀雄，嶋田一夫，鈴木榮一郎，西村善文著，《日本分光学会測定法シリーズ41》『NMR分光法——原理から応用まで』，学会出版センター (2003).

第Ⅱ部4章
- 合志陽一編著，『化学計測学』，昭晃堂 (1997).
- 中井　泉，日本分析化学会X線分析研究懇談会編，『蛍光X線分析の実際』，朝倉書店 (2005).
- 日本化学会編，《実験化学講座第5版10》『物質の構造Ⅱ　分光(下)』，丸善 (2005).《同11》『回折』，《同20-1》『分析化学』なども参照.
- L. Pauling, E. B. Wilson, "Introduction to Quantum Mechanics with Appliction to Chemistry," Dover (1935). デュアンのX線回折の扱い.

第Ⅱ部5章
1) C. J. Boettcher, Ed., "Theory of electropolarization," vol.1, Elesvier, Newyork, USA (1973); vol.2, Elsevier, Amsterdam, Holland (1978).
2) B. L. Hayes, "Microwave Synthesis, Chemistry at the Speed of Light," CEM PUBLISHING (2002),

p. 35.
3) S. L. McGill, J. W. Walkiewicz, *J. Microwave Power Electromag. Energy, Symp. Summ.*, **1987**, 175.
4) 柳田祥三, 松村竹子, 『化学を変えるマイクロ波熱触媒』, KD NeoBook (2004).
5) 浅田精一, 内出 茂, 小林基弘, 『定量分析』, 技報堂出版 (2004), p.102.
6) フィーザー / ウィリアムソン著, 後藤俊夫訳, 『有機化学実験』, 原著8版, 丸善 (2000), p. 326.
7) 山崎 昶, 『科学捜査——続・化学と犯罪』, 丸善 (2000), p.235.
8) Xiaoming Xiao, T. Matsumura-Inoue et. al., *J. Elelctroanal. Chem.*, **527**, 33 (2002).
9) C. I. M. Beenakker, *Spectrochim. Acta*, **31B**, 483 (1976).
10) Y. Okamoto, *Anal. Sci.*, **7**, 283 (1991).
11) 松本明弘, 中原武利, 鉄と鋼, **89**, 881 (2003).
12) 中原武利, 『機器分析の事典』, 日本分析化学会編, 朝倉書店 (2005), p. 29.
13) 中原武利, 『続 入門鉄鋼分析技術』, 日本鉄鋼協会評価・分析・解析部会編, 日本鉄鋼協会 (2007), p. 33.
14) 中 啓人, 中原武利, 鉄と鋼, **100**, 857 (2014).

第Ⅲ部0章
- 大堺利行, 加納健司, 桑畑 進, 『ベーシック電気化学』, 化学同人 (2000).
- 玉虫伶太, 『電気化学』, 東京化学同人 (1991).
- 渡辺 正, 中村誠一郎, 『電子移動の化学——電気化学入門』, 朝倉書店 (1996).
- 喜多英明, 魚崎浩平, 『電気化学の基礎』, 技報堂 (1983).

第Ⅲ部1章
- 大堺利行, 加納健司, 桑畑 進, 『ベーシック電気化学』, 化学同人 (2000).
- 逢坂哲彌, 小山 昇, 大坂武男, 『電気化学法——基礎測定マニュアル』, 講談社サイエンティフィク (1989).
- A. J. Bard, L. R. Foulkner, "Electrochemical Methods Fundamentals and Application," 2nd Ed., John Wiley & Sons Inc. (2002).
- F. Scholz, Ed., "Electroanalytical Methods," Apringer (2002).

第Ⅲ部2章
- 田中 稔, 渋谷康彦, 庄野利之, 『分析化学概論』, 丸善 (1999).
- 大堺利行, 加納健司, 桑畑 進, 『ベーシック電気化学』, 化学同人 (2000).
- 柳 裕之, 榊 徹, 緒方隆之, 日本化学会誌, **10**, 629 (1999).
- 矢嶋摂子, 木村恵一, 分析化学, **49** (5), 279 (2000).
- 矢嶋摂子, 木村恵一, ぶんせき, **6**, 308 (2005).

付 録
- 尾関 徹, 実験化学講座改訂5版 20-1巻『分析データの統計処理と検定』, 丸善 (2006), p.661.
- 尾関 徹, ぶんせき, **2001**, 56, 入門講座「分析値の取り扱いと信頼性, 検出限界と定量限界」.
- J. C. Miller, J. N. Miller, "Statistics for analytical chemistry," 2nd Ed., Ellis Horwood Ltd., Chichester (1988).
- J. N. Miller, J. N. Miller 著, 宗森 信, 佐藤寿邦訳, 『データのとり方とまとめ方』, 第2版, 共立出版 (2004).
- 小笠原正明, 細川敏幸, 米山輝子, 『化学実験における測定とデータ分析の基本』, 東京化学同人 (2004).
- F. W. Fifield, D. Kealey, "Principles and practice of analytical chemistry," 3rd Ed., Bkackie, Glasgow and London (1990).
- 上本道久, ぶんせき, **2006**, 15.

ビギナーズ用語解説

■ あ 行 ■

ICP質量分析法 プラズマをイオン源として用い，生成したイオンを質量分析計に導き元素のイオン質量電荷比から超微量元素濃度を分析する方法．

ICP発光分析法 試料を高周波電流が流れたトーチに導き，アルゴンプラズマ内で発光させ，その発光強度から試料中の微量元素濃度を調べる分析法．

アミド基 カルボニル基の炭素にアミノ基が結合した官能基．

アミノ酸 アミノ基とカルボキシル基を併せもつ有機化合物．

イオン 電子の授受によって正負の電荷をもった原子や分子のこと．正および負の電荷をもつものを，それぞれ陽イオンおよび陰イオンという．

イオン強度 電解質溶液に含まれるイオン i のモル濃度を c_i，電荷を z_i とすると，$\frac{1}{2}\sum c_i z_i$ で与えられる値．

イオン交換体 ある化合物が塩の水溶液と接触したとき，その化合物中のイオンを水溶液に放出し，水溶液中のイオンを化合物に取り込む現象を示す物質の総称．

一重項酸素 不対電子をもたない励起状態の酸素分子で強い酸化力をもつ活性酸素の一種．生体内においても，紫外線の照射により一重項酸素が発生することがあるが，生体はベータカロチン，ビタミンB_2，ビタミンCなどを利用してこれを除去する機構を備えている．

異方性 (anisotropy) 物質の物理的性質やその分布に方向依存性があることをいう．結晶試料では分析信号に異方性が現れることが多い．反対語は等方性 (isotropy) である．

印加 外部から何らかの作用を加えること．たとえば電極に「電圧をかける」ことを「電圧の印加」という．

インピーダンス 交流回路における電圧と電流の比で，直流における電気抵抗の概念を拡張したもの．一般に複素数で与えられる．

運動エネルギー (kinetic energy) 運動する物体がもつエネルギー．物体の質量を m，その速度を v とすると $E = mv^2/2$ で表される．電荷をもつ電子やイオンのような荷電粒子は，外部からの電場により運動エネルギーを与えることができる．また，逆に外部電場により運動エネルギーを測ることもできる．

エアロゾル (aerosol) 気体中に浮遊した状態の微小な粒子．粒子が液体状態のものはミストと呼ばれる．大気中に存在するエアロゾルには，自然現象（火山噴火，風による微粒子や海水の吹き上げなど）が起源のものと人為的な起源（化石燃料の燃焼など）のものがある．

泳動 イオンのような荷電粒子が電場のなかを移動する現象．略さずに電気泳動ともいう．

液体 物質の状態の一つで，ほぼ一定の体積をもつが，定まった形をもたないもの．

液体窒素 (liquid nitrogen) 常温では気体である窒素を冷却して常圧下で液体状態にしたもの．液体窒素の常圧下での沸点は77 Kである．工業的に大量製造されており，冷却媒として広く利用されている．皮膚に直接触れさせると凍傷を起こす．また，密閉した部屋などで急激に気化させると酸素欠乏症から死に至ることもあるので取り扱いは慎重に行わなければならない．

液体ヘリウム (liquid helium) 希ガスであるヘリウムを冷却して常圧下で液体状態にしたもの．液体ヘリウムの常圧下での沸点は4.2 Kである．超伝導磁石の冷却媒として用いられる．

S/N比 (signal to noise ratio) 信号とノイズ（雑音）の比（信号対雑音比）．電気，通信の分野では対数で表されるが，化学分野では単純な比をいうことが多い．この比が小さくなると情報を取りだすのが難しくなる．機器分析においては，定量下限がS/N比で定義されることがある．

X線 原子の内殻への遷移によって発生する特性X線や，電子ビームが止まることによる連続X線がある．エネルギーは数keVから百keV程度の範囲で厳密には決まっていない．このエネルギー範囲に入っても，原子核内から発生する電磁波はγ線という．

エナンチオマー 鏡像関係にある二つの異性体のこと．

エネルギー準位 (energy level) 量子力学によって解かれる原子や分子がとりうる量子化されたエネルギー状態のこと．通常，縦方向にエネルギー軸を取って，これらのエネルギー状態を表すため準位と呼ばれる．

エマルション 二つの相から構成される液体の分散系．2相が水と油の場合，水中油滴型（連続相が水）と油中水滴型（連続相が油）の2種類がある．

オージェ電子 内殻の空孔を埋めるために外殻電子がその空孔へ落ち込むとき，その差のエネルギーをほかの外殻電子がもらって原子外へ飛びだすとき，飛びだした電子をオージェ電子と呼ぶ．

オームの法則 電流が抵抗に流れると，電流×抵抗に比例した電圧が発生するという現象．抵抗器は電流→電圧変換器と考えることができる．

か 行

会合 分子がある規則性，秩序に基づいて集合体を形成すること．

回折格子（grating） 縞状のパターンによる電磁波（光）の回折を利用して，電磁波を分光する素子のこと．屈折率の波長依存性を利用するプリズムと同じような働きをするが，回折格子では回折と干渉を利用しており，さまざまな用途について設計の自由度が大きい．玉虫やモルフォ蝶の色光沢は，その翅のなかの微細な構造が回折格子として働くためである．

回転電極 ロッドの先端に埋め込んだディスク電極をモーターによって回転させる電極．掃引速度に依存しない定常電流を得ることができる．

外部磁場 原子核および電子などの荷電体自身がつくる内部磁場に対して，それらを含む物質の外部から与えられる磁場のことである．最近では外部磁場の多くは，超伝導磁石を用いてつくりだされている．

界面 互いに完全には混じり合わない均一な相どうしが接している境界．片方の相が気体または真空のときは，とくに表面と呼ぶ．

解離定数（dissociation constant） 解離反応の平衡状態における濃度関係を表す定数．化学平衡における可逆的な解離反応系 AB = A + B において，解離定数は $K_d = [A][B]/[AB]$ で表される．ここで [A]，[B]，[AB] はそれぞれの化学種の濃度を示す．会合（生成）定数は解離定数の逆数となる．

化学干渉 原子吸光法やICPAESで試料中に共存する物質により，難解離性の塩や酸化物が生成し，標準溶液と試料溶液の原子化効率に違いが生じること．

化学シフト 一般的には測定試料の化学結合状態の変化によって，スペクトルのピーク位置が移動することを指す．NMR法では，基準物質からのずれの程度を化学シフト（ケミカルシフト）といい，それがそのままスペクトルの横軸の表記名として用いられている．

化学ポテンシャル 物質1モルあたりのギブズエネルギーを表す量．電荷をもつイオンや電子の場合，静電ポテンシャルの項を含む電気化学ポテンシャルとして定義される．

核酸 モノヌクレオチドの重合体であるDNA，RNAの総称．

拡散方程式 フィックの第二法則に基づいて，物質の拡散現象を記述する偏微分方程式．

架橋ポリマー 個々の線状高分子のあいだに新たな化学結合を形成（架橋）させ，三次元化したもの．

加水分解（hydrolysis） 反応物と水が反応することにより二つの生成物ができる反応．それぞれの生成物には水（H_2O）が（H）および（OH）のかたちで取り込まれることになる．生体系での加水分解反応には，加水分解酵素が関与する場合が多い．

価数 原子が電子を放出するか受け取ることによって電荷をもつイオンとなった場合に，そのイオンの電荷を価数という．たとえば，Na^+ は一価の陽イオンであることを，Cl^- は一価の陰イオンであることを示す．

カップリング 二つの化合物が結合を形成すること．核磁気共鳴における核と核の相互作用も指す．

カナダ国立研究機構（NationalResearch Council, NRC） カナダの代表的な研究開発組織．情報技術，ナノテクノロジー，微細構造科学などの研究所がある

カラムクロマトグラフィー ガラスやステンレスなどを素材とする中空の柱（カラム）に固定相を充填，支持して行うクロマトグラフィー．

還元剤 ほかの物質を還元させる物質，または酸化還元反応では酸化される側の反応物．

干渉 光の場合は二つ以上の光（波）が1点で出会うとき，振動が波の振動の和で表わされること．化学的には「妨害」を意味する．

緩衝液（buffer solution） 化学平衡による緩衝作用を利用して，外部からの擾乱に対し目的イオンまたは化学種の溶液内濃度の変化を抑えるようにした溶液．水素イオンを目的イオンとするpH緩衝溶液を指す場合が多い．pH緩衝溶液では，弱酸とその塩，または弱塩基とその塩を共存させた水溶液が一般に用いられる．

感度 分析装置で検知できるシグナルの最少量．

棄却 捨てて用いないこと．繰り返し測定による値のなかに，ほかとは大きく異なる値があるとき，検定に基づいて，その値を用いない場合などに「棄却する」という．

危険率 100％から確からしさを引いた値．判断が誤っている確率．

基質 酵素が働きかけることができ，酵素反応を受ける化合物．

気体定数 理想気体の圧力 p，体積 V，温度 T の間には，$pV = RT$ という関係式がある．理想気体1 mol は0 ℃，1気圧において，気体の種類によらず 22.4 L となるので，この値を上記の式に代入して得られた R の値を気体定数という．

気体反応の法則 気体反応において反応させる気体と生成する気体との体積（同温・同圧）には，簡単な整数比の関係があるというもの．ゲイ・リュサックの実験により見いだされた．

基底状態 エネルギー的に最も安定した原子の状態．

軌道（orbital） 電子軌道．電子の状態を表す波動関数またはその空間分布のこと．量子力学の成立前には，電子は原子核の周りを運動すると考えられており，この運動の軌跡を軌道と呼んでいた．この経緯から現在でも軌道という言葉が使われるが，量子力学的軌道（波動関数）をオービタルと呼んで区別する場合がある．

希土類金属（rare earth metals） 希土類元素（rare

earth elements）ともいう．原子番号 21 のスカンジウム（Sc）と 39 のイットリウム（Y）に原子番号 57 のランタン（La）から 71 のルテチウム（Lu）までのランタノイドとを加えた計 17 種類の元素のこと．これらの元素は化学的性質が互いによく似ているため分離精製が難しい．当初，比較的希少な鉱物から分離されたのでこの名があるが，地殻での存在量はそれほど希少ではない．

キャピラリー　毛細管のこと．ミクロ LC やキャピラリー電気泳動では，内径 25～250 μm 程度の石英製を使用する．

吸光度　光路内に光を吸収する物質が存在する場合，この物質が光を吸収する度合いを表す量．吸収により光の強度 I_0 が I に変化した場合，吸光度 A は $10 \log_{10}(I_0/I)$ で表される．

キラル　左右非対称のことで，二つの化合物が鏡像異性関係であることを表す．ギリシャ語の掌に由来する．

空間分解能（space resolution）　機器分析において信号を取り込む面積，体積で決まる分解能．信号として識別できる試料の隣接する 2 点間の最小の距離で表すことが多い．二次元的な分解能が広く用いられるが，試料の深さ方向の分解能を含めて三次元的分解能として表すほうが正しい．

血しょう　血液にヘパリンなどの抗凝結剤を添加したのち，遠心分離して得られる液体成分．

結晶構造（crystal structure）　結晶を構成する原子やイオンの三次元的な周期構造のこと．結晶構造は単位構造（単位格子）と結晶格子とで分類される．単位構造は周期構造の一周期にあたり，結晶格子は結晶の並進対称性（単位格子の周期性）を特徴づける．

血清アルブミン　血清中の主要なタンパク質．血液における脂肪酸の輸送や浸透圧の調整などに関与する．

原子価（valence）　ある原子が何個のほかの原子と結合するかを表す数．歴史的には，ある原子と水素原子や塩素原子との結合可能な数として表されたが，現在では酸化数と同じ意味で使われることが多い．

原子吸光分析　試料中の励起原子に光を当て，その吸収現象を利用した分析法．

原子スペクトル　原子が吸収または放出する光のスペクトル．

検出器　電気的なシグナルを感知する装置．

検量線　測定元素濃度を横軸に，吸光度や発光強度を縦軸にプロットして得られる濃度と吸光度（発光強度）の関係式．

光学異性体　互いに鏡像関係にあり，重ねあわせることのできない関係にある異性体．右手と左手の関係と同じであり，鏡像異性体（エナンチオマー）とも呼ばれる．物理的・化学的な性質は旋光性を除いて同じである．

酵素（enzyme）　生体内で起こる化学反応を進行させる触媒として働く物質のこと．酵素はおもにタンパク質から構成されており，生体内に存在するさまざまな物質のうち，特定の反応物にだけ働くという特異性をもつ．

好中球（neutrophil）　血液中に存在する白血球の一種．白血球のうちの約半分が好中球である．核をたくさんもつので多核白血球とも呼ばれる．強い貪食能力をもち，細菌など体内に入った有害物を除去する役割がある．

国立環境研究所（National Institute for Environmental Studies, NIES）　国立公害研究所を前身とし，1990 年に設立された日本の環境研究業務と，環境情報の収集・整理・提供業務を行っている独立行政法人組織．

固体　物質の状態の一つで，定まった形をもつもの．

コニカルビーカー　円錐形のビーカー．全体を回転させるように振っても液体が飛びだしにくく，かきまぜ棒を用いずに内部の液体を撹拌することができるため，滴定の際によく用いられる．

コンプトン散乱（Compton scattering）　電磁波（X 線）が試料原子，分子中の電子と相互作用することによりエネルギーを一部失って散乱される現象．電磁波の粒子性を示す現象の一つ．

■ さ 行 ■

再結合　安定な粒子が分解して生成した 1 対の粒子が再び結合すること．

細胞膜（cell membrane）　細胞の内側と外側を隔てている膜．イオンや小さな分子の特異的な透過機能や，細胞外からのシグナルを伝達する機能などをもっている．これらの機能は，細胞膜に埋め込まれている膜タンパク質の特異的な働きによる．細胞膜はおもにリン脂質の二重膜から構成されており，流動性をもっている．

錯生成　ある元素が錯体を生じること．

錯体　非共有電子対と空軌道の相互作用により二つの化合物が結合（配位結合）した化合物．

酸化還元　物質間の電子の授受．電子を失うことを酸化，電子を受け取ることを還元という．

酸化物　酸素と化合した物質．

ジアステレオマー　複数の不斉炭素原子をもつが，互いに鏡像関係にない化合物どうしをいう．

磁気モーメント　磁気双極子の大きさを表す量のこと．荷電体が移動すると発生する．回転する荷電体では，荷電体のもつ角運動量と比例関係にある．

質量　物質がもつ基本的な量．

質量分析計　物質の質量数を検知する装置．

質量保存の法則　反応物（reactants）の全質量と生成物（products）の全質量が等しいこと．ラヴォアジェが発明した重量分析法で化学反応を追跡して発見された．近代化学の基礎となる法則．

重水（heavy water）　広い意味では通常の水（軽水）に比べて質量数の大きな同位体を含む比重が大きな水を示すが，一般には重水素 D を 2 原子含む D_2O を重水と

呼ぶ．D₂O の密度は，1.105 g/cm³（1 atm, 20 ℃）であり，このほかの物理的性質も軽水とは少しずつ異なっている．NMR 測定用溶媒として広く用いられている．

充填剤 カラムに充填する固定相のことを一般的に指す．

自由度 n 個の値があり，その平均値を同じにしたままそれぞれ値を変えるとき，$n-1$ 個までは自由に変えられるが残りの一つは自ずと定まる．このとき，$n-1$ を自由度と呼ぶ．

周波数 電気振動（光や電波などの電磁波や交流などの振動電流）などの現象が，1 秒間あたりに繰り返される回数のこと．周波数は振動が 1 秒間に進む速さを波長で割った数値で，単位は Hz が用いられている．

常磁性（paramagnetism） 外部磁場がないときには磁化をもたず，外部から磁場をかけると物質が同じ方向に弱く磁化する性質．常磁性の物質の磁化率は温度に反比例することが知られている（キュリーの法則）．

シンクロトロン 直径数 m から数百 m の円形軌道に電子を周回させ，電子が磁場で曲げられるときに接線方向へ光子（赤外線から X 線まで）を取りだす光源（シンクロトロン放射光施設 = 光源と考える）．おもに強力な X 線源として大型シンクロトロン放射光施設で利用する．

親水性 水に溶けやすい性質のこと．

水素結合（hydrogen bond） 共有結合している水素原子が，近傍にある原子の孤立電子対とつくる結合．電気陰性度の大きな原子に共有結合している水素原子は水素結合をつくりやすい．共有結合やイオン結合に比べると非常に弱い結合であるが，さまざまな分子の立体構造（立体配座）を決める大きな因子となっている．

ステンレス鋼（stainless steel） 一般の炭素鋼に比べて耐食性に優れた特殊合金鋼．Cr を約 12 % 以上含み，このほかに Ni, Mn, Mo, Ti, Nb などを添加したもので，含有されている Cr が空気中の酸素と結合して表面に偏析し，不動態皮膜を形成して化学的に安定化しており，さびにくい性質をもつ．

正規分布 ガウス分布に同じ．「付録」式（1）に従う分布．測定上の偶然誤差はこの分布に従う．

静電場 電荷の分布が時間によって変わらないことにより生ずる電場．

精度 複数回測定した場合，それぞれの結果がどの程度近いかを表わす尺度．

積算（integration） データの取得方法の一つ．データ数値の精度を上げるため，データの取得を繰り返してその和または平均値を取ること．一般に，測定で得られるデータの平均値の標準偏差は，測定回数を N とすると $1/N^{1/2}$ に比例する．したがって積算回数（積算時間）を大きくしたほうが精度が高くなるが，過剰に大きくしても意味はない．

絶対量 物質の量を濃度ではなく質量やモル数で表したもの．対象の体積に依存しない．

セル 本来"小部屋"を意味する語で，電気化学では"電池"や"電解セル"を意味する．

遷移金属（transition metals） 遷移元素（transition elements）ともいう．原子軌道のうち d 軌道または f 軌道が完全に満たされていない元素およびこのようなイオンを生じる元素のこと．周期表では第 3 族元素から第 11 族元素の間に存在する元素である．原子番号では 21(Sc) から 29(Cu) まで，39(Y) から 47(Ag) まで，57(La) から 79(Au) まで，および 89(Ac) から 111 番元素までの元素に対応する．

選択律（selection rule） 量子力学的に定まる電子状態や回転状態などが外部からの摂動（電磁波の吸収など）により遷移を行うとき，遷移の始状態と終状態の量子数の関係を規定する規則．選択律に従う遷移は許容遷移と呼ばれ，これに従わない遷移は禁制遷移と呼ばれる．

全反射 入射した光が，平坦な表面で鏡のように完全に反射される現象．

掃引速度 ボルタンメトリーにおいては，電圧を一定に変化させる速さを指す．

双極子モーメント（dipole moment） 一般には，ある距離だけ離れた大きさが同じで性質の符号が異なる一対の点がつくるモーメント．電気双極子モーメントのことをいう場合が多い．この場合，電荷を $+q, -q$ とし，2 点間の距離を r とすると，双極子モーメントは，$q \times r$ で表される．

速度論（kinetics） 化学の分野では反応速度論（chemical kinetics）のこと．反応速度を解析することにより，反応機構や化学反応の本質を解明すること．反応速度の解析により反応物の化学的性質を明らかにすることもできる．

疎水性 水に溶けにくい性質のこと．

疎水性相互作用 疎水性の構造をもつ化合物間に生じる相互作用．ファンデルワールス力に起因し，長い炭化水素の鎖をもつ化合物では大きな作用をもつ．

ソックスレー抽出 固体試料から抽出する方法．有機溶媒を還流することにより，固体試料から効率よく分析対象物質を抽出できる．

■ た 行 ■

大気エアロゾル 大気中に浮遊する固体物質または液体物質の総称．

ダイナミックレンジ（dynamic range） 識別が可能な信号の最大値と最小値の比．分析化学では，定量可能な濃度範囲の最大値と最小値の比を示すことが多い．ダイナミックレンジが大きい分析法は定量範囲が大きい．

炭化物 炭素と化合した物質．

中性子 原子核を構成する粒子（核子）で電荷をもたないもの．その質量は陽子とほぼ等しい．原子核に含まれる陽子の数と中性子の数の和が質量数である．

超音波　人間の耳には音として聞こえない，周波数が高い（約2万ヘルツ以上）音波．

超伝導磁石（superconducting magnet）　超伝導体を用いた電磁石．超伝導体は電気抵抗がなく大電流を流しても発熱がないため，超伝導体のコイルを用いた超伝導磁石は大きな磁場を発生させることができる．超伝導材料にはニオブチタン合金（Nb$_3$Ti）が広く用いられている．この合金の超伝導転移温度は10 Kであり，この温度以下に冷却して用いられる．

定性分析（qualitative analysis）　試料中にどのような成分が含まれているかを調べること．成分が推定可能な場合には，その成分の含有を確認することであるが，成分がまったく未知の場合には，元素分析やスペクトル分析を行う必要がある．多成分からなる試料では分離の工程が必要となる場合も多い．

定量分析（quantitative analysis）　試料中に含まれる成分量を決定すること．古典的には重量分析，容量分析，比色分析法が広く用いられた．重量分析法は標準試料を必要としないのが特徴である．現在では，いわゆる機器分析法が広く利用されている．多成分からなる試料では分離の工程が必要となるため，分離法と定量法を組み合わせた方法が用いられる．

テスラコイル（Tesla Coil）　ニコラ・テスラによって考案された高周波・高電圧を発生させる共振型変圧器．放電型ランプの点灯（起動）回路にも応用されている．

テフロン（Teflon®）　デュポン社が開発したポリテトラフルオロエチレン（polytetrafluoroethylene, PTFE）素材の商標であるが，フッ素樹脂全般をテフロンと呼ぶ場合がある．フッ素樹脂は化学的に非常に安定であり，耐熱性，耐薬品性に優れ，ガラスを侵すフッ化水素酸にも溶けないため，化学実験に広く使用されている．また，テフロンは最も摩擦係数の小さい物質である．

テーリング　GCではカラム内面のシラノールへの吸着に起因し，ピークが尾をひく現象をいう．一般に極性の高い物質で見られるが，誘導体化により解消される．

電圧　電位差と同義語で，基準点からの電位（電気的ポテンシャル）の差をいう．

電位差　電圧と同義語．

電荷　電気量によって規定され，正電荷，負電荷に分けられる．

電気的中性の原理　プラスとマイナスの電気の量が等しく全体として中性でなければならないこと．

電極　電池や電解セルなどにおいて，電解質のような非金属部分と外部の電子回路とを電気的につなげる電気伝導体をいう．

電子　原子核の周辺を回っている粒子で，負の電荷をもつもの．

電子線　数 kV から数十 kV の電位差で加速した電子ビームを指すことが多い．連続に電子を照射する場合や，強度を変化させる場合がある．

電子レンジ（microwave oven）　マイクロ波を利用した食品加熱用の調理器．マイクロ波の照射により，食品内の水分子がマイクロ波を吸収し，振動エネルギー準位を上げる．この励振状態の緩和過程で発生する熱エネルギーが食品を加熱する．電子レンジでは周波数 2.45 GHz のマイクロ波が利用されている．

伝播　伝わり広まること．「誤差の伝播」などと用いる．

同位体　同じ原子番号をもつ原子（陽子数が同じ，すなわち同種の元素の原子）において，原子核の中性子数（つまりその原子の質量数）が異なる核種間の関係，またはその核種のことを指す．

透磁率（magnetic permeability）　磁場の強さと磁束密度の関係を示す係数．単位はH/mあるいはN/A^{2}で表される．電磁石をつくるとき，透磁率の大きい材料を芯材として用いれば，より強力な電磁石になる．

導電率（electrical conductivity）　電気伝導率ともいう．物質の電気伝導のしやすさを表す物性値で電気抵抗率の逆数となる．単位はS/mである．

ドライアイス（dry ice）　冷却用に用いられる固体二酸化炭素．常温常圧下では液体とならず，−79 ℃で直接気体に昇華する．直接手で触れると凍傷を起こし，高い濃度の二酸化炭素で中毒を起こす可能性があるため，取り扱いには注意が必要である．

■　な　行　■

内殻電子　化学結合に関与しない内側の原子軌道．酸素では1s軌道，鉄では1s～3sか3p軌道までを指す．これらの軌道が関与するスペクトルは，化学結合の効果が単純で解釈しやすく，元素分析に使いやすい．

内部電位　相の内部の電気的ポテンシャルのことで，二つの相の内部電位の差をガルバニ電位（差）という．

二次電子（secondary electron）　信号として放出された電子（一次電子）が試料中の原子や分子と衝突することにより，新たに放出される電子．信号のバックグラウンド成分となり，分析の邪魔になることがあるが，二次電子自体を分析に使用することもできる．

熱平衡　熱の移動が起こらない状態．

粘度（viscosity）　液体や気体の粘りを表す指標．単位はPa s が用いられる．液体の場合には，細いガラス管中を自重により落下する速度から測定することができる（オストワルド粘度計）．一般に液体の粘度は温度上昇により低下するが，気体の粘度は大きくなる．

■　は　行　■

配位結合（coordination bond）　結合をつくる二つの原子の一方からのみ電子が供与される化学結合．電子対受容体となる金属と電子対供与体である配位子の配位結合例が最もよく知られているが，ルイス酸とルイス

塩基との結合としてとらえることもできる.

配位子 (ligand) 　金属と配位結合をつくる化合物, イオンのこと. 孤立電子対をもち, 電子対を金属と共有することにより配位結合をつくる. 一つの化合物中に二つ以上の配位部位をもつ配位子をキレート配位子と呼ぶ. 一般にキレート配位子は配位能力が高い.

倍数比例の法則 　2 種類の元素を化合させたときに生成する物質の質量は簡単な整数比になるというもの. ドルトンが原子説を提唱する元となった法則.

パイレックスガラス (Pyrex glass) 　熱膨張率が小さく耐熱性が大きいガラスの一種. コーニング社の商標であるが, 耐熱ガラスの一般名として使われる場合もある. SiO_2 と B_2O_3 からなるホウケイ酸ガラスの一種で, 熱膨張率は約 3×10^{-6}/K である. 耐熱性に加え, 耐衝撃性, 耐腐食性にも優れている.

薄層クロマトグラフィー 　板状の基質に固定相を薄く塗布して行うクロマトグラフィー.

波動関数 (wave function) 　本来, 波として表される現象一般の性質を表す関数であるが, 化学の分野では原子や分子を構成する電子の波動関数を示すことが多い. 波動関数は波動方程式 (Schrödinger 方程式) を満たす複素関数であり, 振幅, 周期 (振動数), 位相情報を含んでおり, 重ね合わせの原理を満たす. 電子の波動関数の絶対値の 2 乗は電子の存在確率を表す.

半導体 　電気伝導度が絶縁体と導体の中間の固体を指すが, とくに Si, Ge, GaAs, CdTe などの不純物の少ない単結晶を指す. 光子が入射すると, 電子・正孔対が発生するので (太陽電池と同じ原理), 機器分析では光の検出器として利用する.

半導体レーザー (diode laser) 　半導体のバンドギャップを利用したレーザー. 半導体の pn 接合に電子と正孔を注入し, これらが再結合するときにエネルギーを光子として放出するのを利用している. ほかのレーザーと比べ, 小型で消費電力が少なく安価に製造できるため, CD や DVD の光学ドライブの光ピックアップ, コピー機やレーザープリンタ, 光ファイバーを用いた通信機器などに広く利用されている.

ビーカー 　液体の混合, 加熱, 冷却など, 一般の化学操作に広く用いられる太短い円筒形の容器で注ぎ口をもつ.

ビュレット 　おもに滴定などに用いられる管状で先端が細い体積測定用器具. 一般には全体積が 25 ～ 50 mL で 0.1 mL ごとに目盛りが刻まれている.

標準状態 　一般に, 熱力学量を決める際の基準になる状態をいう. 溶液中の溶質の化学ポテンシャルでは, 通常, 濃度が仮想的な 1 mol dm^{-3} の状態を指す.

標準試料 　構成する成分の濃度がすでに決定されている試料. 分析法や装置の正確さを確かめるために用いる.

標準添加法 　化学干渉を取り除く一つの方法. 試料溶液の一定量を検量線作成用標準溶液シリーズに加え, 検出されたシグナルを濃度に対しプロットし, 外挿して負の濃度軸を交わる点を試料濃度とする.

標準偏差 　数値のばらつきの度合いを示す数値で, 確率変数または確率分布の分散の平方根.

表面張力 (surface tension) 　液体がその表面積をできるだけ小さくするために働く長さあたりの力. 液体を構成する分子間の相互作用により, 液体はその表面積をできるだけ小さくしたほうが安定である. 単位は N/m で表され, 単位面積あたりの表面エネルギーに等しい. 界面活性剤は表面張力を小さくする働きがある.

フェラル 　配管のネジの先端につけ, オシネと密着させて液漏れを防止するための部品.

不確定性原理 (uncertainty principle) 　ある二つの物理量について, それらを同時に厳密に測定することはできないという原理. 量子力学の粒子と波動の二重性を古典的な立場から理解するためハイゼンベルグによって導かれた. 位置のゆらぎ Δx と運動量のゆらぎ Δp_x について $\Delta x \Delta p_x \geq h/2\pi$ という式で表される.

不活性ガス (inert gas) 　ヘリウム・ネオン・アルゴン・クリプトン・キセノンなどの希ガスのこと. 一般には, 使用条件下で化学反応を起こさず, 化合物をつくらないガスを不活性ガスという場合もある.

輻射 (radiation) 　電磁波が放出されること, 放射ともいう. 物質中の原子, 分子の電子準位や振動準位などが励起状態にあり, これが異なる状態に遷移するときに電磁波の輻射 (放射) が起こる. 高温の物体から赤外線が放射されるのも同様の輻射現象である.

輻射熱 (放射熱) 　電磁波が物体に吸収されこれを温める場合, このエネルギーを放射熱という.

物理干渉 　フレーム原子吸光法や ICPAES のように, ネブライザーにて試料を気化する際, 試料の物理的特性 (粘度や表面張力など) により, フレームへの噴霧量が変化することにより生じる干渉.

プラズマ (plasma) 　一般には, 正および負の荷電粒子から構成され, 全体としては電気的に中性状態にある気体をいう. 気体中での放電により容易に生成される. 高速で運動するイオンと電子からなるプラズマは, 試料の原子化, イオン化およびその励起に利用される.

ブラックライト (black light) 　紫外線を放射するライト. 紫外線で励起できる蛍光性試薬や物質確認に用いられる. 紫外線を放射する蛍光管と深い青紫のガラスフィルターを用いて波長 400 nm 以上の可視光線をカットし, 約 300 ～ 400 nm の紫外線を放射させている.

ブランク 　空試験に用いられる参照試料. 意図して加えられる目的成分以外の成分をすべて含み, 同じ条件で処理された試料.

プローブ 　電子ビーム, X 線ビーム, イオンビーム, レーザー光, トンネル顕微鏡の探針など, 分析試料の空間分布に探りを入れるための粒子線, 光, 針先などを指す.

分解能　接近する波長に複数の成分の分析線が存在する場合，それぞれの分析線を一つの分析線として分離することができる能力．

分光干渉　測定対象とする元素の分析線と，ほかの元素の分析線が重なり，正の干渉を与え，本来の濃度を高く見積もってしまうこと．

分離係数　二つの化合物間の補正保持容量（補正保持時間）の比（保持比ともいう）．

米国連邦標準・基準局　米国国立標準技術研究所（National Institute of Standards and Technology, NIST）が現在の正式な名称．アメリカ合衆国商務省配下の技術部門であるが非行政機関である．

ベースライン　液体クロマトグラフィーを例にとると，本来応答（ピーク）が存在しない状態で検出される信号を変数（時間，送液量）に対して記録し，得られる線．

pH　水素イオン濃度の対数値を逆符号で表示した値．

ペプチド　複数のアミノ酸が縮合してペプチド（アミド）結合を生じ，多量体化したもの．

ペリスターポンプ（perista pump）　回転するローラーを使って弾性のあるチューブをしごきチューブ内の液体を送液するポンプ．チューブポンプ（tube pump）とも呼ばれる．粘度の高い液体の送液に適している．外部からの力で送液するため，ポンプ自身による液体の汚染や液体によるポンプの劣化はない．送液時の脈流は比較的少ない．

芳香族カルボン酸　芳香族性の部位をもつカルボン酸．

放射性同位体（radioactive isotope）　放射性同位体ともいう．同じ元素で中性子の数が異なる核種を同位体と呼ぶが，同位体のうち不安定で時間とともに放射性崩壊して放射線を発する同位体のこと．放射性崩壊するときにエネルギーの決まったガンマ線を放出するものは，ガンマ線の照射源として用いられることがある．

飽和　溶解度の限界まで溶質が溶媒に溶けている状態．

ホールピペット　液体の一定体積を正確に量り取るための器具．管状で中央部分が太く，先端が細い．一般には全体積が0.1～200 mL．

■　**ま 行**　■

マイクロチップ　微小板のこと．さまざまな種類があるが，化学では数cm角の板の上にさまざまな化学操作機能を施したものをいう．

マイクロチャネル　マイクロチップの上に作成されたマイクロメートルサイズの溝のこと．

マイラー膜（mylar® film）　デュポン社が開発したポリエステルフィルムの商標．成分はポリエチレンテレフタレート（PET）である．融点が高く（258℃），機械的特性，化学的安定性に優れているため，とくにX線分析法における窓材料として広く用いられている．

ミセル　溶液中で界面活性剤分子が数個から百数十個お互いに引き合って寄り集まって形成する分子集合体．

密度（density）　物質の単位体積あたりの質量．kg/m^{3}以外にg/cm^{3}が単位として日常的に使用されている．ちなみに比重は，ある物質の質量とそれと同体積の基準物質（一般には4℃の水）の質量の比であり，無次元数となる．

メスシリンダー　液体の体積を比較的粗く量るための目盛りのついた円筒形の容器．一般には全体積が10～2000 mL．

■　**や，ら 行**　■

誘電率（permittivity）　物質内で電荷とそれによって与えられる力との関係を示す係数．物質は外部からの電場に対する分極特性により固有の誘電率をもつ．単位はF/mであるが，無次元量である媒質の誘電率と真空の誘電率の比 $\varepsilon/\varepsilon_0 = \varepsilon_r$，比誘電率が広く使われる．電場が時間変化する場合（交流電場），その周波数によって誘電率は変化する．

陽子　原子核を構成する粒子（核子）で正の電荷をもつもの．原子核に含まれる陽子の数が原子番号に相当する．

ラジカル（radical）　不対電子をもつ原子，分子，イオンのこと．フリーラジカルまたは遊離基と呼ばれることもある．熱や光により分子の結合が開裂することにより生成する．

ランベルト・ベールの法則（Lambert-Beer's Law）　光の吸収を利用する吸光分析において，試料によって吸収される単色光の量を表す基本的な法則．Beer-Bouguer-Lambertの法則ともいわれる．試料透過後の光の量は，光路長に対し指数関数的に減少すること，試料濃度に対しても指数関数的に減少することを表す．

立体構造（three-dimensional structure）　分子や錯体，イオンの三次元的構造．通常の条件では相互に変換不可能な空間的な原子の配置である立体配置と，単結合の回転や孤立電子対をもつ原子の立体反転によって相互に変換可能な空間的な原子の配置である立体配座がある．タンパク質など巨大分子の立体構造の決定には，X線結晶解析や高分解能NMRなどの手法が用いられる．

リン酸緩衝生理食塩水　実験的に細胞を取り扱う場合に広く用いられる緩衝溶液．血液と同様のリン酸系の緩衝液で，細胞などと同じ浸透圧を示すように調製する．

励起（excitation）　電子準位や振動準位などで規定される原子や分子のエネルギー状態が，外部からの刺激（電磁波，熱など）によりより高い（不安定な）エネルギー状態に遷移すること．

励起状態　原子にエネルギーが加わった際，一時的に移行する不安定な状態．

レーザー励起蛍光　蛍光を発生させるために分子に照射する励起光にレーザー光を用いること．またその結果発生した蛍光．

索引

──記号・略号──

ε → 誘電率
ζ → ゼータ電位
μ_{ep} → 電気泳動移動度
AES → オージェ電子分光
CE → キャピラリー電気泳動
CGE → キャピラリーゲル電気泳動
CI → 化学イオン化
CIEF → キャピラリー等電点電気泳動
CITP → キャピラリー等速電気泳動
CMP → 容量結合マイクロ波プラズマ
CZE → キャピラリーゾーン電気泳動
DPPH → ジフェニルピクリルヒドラジル
E → 電場の強さ
ECD → 電子捕獲型検出器
EI → 電子イオン化
EKC → 動電クロマトグラフィー
ENDOR → 電子-核二重共鳴分光法
EOF → 電気浸透流
EPR → 電子常磁性共鳴
ESI → エレクトロスプレーイオン化
ESR → 電子スピン共鳴
FAAS → フレーム原子吸光分析法
FID → 水素炎イオン化検出器
 → 自由誘導減衰曲線
FPD → 炎光光度検出器
GC-MS → ガスクロマトグラフィー質量分析法
GFAAS → 黒鉛炉原子吸光法
GLC → 気-液クロマトグラフィー
GPC → ゲルろ過クロマトグラフィー
GSC → 気-固クロマトグラフィー
HILIC → 親水性相互作用クロマトグラフィー
HPLC → 高速液体クロマトグラフィー
ICPAES → 高周波誘導結合プラズマ発光分析法
ICPMS → 高周波誘導結合プラズマ質量分析法
LIF → レーザー励起蛍光
MCE → マイクロチップ電気泳動
MEKC → ミセル動電クロマトグラフィー
μ-TAS → 微小統合化分析システム
m/z → 質量電荷比
NICI → 負イオン化学イオン化
NMR → 核磁気共鳴
NPLC → 順相クロマトグラフィー
PA → プロトン親和力
ROS → 活性酸素種
RSD → 相対標準偏差
SEC → サイズ排除クロマトグラフィー
SEM-EDX → 走査電顕-エネルギー分散X線分析
SPE → 固相抽出
SPME → 固相マイクロ抽出
TCD → 熱伝導型検出器
TIC → トータルイオンクロマトグラム
TID → 熱イオン化検出器
TLM → 熱レンズ顕微分光
TMS → テトラメチルシラン
UPLC → 超高性能液体クロマトグラフィー
V → 印加電圧
XAFS → 吸収X線微細構造
XPS → X線光電子分光
XRF → 蛍光X線分析

──あ 行──

IMS 波数帯	138
アヴォガドロ	6
亜硝酸イオン	48
アシル化	36
アセチル化	36
アセトフェノン	68
アナターゼ	137
アノード	153
アミド基	46
アミノ酸	45
アルキル化	37
アルキル基修飾型カラム	45
アルゴンイオンレーザー	57, 59
アレニウス	14
ESEEM 分光法	126
イオン移動	150
イオン化干渉	102, 105
イオン化部	63
イオンクロマトグラフィー	47
イオン検出部	63
イオン交換クロマトグラフィー	45
イオン選択性電極	150
イオンレンズ	104
EC 機構	164
イソクラティック分離	43
移動係数	155
移動相	21
陰イオンクロマトグラフィー	47
印加	52
──電圧 V	54
陰極	153
インピーダンス整合	146
インピーダンス法	157
ヴォルタ	11
──の電池	6
泳動	154
SHE	159
X線回折装置	135
X線光電子分光(XPS)	128

エナンチオマー	47
エネルギー緩和過程	116
エネルギー分散型	131
エマルション	35
MRI	122
エルステッド	11
エレクトロスプレーイオン化(ESI)法	59
エレクトロンマルチプライヤー	64
炎光光度検出器(FPD)	32
遠赤外線	78
Okamoto キャビティー	146
オージェ電子	81
──分光(AES)	128
オーム降下	152
オンカラム法	31

──か 行──

灰化	101
回帰線	183, 184
ガイスラー	13
回折格子	103
回転エネルギー	79
回転対陰極X線管	129
界面	150
開裂	69
ガウス曲線	22
ガウス分布	131
化学イオン化(CI)	64, 70
化学干渉	102, 105
化学シフト	113
化学ポテンシャル	152
架橋ポリマー	42
拡散	154
核酸	45
核磁気共鳴(NMR)	111
核スピン	111
──量子数	112
確度	176
確認イオン	73
核四極子モーメント	122
可視光線	78
ガスクロマトグラフィー(GC)	28, 31
──質量分析法(GC-MS)	62
カソード	153
活性酸素種(ROS)	93
カップ型黒鉛炉	100
活量	153, 167
──係数	155
ガードカラム	44
カーライル	6
ガラス膜電極	168
カラムクロマトグラフィー	39
ガルバニ電位差	150

索引

カロメル電極	159
環境汚染化学物質	34
環境標準試料	110
干渉	105
緩衝液	43
環電流効果	114
官能基	20
ガンマ線	78
緩和	116
——過程	81
——時間	113, 117
気 - 液クロマトグラフィー(GLC)	29
棄却	179
危険率	180
気 - 固クロマトグラフィー(GSC)	29
擬似固定相	56, 61
気体反応の法則	5
基底状態	79
揮発性有機化合物	34
キャパシタンス	151
キャパシティーファクター	22
キャピラリー	51
——ガスクロマトグラフィー	28
——カラム	29
——ゲル電気泳動(CGE)	51
——ゾーン電気泳動(CZE)	51
——電気泳動(CE)	51
——等速電気泳動(CITP)	51
——等電点電気泳動(CIEF)	51
キャリヤーガス	63, 101
吸光度	82
吸収 X 線微細構造(XAFS)	128
吸収端	132
吸着剤	34
Q 検定	179
共鳴	69
——キャビティー	145
キラル	60
——分離	60
キルヒホッフ	10
均一系	89
近赤外線	78
空孔	81
偶然誤差	175
空洞共振器	138, 145
クラウンエーテル	169
グラジェント分離	43
グラジェント溶出	45
グリニャール試薬	37
クールオンカラム法	31
グルコース	89
——オキシダーゼ	89
クルックス	13
クロロベンゼン	67
蛍光 X 線	81
——装置	131
——分析(XRF)	128
蛍光強度	82
蛍光検出	39

——器	44
蛍光プローブ	85
蛍光量子効率	83
系統誤差	175
ゲイ・リュサック	5
血しょう	89
血清アルブミン	89
血糖値	89
ゲルろ過クロマトグラフィー(GPC)	46
原子軌道	79
原子吸光分析法	98
原子スペクトル分析	96
原子発光	98
検出感度	83
検出限界	83, 182
検量線法	107, 170
光学異性体	30, 60
光学分割クロマトグラフィー	47
交差分極	122
高磁場シフト	119
格子面間隔	136
高周波誘導結合プラズマ質量分析法	
(ICPAES)	96
高周波誘導結合プラズマ発光分析法	
(ICPMS)	96
酵素活性測定法	89
高速液体クロマトグラフィー(HPLC)	40
酸素センサー	144
酵素阻害剤	89
酵素的分析	89
光電子	80
光熱変換過程	81
光熱変換効果	59
交流	64
光路長	82
黒鉛炉	100
——原子吸光法(GFAAS)	96
誤差	175
COSY	122
固相抽出(SPE)法	35
固相マイクロ抽出(SPME)法	35
コットレル式	161
固定相	21
コリンエステラーゼ	89
コールドオンカラム法	31

——さ 行——

サイクリックボルタンメトリー	150, 161
再現性	176
最小二乗法	182
サイズ排除クロマトグラフィー(SEC)	46
細胞膜透過性	87
錯生成	49
錯生成平衡定数	121
錯体生成反応速度	121
サプレッション	47
サーマルデソープションシステム	34
作用電極	151
酸化還元	150

参照電極	151
三電極系	152
ジアステレオマー	47
ジェットセパレーター	63
紫外可視吸光度検出	39
紫外可視検出器	44
紫外吸光検出法	48
紫外線	78
志方益三	12, 157
磁気異方性	114
磁気回転比	113, 119
磁気共鳴	111
磁気しゃへい	113
磁気双極子モーメント	112
磁気モーメント	112
磁気量子数	112
シクロデキストリン	56
視差屈折検出器	44
示差屈折率検出	39
支持電解質	154
四重極	64
——型質量分離	104
C18 カラム	45
シースガス	144
シッフ塩基	37
質量電荷比(m/z)	64, 65, 68
質量分析法	103
質量分離部	63
質量保存の法則(物質不滅の法則)	5
磁場収束質量分離	104
ジフェニルピクリルヒドラジル(DPPH)	125
シム調整	118
SIM 法	73
臭化物イオン	48
重水素化溶媒	118
充填カラム	29
充填剤	39
充電電流	151
自由度	179
自由誘導減衰曲線(FID)	113
シュタール	4
順相クロマトグラフィー(NPLC)	46
硝酸イオン	48
植物色素	19
シラノール基	53
シリル化	36
シンクロトロン放射光	129
親水性	87
——相互作用クロマトグラフィー	
(HILIC)	46
真値	175
振動エネルギー	79
振動遷移	80
信頼水準	179
水酸化物イオン	47
推奨値	109
水素炎イオン化検出器(FID)	32
水素過電圧	159
水素化物	101

スウィーピング	58	窒素ルール	66	動電クロマトグラフィー(EKC)	51, 55
SCAN 法	73	中空陰極ランプ	99	導電率	139
スコラ主義	2	超音波による抽出	35	導波管	138
ストリッピングボルタンメトリー	157	超高性能液体クロマトグラフィー		特異性	85
スーパーオキサイド	93	(UPLC)	40	トータルイオンクロマトグラム(TIC)	72
スピンエコー法	126	超微細結合定数	126	トムソン	13
スピン - 格子緩和	117	超微細構造	124	Torr	128
スピン状態	115	超微細相互作用	126	ドルトン	5
スピン - スピン緩和	117	直流	64	トロピリウムイオン	69
スピン - スピン結合定数	115	ツヴェット	15		
スピン - スピン相互作用	114	t(Student の t)	179	――な 行――	
スピントラップ法	123	低磁場シフト	119	内標準物質	32
スピンプローブ法	123	呈色試薬	86	内標準法	32, 107
スピンラベル法	123	ディスクリミネーション	31	内部電位	153
スプリット法	30	ティセリウス	15	ナット	44
スプリットレス法	30	定量イオン	73	ナノスプレー ESI	59
スペシエーション	108	デカップリング	122	難揮発性成分	35
正規分布	177	テスラコイル	147	二次元スペクトル	122
正極	150, 153	テトラメチルシラン(TMS)	113	二次電子像	129
静電型質量分離	104	デービー	6	二重収束型質量分離	104
精度	176	デュアン	136	ニュートン	8
赤外線	78	テーリング	31	認証値	134
石油エーテル	19	転位	69	熱イオン化検出器(TID)	32
ゼータ電位 ζ	53	電位規制電解法	150	熱伝導型検出器(TCD)	32
絶対検量線法	32	電荷移動	150	熱分解ガスクロマトグラフィー	35
絶対量	53	――過程	153	熱レンズ顕微分光(TLM)法	59
ゼーマン分裂	123	添加回収実験	108	ネブライザー	99, 148
セル	44	電気泳動	51	ネルンスト	12
選択性	85	――移動度 μ_{ep}	54	――式	156
相関	181	――用緩衝液	56	NOESY	122
――係数	182	電気化学検出	39	ノンサプレッション	47
双極子相互作用	122	――器	44		
走査電顕 - エネルギー分散 X 線分析		電気化学センサー	144	――は 行――	
(SEM-EDX)	128	電気化学ポテンシャル	152	配位子交換反応速度	121
相対標準偏差(RSD)	178	電気浸透流(EOF)	53	バイオナノデバイス	58
阻害曲線	91	電気的中性の原理	53	π 結合性	144
阻害率	91	電気伝導	150	倍数比例の法則	5
疎水性	87	電気伝導率検出法	47	パイロ型黒鉛炉	100
疎水相互作用	49	電気二重層	53, 151	パイロリシス GC	35
組成変化	31	電気分析法	150	薄層クロマトグラフィー	39
ソックスレー抽出	35	電子イオン化(EI)	63	パージ&トラップ(P&T)法	34
ゾンマーフェルトの量子化規則	136	電子エネルギー準位	79	ハーシェル	9
		電子 - 核二重共鳴分光法(ENDOR)	126	波長分散型	131
――た 行――		電子供与性	121	発光材料	143
第 4 級炭素	121	電子受容性	144	波動関数	79
ダイオードレーザー	59	電子常磁性共鳴(EPR)	111	バトラー・ボルマー式	155
体心立方	137	電子親和力	71	バリノマイシン	169
体積百分率	88	電子スピン共鳴(ESR)	111, 123	パルミチン酸メチル	68
ダイソン，フリーマン	16	電子 - 正孔対	131	ハロゲン化銀	141
帯電	130	電子遷移	80	反磁性錯体	121
ダイヤモンド構造	137	電磁波	78	反射電子像	129
多元素同時分析	96	電子ビーム	129	反射電力	147
縦緩和	117	電子捕獲型検出器(ECD)	32, 71	半導体検出器	102, 131
ダブルジャンクション型電極	169	電子密度	114	微細構造定数	126
単位	175	伝播	177	微小統合化分析システム (μ-TAS)	57
炭酸イオン	47	電場の強さ E	54	PTV 法	31
炭酸水素イオン	47	電流規制電解法	150	比透磁率	139
単純立方	137	透過率	81, 82	Beenakker キャビティー	145
段理論	22	透磁損率	139		

ヒューズドシリカファイバー	35	ベイコン，フランシス	2	メスシリンダー	176
ビュレット	176	ヘイロフスキー	12, 157	面心立方	137
標準状態	152	ベースライン	41	メンデレーエフ	7
標準試料	109	ベックレル	14	モノリス型シリカカラム	43
標準添加法	32, 108, 170	ヘッドスペース(HS)法	34	モル吸光係数	82
標準偏差	177	ベッヒャー	4
ファラデー	11	pH	45	——や，ら行——
ファーレンハイト	9	ペプチド	45	有意の差	179
van Deemter の式	42	He-Ne レーザー	57	優位配向性	137
負イオン化学イオン化(NICI)-MS	37	ペリスタポンプ	148	有機相	18
フィックの第一法則	154	ペルオキシダーゼ	89	有効数字	176
フィラメント	64	ベルセリウス	6	誘電加熱	139
フェラル	44	ペルフルオロアシル化	36	誘電正接	139
フォトダイオードアレイ	59	変動係数	177	誘電損失	139
——検出	39	扁平導波管	146	誘電損率	139
負極	150, 153	ボイル	3	誘電率 ε	53, 139
フック	3	芳香族カルボン酸	47	誘導結合プラズマ	102
物質移動過程	153	芳香族ニトロ化物	42	——質量分析法	103
物理干渉	105	飽和	116	——発光分析	102
物理量	175	保持係数(保持比) k	22, 26, 40	ヨウ化物イオン	48
フューズドシリカキャピラリー	51	母集団	177	陽極	153
フラウンフォーファー	9	保証値	109	溶媒抽出法	35
——線	10	ポストカラムラベル化	92	容量結合マイクロ波プラズマ(CMP)	144
フラグメンテーション	64	ポータブル蛍光装置	133	容量比 k	22
プラズマ	102	ポテンショメトリー	150	横緩和	117
——トーチ	102	ポーラログラフィー	157	四極子相互作用	122
フラックス	154	ボルタモグラム	161	ライブラリーサーチ	65
ブラッグ(Bragg)の式	135	ボルタンメトリー	150	ラヴォアジェ	4
ブラッドフォード(Bradford)法	88	ボルツマン分布	116	ラジオ波	112
プラットフォーム型黒鉛炉	101			ラジカルカチオン	70
ブランク	182, 184	——ま 行——		lab-on-a-chip	57
プランク定数	78, 136	マイクロチップ	57	ラベル化剤	91
フーリエ変換	111	——電気泳動(MCE)	56	ラングレー	14
フルオレセイン	140	マイクロチャネル	59	ランベルト	9
フルオロアルキル型固定相	45	マイクロ波	123, 138	リッター	9
プルースト	5	——合成	140	粒子充填型カラム	42
プレカラムラベル化	91	——熱触媒	140	流束	154
フレーム原子吸光分析法(FAAS)	96	——誘導プラズマ	144	リュードベリ	8
フロギストン説	4	マクスウェル	11	量子化	79
ブロードバンドデカップリング	120	マグネトロン	144	理論段数 N	23, 26, 40
プロトン親和力(PA)	71	膜溶媒	168	ルギン細管	157
プローブ	87	マクラファティー転位	68	ニコルスキー・アイゼンマン(Nicolsky-Eisenman)の式	167
分液ロート	18	マジックアングル	122
分光学的分離定数	123	マスフィルター	64	ルチル	137
分光学的分裂因子	123	Martin	28	ルミノール	142
分光干渉	105	マッチング	146	励起状態	79
——補正係数	107	マトリックス	49	レーザー
分光分析法	80	——マッチング法	105	——アブレーション法	98
分子会合体	56	——モディファイアー	106	——励起蛍光(LIF)	57
分子軌道	79	ミセル	56	レシオ測定	88
分子内水素結合	119	——動電クロマトグラフィー(MEKC)		レゾルシノール	141
ブンゼン	10		55	レントゲン	13
分離機構	21	無水フタル酸	140	RoHS	134
分離係数 α	25, 26, 40	無電極放電	145	ロータリーポンプ	128
分離定量	48	——ランプ	99
分離度 R_S	25, 40	無輻射過程	81
平衡分配係数 K	18	無輻射遷移	117

■ 編 者 ■

市村　彰男（大阪市立大学名誉教授）

河合　潤（京都大学大学院工学研究科）

紀本　岳志〔紀本電子工業(株)〕

中口　譲（近畿大学理工学部）

文珠四郎 秀昭（高エネルギー加速器研究機構
　　　　　　　放射線科学センター／環境安全管理室）

ベーシック 機器分析化学

2008年7月10日　第1版　第1刷　発行
2024年9月10日　　　　　第9刷　発行

検印廃止

JCOPY〈出版者著作権管理機構委託出版物〉

本書の無断複写は著作権法上での例外を除き禁じられています．複写される場合は，そのつど事前に，出版者著作権管理機構（電話 03-5244-5088, FAX 03-5244-5089, e-mail: info@jcopy.or.jp）の許諾を得てください．

本書のコピー，スキャン，デジタル化などの無断複製は著作権法上での例外を除き禁じられています．本書を代行業者などの第三者に依頼してスキャンやデジタル化することは，たとえ個人や家庭内の利用でも著作権法違反です．

編　者　日本分析化学会近畿支部
発行者　曽根　良介
発行所　(株)化学同人

〒600-8074　京都市下京区仏光寺通柳馬場西入ル
編　集　部 TEL 075-352-3711　FAX 075-352-0371
企画販売部 TEL 075-352-3373　FAX 075-351-8301
　　　　　　　　振　替　01010-7-5702
e-mail　webmaster@kagakudojin.co.jp
URL　https://www.kagakudojin.co.jp
印刷
製本　　創栄図書印刷(株)

Printed in Japan　© The Japan Society for Analytical Chemistry, The Kinki Branch　2008　ISBN978-4-7598-1144-5
乱丁・落丁本は送料小社負担にてお取りかえします．　無断転載・複製を禁ず